MAKE

WORLDS

Karmela Kiš

How Permaculture Changed My Life

europe books

www.europebooks.co.uk | info@europebooks.co.uk

ISBN 979-12-201-1544-5
First edition: November 2021
Distribution for the United Kingdom: **Vine House Distribution ltd**

Printed for Italy by Rotomail Italia
Finito di stampare presso Rotomail Italia S.p.A. - Vignate (MI)

How Permaculture Changed My Life

Acknowledgements

Many thanks to those who have inspired me over the years including Bill Mollison, Tony Anderson, Miroslav Kiš, and Jadranka. A special thank you to my volunteer (and my late husband's student) Philipp, who challenged me to write these pages. Without him, this project would never have come to fruition.

Foreword

There isn't a single person who knows everything and so I am fully aware that, even after eighteen years of working in Permaculture, I do not have all the answers. Nature is vast, and ever changing and evolving, offering new teachings every day for those who wish to learn. Permaculture and the natural world are lifelong educators with new lessons everywhere you look. In this book, I do not wish to go into extensive detail because I believe that once you begin practicing Permaculture, you will discover how its concepts apply to your life and situation. Each place on this planet is different, so to make sweeping generalizations as if they will apply in every scenario would be presumptive and counterproductive. In my opinion, the most important point is that we, as human beings, fully accept that we are only one of the many species inhabiting this beautiful planet, and that we stop behaving destructively toward it.

Since you are reading this book, I imagine you have at least a little bit of interest in this topic. I see this as a seed of potential lying dormant within you, and it is my intention to wake that seed with encouragement and give you the information necessary to help it grow. My hope is that, at the very least, you are inspired to begin growing your own food (not high production for profit, but just for you and your family). I believe the answer to climate change lies in individuals making changes within their own lives, starting with their food habits and then expanding into other aspects of their lifestyle.

Permaculture is not about earning money, but learning to be sustainable like nature is. We as humans, especially city dwellers, are not living sustainably. We do not live within our means according to the resources and energy available to us. Nature is sustainable and balanced within its elements, but the human way of life is not, particularly in cities. The rush, greed for money, and consumption of an ever-increasing amount of material goods is like cutting the branch we are sitting on. Simply put, you cannot eat money or gold, but you can eat what grows in your garden. With Permaculture, you may not be rich, but at least you will not be hungry, and you can be content knowing that you are eating high quality food that you grew yourself. Working in the garden will change you if change is what you seek. Make no mistake, there will be work involved, but it is the kind of work that is therapeutic for the body, mind, and soul.

My husband and I have taught many courses on Permaculture over the years. Working with the students during these courses, I have noticed that they have varying reasons and motivations for being there. In general, I could place each of them into one of the following categories:

1. Those collecting certifications from various courses.

2. Those experiencing health issues and challenges, who think that living with nature and growing their own food will improve their health.

3. Those who wish to produce food for others and earn money.

4. Those who wish to continue their education to become graduated designers and teachers and earn money in that way.

5. Those who wish to garden without actually doing much work in the garden.

6. Those who truly wish to improve their knowledge of nature and its laws and create a lifestyle compatible with that (smallest group).

Those belonging to the first five categories often give up after a time, once they realize that Permaculture is a lifetime work that requires a lot of changes and effort on their part. They take things too quickly and unfortunately, they usually burn out in the process. I wish there were more who fit into the last category. Those who are patient and willing to trust the process, who have the courage to make changes and be changed and continue down the path. Please keep this in mind as you read and think carefully about which category you belong in.

Table of Contents

*I*ntroduction

While thinking about how to start this book, it occurred to me that a good first step might be introducing myself to you. Yes, this is a book about Permaculture, but it is also about me and my experience with Permaculture. A few days ago, I celebrated my last birthday where my age starts with six, so by some people's standards, I might be considered old. I say my body is old, but I am not. As you may have gathered, I am a female, and I have been widowed for the second time in my life. To round out your mental picture of me, I will also tell you that I am what most people would describe as a petite person.

The life I imagined for myself when I was young, and the life I lived in my twenties, thirties, and forties, was vastly different from the life I live now. I grew up in the middle of Zagreb, the capital of Croatia. I was a skinny little girl with white socks, expected by myself and others to become a nice young woman, wife, and mother. I accomplished those goals and lived that life for decades, but due to family circumstances, I moved out of Zagreb in my fifties, and into a totally different life. Three years later, I found Permaculture, and my life changed even more.

I am sharing this part of my life not only as an introduction to myself, but also to illustrate to you that anyone is capable of making this kind of a lifestyle change. For twenty-five years I worked in an office, every day wearing makeup, nice dresses, and high heels. I never had contact with the land or held soil in my hands. My grandmother lived in another city and never had a garden either, so I was unable to learn anything from her. I learned everything from scratch, and you can do it too if you want to. There is no such thing as being too old to change your life. It requires a lot of hard work and a willingness to learn, but it is very fulfilling. It is not easy, but you can do it if you have the desire, decision making skills and a little bit of craziness.

In 2000, my husband and I bought a 6500 square meter piece of land with a derelict house in Istria, Croatia. At the time, it seemed huge to me, and I was a bit intimidated by the thought of having such a big piece of land. I spent all that winter reading books about Permaculture while my husband helped the workers on the house. We refurbished everything from the windows and floors to the plumbing, electricity, and roof. When spring came, we moved into the house while continuing to work on it and starting our first garden. It was September before we had doors and windows, and the following spring before the fireplace was complete.

In hindsight, we made a lot of mistakes that first year in our approach to the situation. It was a large two-story house and, without thinking everything through, we refurbished the whole thing. When we finished, it was a beautiful home, but it was really much bigger than the two of us needed. Had we removed the second story and only fixed up the ground level, there would still have been plenty of room for us. Not to mention that it would have saved a lot of time, work, and money both initially and later when we needed more energy to keep it heated. We also made a lot of mistakes regarding zoning the garden in the first year, largely because we were so focused on working on the house. These mistakes all cost us a lot of time and money and caused a great deal of frustration, but they also ultimately provided the opportunity for us to learn from them.

After eight years, we had learned a lot and we decided to list the house for sale and take a job offer in another part of the country. We had been invited by a group that, at the time, was the largest eco property and producer in Croatia, to come work with them on their project and introduce them to Permaculture. When finished there, we moved to a grassroots community in Zagreb to assist them in transitioning to Permaculture. Unfortunately, one by one, these projects began to fail in less than a year. Our house in Istria did finally sell, but by that time my husband had fallen ill and shortly after that, he passed away. I have chosen to continue my Permacultural lifestyle and teachings alone.

I can only write about my own experiences, and I recognize that everyone will have experiences different from my own, based on individual circumstances. For example, I live in southern Europe, so I can only offer advice based on my experience with its continental climate. However, I have observed something that seems to be true the world over as well as here and that is, that in the last several decades, money has become the main criterion by which we tend to judge a person's way of life. It is true that, to live in this civilization, a certain amount of money is necessary, but it is up to you to decide what that amount is. Money, in and of itself, is not bad, but it should not be considered the most important measure of wealth. There are intangibles which cannot be counted and measured like money can, but that does not make them worth less.

Many who live according to Permacultural ethics could be categorized as financially “poor”, but most would not describe themselves as such. Their way of living is altogether different from that of city dwellers and, interestingly enough I have never met a “rich” person living a Permacultural lifestyle. Perhaps I have been meeting the wrong people? That is possible, but even the more famous people in the Permacultural community generally would not be considered rich. When living according to Permaculture, you have everything you need, but usually that includes very little money. Some money is necessary to pay for those things which you cannot or do not produce yourself, such as fuel, taxes, toilet paper, and oil, but the goal is to keep that list of things as short as possible.

One thing that is often forgotten in our society, but which is necessary in Permaculture, is simple common sense. As a culture, we have lost our common sense to the point where we believe in others (authorities, the media, etc.) more than we believe in ourselves, which is dangerous. We are always in a hurry, but where are we going and what are we looking for? There is rarely a valid answer to this question. Slow down and take the time to pay attention to the people around you, the land you are living on, and the ways in which nature is working on it. You will learn more from your own observations and common sense than you will from any other source.

In the current culture, there is a great pursuit of material goods, monetary wealth, and technical progress, but is this really the kind of progress we should be seeking? I think that progress, in essence, is good, but perhaps we should seek progress in other areas, such as ethics and morality. I see true progress as something that happens very slowly, not quickly and artificially like most of what we see today. New laws and theories appear on an hourly basis, and suddenly we no longer have any use for the old ways and old people and the things they may be able to teach us. We are so blinded and confused by the idea that the only progress worth pursuing is material wealth that we forsake all else as if it were nothing more than a burden.

The time period surrounding the industrial revolution produced a lot of advancements that have aided the development of mankind, but it also arguably set a dangerous trend into motion. One of reckless technological advancement that has taken us farther and farther from nature and its laws, which we used to live by. With that distance, we have gotten this idea that we are gods and that we can do whatever we want, much to the detriment of the planet and ourselves. The bottomless hole that is human greed has swallowed many resources that we can never get back, and also, it seems, a good deal of our morality, but hopefully that is not lost forever. The greed is a byproduct of fear, I believe. The fear that we, like every other living thing in this world, will die one day. Death, which can be a very uncomfortable and even taboo topic, is one of the only things in life that is guaranteed. I find comfort knowing that, in nature, when one exits one system, they enter into another. As humans, we cannot see that entry, but perhaps if we find a way to get back to living by the laws of nature, we will at least be able to see that it exists.

The History of Permaculture in Croatia

I live in a small country where Permaculture gained popularity somewhere in the 1990's. The movement did not last long and died off, save for some enthusiasts who began practicing it just before the International Permaculture Convergence in 2005. In 2010, seven of us graduated and became teachers and designers of Permaculture. At first, there was a lot of interest, but after eight years, it is slowly fading again. In this time, some others have graduated, but instead of interest growing, it is on the decline. Why is this? I think it is because, even though there is a lot of activism now, most people are more oriented towards construction and grandeur than towards the simple, humble tasks of growing food and taking care of the earth and other human beings.

As Permaculture is an inclusive and evolving topic, over the years, many other schools of thought have come to be associated with it. I have met people within the Permaculture community who do not like this and have expressed a wish for these ideas to fade again, especially what they refer to as "New Age Philosophy". To be honest, I am not sure what this term means, but my understanding is that it is connected with any kind of spirituality. In my opinion, there is nothing wrong with it. After all, how can you understand nature without a certain amount of faith and belief in something greater than yourself?

Nature is vast and complex beyond our ability to comprehend. We cannot hope to fully understand it, but rather embrace it and feel it in its entirety. If you try to break it up into little pieces that are simple enough to analyze and understand, you will never get to see and appreciate the big picture as you do when you embrace it holistically. Nature is all encompassing and sustainable in itself, creative and connecting its many components in ways too complicated for us to envision as humans. When we tamper with it, the effects are greater and farther reaching than we can imagine. When we cut food chains, we are cutting the branch we are sitting on.

What I like about Permaculture is that it is about copying nature in all of its diversity and sustainability to create optimal yields, not necessarily maximal, which is what modern agriculture strives for. When we try to squeeze maximal yields out of the Earth, we are slowly destroying it, and ourselves, in the process. When we practice monoculture and dismantle the complexity and diversity that nature has created, we are doing a great disservice to ourselves and the land. Each and every thing in nature is unique, although we do not always see that. No two leaves are exactly the same, nor feathers, nor people. By these examples, nature is teaching us to appreciate diversity, and to respect and treasure it. For some reason, however, most people cannot or do not want to understand this. I do not think it is our brains that are limited in this concept, but rather our hearts that have been hardened in the name of progress so that we can no longer feel the world around us.

When you first learn about Permaculture, it is easy to become enchanted with the idea and think that you know all there is to know about it. You will probably find yourself surrounded by others who think the same thing. This is a big mistake. There are a lot of people who claim to understand it, but very few who really do, and even fewer who actually practice it. As such, it is easy to get a lot of false information that will leave you with unrealistic expectations, which will set you up for failure and disappointment. So, to try to prevent this, let's try to answer the question of what exactly is Permaculture?

What is Permaculture?

So, you want to know what Permaculture is. I think the best way to answer this is to quote Bill Mollison, who has been referred to as the father of Permaculture. In his book, *Permaculture: A Designers' Manual*, he defines it as such: "Permaculture (permanent agriculture) is the conscious design and maintenance of agriculturally productive ecosystems which have the diversity, stability and resilience of natural ecosystems. It is the harmonious integration of landscape and people providing their food, energy, shelter, and other material and non-material needs in a sustainable way" (ix). In the same book, Mollison further clarifies, saying "Permaculture design is a system of assembling conceptual, material and strategic components in a pattern which functions to benefit life in all its forms" (ix). I would also add that Permaculture is truly a lifestyle in and of itself, with its own set of rules and ethics.

At this point, many people who are seriously interested in Permaculture will seek to take a course where they can get some more information. Such courses can be educational, but they can only provide very basic instruction that is rooted in theory. The true learning begins when you actually put those theories into practice. Once you begin designing and practicing, you will learn a lot about how Permaculture will apply to you and your specific situation, which you cannot learn from any book or course. The internet can also be a great source of information, but the sheer amount of it can be overwhelming, leaving you unsure of what to do and, in some cases, afraid to do anything. The best thing to do, once you have some basics in mind, is to put them into practice, learn from it, and use those lessons to inform your next steps. Whether you already own land, inherit land, or are looking to buy, the first step to your journey to Permaculture is to read the landscape, which will be discussed later in the book.

Permaculture and Ethics

Permaculture requires a holistic and ethical approach in order to be successful. Unfortunately, the ethics of Permaculture are often neglected. To outline them, I will again quote Bill Mollison's *Permaculture: A Designers' Manual*:

> 1. Care of the Earth: Provision for all life systems to continue and multiply.
>
> 2. Care of people: Provision for people to access those resources necessary to their existence.
>
> 3. Setting limits to population and consumption: By governing our own needs, we can set resources aside to further the above principles. (2)

Care of the Earth

Earth, in this case, refers to both the planet we live on and the soil we live by. Caring for the Earth is about exercising caution when choosing to make individual permanent actions on your property, in nature, or in society. It is about acting to preserve and protect plant and animal species that are endangered and, in some cases, those believed to be lost. This last part mostly applies to plants as I believe that there are still a lot of seeds of rare species saved in the attics of grandmothers and others who are passionate about preserving plant diversity.

Care of the Earth also involves reducing your impact on the planet in the form of waste and the way we produce and dispose of garbage. In nature, there is no such thing as garbage. In nature, as something passes out of one system, it passes into another. For examples of this, you need look no further than a forest or even your own compost heap. In Permaculture, we strive to imitate this by composting, recycling, reusing, repurposing, and sharing to reduce waste. By learning basic skills such as sewing, knitting, cooking, etc. and nurturing your own creativity, you can find a lot of ways to reduce your impact on the Earth while enriching the soil and your own life.

Care of People

In Permaculture, caring for people means that they have access to those things that they need to care for themselves and live, which include land, water, food, shelter, and clothing. You may say that it would be a utopia to expect these things to be available to all people for no cost, but in my opinion, the modern culture already believes in utopia with the attitude that economic growth should increase continually, despite the fact that we live on a planet with limited resources. The most difficult of these things to obtain is the ownership of land, but it can be done, and food production is easy to begin wherever you are. By starting food production for yourself, even on a small scale, it automatically creates less demand for industrial food production, and, after a time, it will mean that those operations will occupy less land, leaving it for nature to recover.

I believe that those who wish to move to the country should be able to buy land at an affordable price and start working on it. The cost of living is much lower in the country, especially when you grow your own food, collect rainwater, and live in a small house with low energy consumption. Of course, there will always be people who do not want that lifestyle and who will wish to remain in the city (my daughter for example) and that's okay. Small cities have a place in the world, even in the world of Permaculture. All people are different, and so they will all choose different life paths, and that is part of the diversity necessary for a sustainable world.

I am not writing this to judge or belittle those who do not choose a Permacultural lifestyle, but I believe that is exactly what happens to many who do. Those who are devoted to living according to Permaculture and its ethics find most of their time occupied by caring for their land, growing and preserving food, saving seeds, etc. and therefore have very little spare time to spend on social media and whatnot. Some write articles or make short movies about their lifestyle, but most do not have time for social networking that is not serving a specific purpose. Therefore, their friends and family may not have a very good understanding of what they are doing and why. Most of their work consists of physical labor, which is considered by many to be unimportant or even degrading. In addition, most people living a Permacultural lifestyle do not have a lot of money and, unfortunately, money is the measure by which society tends to judge success. With all these contributing factors, it is not uncommon for those who choose this lifestyle to be marginalized, neglected and misunderstood.

Unfortunately, this is just one more reason that many will not choose Permaculture or choose to leave it where it already exists. In many small villages, the younger people are leaving to earn money in the cities or in other countries. Those left behind are often the elders, who are too old to leave or work the land anymore. They end up staying there, awaiting their own imminent death and leaving the land uncultivated and unused. This is not all bad, as at least the land is not being destroyed and treated with chemicals, but it is also not being enriched and used for its potential to improve the human experience. And where is the logic in all of this? People have stopped growing their own food to move to a city where they sell their time and energy to earn money to buy food that is grown with chemicals and is of a lesser quality than what they had before.

Another consequence of the mass exodus from rural to urban areas is that it has created an environment in which small villages are no longer sustainable for those who live there. In the village where I live now, there is no post office, no medical aid, no ATM, and no library. Fortunately, we do have two small shops which stock basic necessities, but if I buy very much, carrying it home becomes a problem. This is made worse by the fact that there is no designated area for pedestrians, so I am forced to walk on a road that is used by many cars and trucks, which can be dangerous. In order to buy anything that I cannot get in the village, I have to drive to a larger town, which requires fuel and therefore more money. There was a time when village life was sustainable, but it is not anymore, which makes it difficult to maintain that life-style. I think that part of caring for people must include returning to a culture that is more supportive of those who choose the Permacultural lifestyle.

Setting Limits to Population and Consumption

Over time, this ethic has evolved to become known as "fair share". This is a very broad term that can be very complicated and far reaching, so I will not go into a lot of detail regarding it. I will simply say that it is important to give thought to what your needs really are and be aware of where you cross over from need to greed. As you begin to practice Permaculture, it will become more clear to you how this ethic applies to your situation.

Five Rules of Permaculture

1. Work with nature, not against it.

What does this mean? Perhaps I can best explain by giving a few examples from my personal experience. In our first year, we were in a hurry to get things started and we jumped right in. Instead of patiently reading the landscape and observing how the existing system was working and whether it was suitable for living and gardening, we made some big changes right away. One of these included removing some trees and bush that we did not realize was acting as a natural windbreak. As a result, when the first big storm came, the winds heavily damaged our garden.

Working with nature also involves making choices every day on a smaller scale that affect your land in a big way over time. It means using natural fertilizers, pesticides, and fungicides instead of artificial ones that destroy the life and deplete the trace minerals in your soil. It also means making a conscious effort to mimic nature in your work, implementing polyculture and companion planting to create not just a garden, but an ecosystem. Composting and mulching to ensure that your waste is minimized and you are returning nutrients to the earth and enriching the soil instead of just exploiting it are also vital parts of working with nature.

2. The problem is the solution.

Most of the problems that arise in Permaculture are ultimately the result of broken food chains. One year while working in our one-hectare garden that we designed, we were told that there was a "weed" that was growing in that area that was very invasive and difficult to get rid of. We weeded the garden regularly until June when we simply didn't have the time to keep up with it anymore. At that time, our vegetables were growing nicely, young and juicy. As you may know, ants like to put aphids on growing plants so the aphids can suck the sap out of the plants and then the ants can collect it from them. They are especially fond of beans and mangold as it is coming into flower. Of course, this can cause severe damage to your plants and result in a poor harvest. However, when the aphids came that year, we noticed that they were concentrated on the "weed" that we had been urged to remove and did not attack our vegetables. Had we been successful in completely removing the weeds, we probably would have sustained a lot of damage to our crop. So, as it turns out, the weeds were a natural companion plant that served to protect our vegetables.

3. Make the least change for the greatest possible effect.

When it comes to making changes to your property, it always pays to be patient and thoughtful in your decision-making process. It can be tempting to make a lot of changes, especially when you are first starting out, because you want to be able to physically see your progress, but it can lead to serious regret down the road. As I mentioned under rule one, we made this mistake in our first year by removing our natural windbreak because at first we did not recognize it as such. Learn from our mistakes and always approach changes with caution, especially those of a large scale. If you must, start by implementing some small changes, then observe the effects of it before deciding whether or not to continue in that particular direction.

Another reason to avoid making large changes to your property is that they are often expensive. Some require buying or renting heavy equipment and hiring extra help, both of which can be costly. As I have mentioned, most who practice Permaculture do not have a lot of money, so spending a lot of money on an unnecessary project may put you in a difficult financial position. Some people might be inclined to take out a loan or seek out a government subsidy to finance their ideas, but both of these can be risky as you may not be in a position to make payments on time, which could lead to the loss of your property and/or other assets. As such, I would not encourage you to take out a loan, but if you do, always read the contract carefully and be honest with yourself about whether or not you will be able to meet your obligations.

4. The yield of the system is theoretically unlimited.

Of course everything has a limit in reality, but when you employ space niches, timing strategies, polyculture, and make a continued effort to mirror the natural world, you will find that Permaculture will more than meet the needs of you and your family. There are always new things to learn and new ways to give and receive more from your land. Your only true limits are those in your imagination.

5. Everything gardens.

In nature there are no weeds, pests, or garbage. Everything exists for a reason and serves a purpose within its system, creating a natural balance. Everything that leaves one system enters into another. All plants and animals, the sun, the rain, and the wind are all elements that work within nature's garden. Everything plays a role to maintain the balance, with the exception of most of the human population. We are the only species in nature that behaves in such a damaging way toward nature.

Reading the Landscape

Reading the landscape is about learning to be present, to sharpen your perception, and to see and feel what is on your property. It is a skill you should continue to learn and develop throughout your life. If you do not learn to do this, you will be proceeding blind to the diverse and plentiful resources available to you on your property. It is important to observe and read the landscape thoroughly, in great detail, through all four seasons before you ever begin designing. Otherwise, you risk destroying resources and natural systems that are already functioning optimally.

Many people come into Permaculture already having an idea of how they think things should look and be and immediately start acting and destroying things, forgetting that Permaculture is about mimicking and working with nature, not against it. We made this mistake, as I have mentioned, by removing the bushes on our property because we were in a hurry, and I was afraid of the snakes that were living in them. My fear of the snakes blinded me to the other purposes that the hedge was serving, including acting as protection from strong winds. As a result, our garden sustained heavy damage from the first storm of the season, whereas if we had taken the time to read the landscape and left the windbreak intact, our garden would have been protected. This mistake caused us a great deal of frustration and cost us time and money, but we learned a lot from it regarding patience and observation.

I cannot stress enough how important it is to take your time and read the landscape before you take any major actions on your land. This is the beginning of your Permacultural journey, the foundation upon which you will build your home and your life, and so it is important to do it the right way. Of course you will make mistakes, after all you are only human and none of us are perfect. Fortunately, design is a continuing and evolving process that you will never be completely finished with, so you will have plenty of opportunities to learn and make better choices as you go. The important thing is to not give up when you get discouraged and instead choose to learn from your mistakes.

Patience is a virtue that is often forgotten in modern civilization, so you should strive to develop it throughout your life. Most mistakes happen when you are in a hurry, which I know from experience. It is easy to want to rush, but if you ask yourself why you are rushing, usually you will not be able to come up with a good answer. Seeds will sprout, babies will be born, and water will boil, all in their own time. Take your time. Your design and your success depend on your ability to read the landscape and notice what resources are available on your property. The poorer your reading of the landscape, the more challenges you will face and the more time and money it will cost you.

As humans, we know little about the workings of the universe and of nature. We know bits of it that we can observe within our own little world, but we should never be so bold as to assume that we understand it in its entirety. It is both simple and unimaginably complex. Do not misunderstand me, I am still learning too, and I plan to do so as long as I am alive. When I first started learning, I realized how much there was that I didn't know, which can be intimidating at first, but now I just find it interesting and comforting to know that there is always something new to discover. Reading the landscape is about observing, widening your perception, and being present. That being said, there are several specific things you should observe and keep in mind before taking any action on your land. Through all of this, remember the simplest and most important thing: use your common sense.

1. Soil

There are various types of soil, and what you are working with will depend on your elevation, geographic location, granulation, structure, history of use, soil pH, erosion, etc. Your property may have already been changed by others who were there before you, including changes to the topography. In my country, most people prefer either flat land or hilltops over the lowlands or land that has a lot of sloping and contouring. This is because years ago, there was an outbreak of malaria along the River Mirna and it was easier to avoid the disease up in the hills, away from the lowlands where there was more stagnant water, where mosquitoes like to live. No matter what kind of soil you have or why it is the way it is, once you own some property, it is important that you analyze your soil before beginning so that you know what you have to work with. After all, soil is one of the most important resources available to you on your Permacultural journey.

There are many tests you can perform that will give you more information about your soil. Some of them, such as those to check the pH or determine the levels of various minerals in the soil, require testing kits or even sending samples to a laboratory, which you may elect to do, but of course they will cost you some money. I will tell you about a couple of simple tests that you can perform yourself, which will not cost you any money and won't even require much of your time. They will not tell you everything you may want to know, but they can give you a basic idea of the composition of your soil.

The first test involves simply taking a handful of your soil and kneading it in your hand to see if you can form it into a lump when squeezed. If you can easily form a lump with the soil in your hand, that indicates that it contains a lot of clay. Clay consists of very small particles that can both be helpful, as they contain nutrients and are able to retain water in the dry season, and not so helpful, as they also retain water in the wet season, do not warm up quickly in the spring, and are easily hardened and eroded by water and wind. If you cannot form a lump with the soil, it means that it has a higher percentage of sand, which will provide better drainage than clay, which may or may not be favorable depending on the amount of rainfall in your area. If the soil resembles soap after kneading it, it means it is silty. If the soil is very moist, it may indicate that there are anaerobic processes happening, which are not favorable. One of the most difficult types of soil to work with is marl, a mixture of clay and limestone. It is difficult to work and requires irrigation and frequent fertilization since it is not good at retaining water and nutrients. However, we gardened in this kind of soil for five years and, with some work, we had a thriving garden with a high yield, so do not be discouraged. Whatever your soil type is, you can work with it.

Another test to determine your soil composition involves taking small amounts of soil from beneath the sod from various locations on your property and putting them in clear glass jars along with some water. Shake the jars well for ten minutes and then allow them to settle for about a week. After this time, you should be able to see visible layers through the jar. The bottom layer will be the heaviest particles, consisting of gravel and then sand. The top layer will be clay and there may be some organic matter floating at the top of the water. How thick these layers are in proportion to each other will tell you the basic composition of your soil.

Another thing you can do to learn about your soil is not so much a test, but just careful observation. Look at the vegetation already present in the area. If there is a lot of vegetation and it looks rich and healthy, that gives you a pretty good idea that the soil is favorable and nutrient rich. If the vegetation is sparse or unhealthy looking, that tells you that you will need to do some work to enrich the soil. Beyond that, you can even tell a little bit about the soil based on the specific kinds of plants that are growing in it. For example, if there are a lot of wild roses or nettles, that may indicate that the soil has an acidic pH, whereas the presence of iris, daylilies and other perennials might indicate a more neutral or even slightly alkaline soil pH. Here in Croatia, most of the soil is acidic as a result of classic cultivation. You can either take steps to adjust the pH of your soil or focus on growing plants that do well in the soil type that you have. Either way, it is important to always work on enriching your soil and giving back to it as much as you are taking.

Another thing that is important to remember is that soil is an ecosystem in and of itself. It contains inorganic components, like those we have discussed, along with water and air, but it is also home to dead organic matter and a whole host of living beings ranging from microorganisms to insects and small animals. The richer the life in your soil, the more successful your gardening efforts will be. These little creatures work tirelessly to aerate your soil and break down your compost into humus, which makes nutrients available to your plants. It is important to respect the important work that they do, provide them (and your plants) with food in the form of compost and mulch, and avoid using chemical fertilizers or pesticides that may be harmful to them and to you. The best, most fertile soil is a very dark brown that almost looks black. It is rich with microorganisms and decayed organic matter. By continuing to feed and enrich your soil as you work it, you will build up this ecosystem over time and it will serve you well.

2. Energy

While reading the landscape, it is important for you to look for and understand the various energy sources that may be available to you, many of which may be free. Energy sources are generally described as either renewable or nonrenewable. In my opinion, all energy is renewable, but our society consumes it too quickly, so it cannot be renewed in the timeframe that we would like it to be. Those energy sources that are categorized as nonrenewable would include petroleum products, gas, and electricity (which may be generated through renewable energy, but typically is not). I find it interesting that most of these nonrenewable energy sources require technology to be used (electrical appliances, vehicles, gas furnaces, etc.) whereas most renewable sources such as sun, wind, and waterpower can generally be used with very little or no complicated technology. Of course some people insist upon doing this anyway with the use of solar panels and wind turbines, but it is not strictly necessary. Our appetite for modern conveniences has drastically increased our dependency on nonrenewable energy sources. Even when we turn to using renewable energy to generate electricity, we are faced with the additional problem of accumulation and storage. It seems that no matter which route we take, electricity relies on polluting industries.

It seems difficult to imagine that we once lived without all of these electronics and technologies, but we did, and not all that long ago. I can remember when I was a child, the only things in our house that required electricity were a radio and a few lightbulbs. Now most homes have a multitude of electrical appliances, both large and small. Just to have my computer on at all times, I realize that it has fourteen little lights on. You may say that they are tiny and not using very much electricity, but think of how many computers there are in the world that are kept powered twenty-four hours a day, and you can see how it adds up quickly. Before I buy any electrical appliance, I think very carefully about whether or not I really need it and how much energy it will consume, and I would encourage you to do the same. Be critical of your own energy consumption and how you can reduce it, particularly from nonrenewable sources. Be aware of your needs and your excesses and hold yourself accountable. Observe the free and renewable energy sources that are available to you and use your creativity to make them work for you.

3. Water

Water is necessary for life, and you will also need it for gardening, for household use, and for the other living beings on your land. If you do not have enough water available on your property, you will have to find a way to supplement it. Having too much water can be problematic as well. Excess runoff across a steep slope can cause serious erosion and damage to your soil. My property is near a river, and close proximity to rivers or other bodies of water brings a high probability of periodic flooding. Fortunately in my case, there is a roadway that acts as a dam between me and the river, protecting my land while the other bank floods nearly every spring. There are some places in my country where the groundwater level is so close to the surface that you can hit it after digging just fifteen centimeters, making the land unsuitable for gardening or building a home.

As you can see, the ways that water is currently acting upon your land may or may not be favorable but it is important to observe these actions so you can make smart decisions and use this resource as much to your advantage as possible. This means that if you know an area is prone to flooding or high water, it is probably not a good idea to build or garden there. If your land is steep, cultivate it on a contour with the topography of the land to slow erosion and make sure you get as much saturation as possible when it rains. If water is limited where you are, consider ways to supplement it in the dry season, such as collecting and storing rainwater. Harvesting rainwater can be very beneficial for watering your garden in the summertime, or even for bathing and doing laundry since it doesn't leave mineral stains like public or well water may tend to do. It was once common practice, but now it is rarely done, with many cisterns left neglected and unused. I currently have only one storage tank with a capacity of one cubic meter, but I would like to have more, since it is a free resource I like to take advantage of. Don’t forget that the “waste” water from your house is also a resource that can potentially be recycled and re-used, especially if water is scarce.

Viktor Schauberger

While on the subject of water, I would like to touch on the work of Viktor Schauberger. We were first introduced to his teachings during our participation in the European Permaculture Convergence, and Miroslav suggested that we include some of it in our curriculum. His studies were vast and varied, but I will only talk about those aspects that we felt had enough practical applications to justify including them in our classes. If you would like to learn more about his findings, he wrote several books, including *The Water Wizard: The Extraordinary Power of Natural Water.*

One of his discoveries centers on what is known as the water anomaly, which refers to the fact that water expands as it gets either warmer or cooler than the anomaly point, whereas most substances increase in density the cooler they get (Schauberger 12). This means that the closer liquid water is to a temperature of four degrees Celsius, the more dense it is and the more energy and carrying capacity it has for minerals and sediments. It also means that as water is approaching the anomaly point (cooling down in the case of liquid) it is gaining energy, whereas when it is leaving the anomaly point (warming up in the case of liquid) it is releasing energy into the surrounding environment. One of the consequences of this phenomenon has to do with the difference in temperature between the soil and rain and the ability of the soil to absorb the water. When the soil is warmer than the rain that is falling, the soil particles transfer their heat energy to the water molecules, making it difficult for the soil to absorb the water. Conversely, when the rain is warmer, it releases its energy to the soil, and is easily absorbed.

Another effect of this anomaly has to do with the higher density of cold water and its subsequent increased ability to carry small particles (Schauberger 13). Understanding this, it is easy to see how fields that have been plowed and watered for decades often lose their nutrients, which get washed away. This also contributes to soil compaction and the formation of hardpan below the topsoil where these small particles are deposited. Since there are usually no trees in the area, whose roots might penetrate deeply enough to combat this problem, the result is fields which are completely flooded with some frequency. I see this happen every year in my country. Just by looking at these fields it is easy to see that they have been exploited by commercial agriculture for many years.

Another consequence of this anomaly has to do with the varying temperatures within rivers and how this affects sediment deposits. If you have ever watched a river closely, you have probably observed that the water runs the fastest down the center of the river, but is generally slower along the edges, particularly if there is vegetation, and therefore it is prone to dropping any sediments or organic matter it may be carrying along the banks. What you may not have realized is that the location of the banks may cause one to gain more deposits than the other. If you are on the southern bank of the river, which is cooler because of the position of the sun (assuming you are in the Northern Hemisphere), the water there will also be cooler and therefore will be carrying and depositing more sediments, which will enrich the soil along the bank. However, if you are on the northern bank, the sunlight will be more direct, warming the soil and water, and less sediment will be deposited. If you choose to take advantage of the often-rich soil found along a river, just proceed with caution since rivers tend to flood from time to time. For five years, I watched my neighbor who always plants her garden very near the creek. The soil there is rich, and the creek is close at hand, which is convenient in the dry season when she needs to water the garden, but every spring part of the garden is flooded, causing a lot of damage.

Schauberger also brought to light the fact that, by overharvesting forests, humans are directly interfering with the natural cycle of water. When you look at open fields that have no trees or other plants with deep root systems, when rain falls, it penetrates the soil, but only at a very shallow level, which means it will quickly evaporate again, leaving the soil dry. In a forest, because of the root system, rain is able to penetrate deeper into the soil, where it can bind to minerals and nutrients and bring them back up to the surface, making them available to other plants. When this cannot happen, over time, the topsoil is drained of its trace minerals, making fertilization and supplementation necessary, while producing inferior food. Keep these teachings in mind as you think about the role of forests and trees on your property. Consider planting trees in various areas and think twice before removing those that already exist. Also remember that the more food you produce for yourself, the less you are supporting industrial agriculture which uses these damaging practices. There is no way that you can change the world for the better without first changing yourself. It is a challenging and lifelong journey, but you will know that it is worth it as you feel healthier every day and go outside to breathe in the scent of your blooming flowers and vegetables rather than the air pollution of the city. Use your common sense, be brave, and keep going, step by step.

4. Wind

Wind is another resource that can be both helpful and harmful. Perhaps the most obvious way to take advantage of wind is by use of a windmill that can be used to pump water or generate electricity. In my country, the green activists were very much interested in using wind turbines to power the electrical grid in place of traditional nonrenewable sources. However, once the companies hired began installing the turbines, they began to realize a few downsides, one being that they are not very aesthetically pleasing against the natural landscape. There was also a lack of efficiency, with a great loss of energy between the original source and the consumer, and an increase in bird mortality. Similar to solar panels, most people assumed that the wind turbines would produce free energy, or at the very least less expensive. In reality, it ended up being even more expensive than previous sources. Just like solar panels, wind turbines cost a great deal of money to produce, install, maintain, and replace, so keep this in mind if you choose to put them into use.

Wind is obviously an important part of the natural world, but you will likely want to take steps to reduce its impact on your property. As I have mentioned before, wind can cause serious damage if left unchecked. As such, it is generally wise to either keep or create a windbreak, around your home and garden area especially. Ideally, this protective shield will be diverse and multi-functional. It should contain both evergreen trees to provide protection from cold winter winds, and deciduous trees to provide shade in the hot summer months. You can also include berry bushes which will provide food for both you and the birds and wildlife, who will also find shelter in this area. A healthy and diverse windbreak can protect against excess wind, unwanted seeds, direct sunlight, and predators, as well as provide privacy, mulch, food, and habitat for beneficial wildlife.

5. Sun

Sunlight is free and is, perhaps, one of your more important energy sources, as well as one of the easiest to use in some ways. Like any other resource, it is important to assess how much the sun is available to you and figure out how to get the most advantage from it. Sunlight is necessary for your garden to be successful, so if there is not enough of it, your yields will suffer. One thing you can do to take full advantage is to design sun traps. A sun trap is a living system in the shape of a horseshoe where the opening is facing south (assuming you live in the Northern Hemisphere. If you are in the Southern Hemisphere, the opening should face north). The northernmost end of the sun trap will be home to the tallest plants, then getting successively smaller as you move to the southern end. This way, as the sun moves across the sky, all of the plants will have access to the light and none will be shading the others. This can be done within your garden beds, or on a larger scale with a forest garden, or even your house.

Too much sun may also be a problem at times, particularly when combined with a lack of water. In those cases, it may be to your advantage to create shaded areas. You can also use light and dark surfaces to control the effects of the sun on your property. Lighter surfaces will reflect light and heat, whereas darker surfaces will absorb them. For example, if you use dark colored stones to build a path in your garden, they will accumulate heat energy from the sun and release it into the garden around them during the night. Sun availability and intensity should also be kept in mind when you are deciding what plants you wish to grow. Some plants thrive in the hot sun, where others are more sensitive and will do better in a less sunny climate or in partial shade.

If you wish, you can also convert sunlight into electrical energy with the use of solar panels, but think carefully before doing so, and do not make the mistake of thinking that this means completely free and clean energy, because that simply is not true. While this kind of energy use can decrease dependency on fossil fuels, the solar panels themselves are often made with plastic, metal, and other components which are produced by polluting industries, so they are not as clean as you may think. They also come with many costs, which you may not realize up front. Of course, there is the initial cost of the equipment, which often includes not only the solar panels, but also converters, battery banks, etc. Then, people often forget about the costs of annual maintenance and the fact that they are machines which will wear out eventually and need to be replaced. One technical solution always seems to create five more problems, which require more technical solutions in a never-ending cycle. In my opinion, it is best to circumvent all these complications and keep things simple by using energy in the most direct ways possible. Nature has already created something that converts solar energy perfectly well in trees and other plants, which also provide us with food and oxygen at the same time. Why do we insist on complicating things?

6. Forest

If you are fortunate enough to have some forest on your land, this can be a valuable resource as well. It is renewable if you use it wisely, provides shelter for many species, and it can potentially provide you with wood for heating, mulch, mushrooms (be careful when identifying edible species), fruit, and nuts. When consumed at a sustainable rate, a forest can provide for you throughout your life. The general rule is that you can only consume three percent of your forest each year and still allow it to renew itself reasonably. This was the law in Croatia for many years, when it was still under the rule of the Austro-Hungarian Empire, but this is no longer the case and many forests have been devastated. When forests are overharvested, it is not only the trees that are lost, but the entire balance of the forest ecosystems, and it can take a long time for them to fully recover. To avoid putting this kind of strain on your forest, it is important for you to be conscious of this limit and be careful not to exceed it.

Just as with any resource, the key to not overusing your forest is to take steps to reduce how much you require from it. Since most of your need for wood will likely revolve around heating, think of the things you can do to make this process more efficient. This begins with the construction of your home. Be realistic about how big of a house you need. Do not be concerned with appearances or showing off with your home, just honestly answer the question of how much space you need for yourself and your family. The smaller you can keep your living space, the less energy you will need to keep it heated in the winter, so it is an important thing to consider. Also think carefully about how you want to build your home and what materials you will use. This will depend on many factors, but remember that a well-insulated house will also help with your energy consumption throughout the year. Depending on your climate, you may also consider the creation of an Earthship, or other passive solar building techniques.

When it comes to heating, there are many different types of stoves, each of which has its advantages and disadvantages, so carefully consider your needs and try to aim for a fairly efficient system. Some wood stoves are truly multifunctional and can be used for both cooking and heating. Some even have a reservoir for heating water, which can be connected to a central heating system. For me, this was my dream stove, but when I finally got one, I was very disappointed with the design. The stove I got did not have sealed sides and since the wood I was burning was quite fresh, it would smoke a lot and the stove would allow the fumes to escape into the house, which was both unpleasant and potentially dangerous. Also, I discovered that the cookware I already had was not suitable for cooking on a wood stove, so I would have to buy new pots and pans, an expense I was not expecting. At the end of the season, I ended up giving the stove away and hiring someone to build me a tile stove, which I still have.

The tile stove is very efficient for my climate and serves my needs well. Although I cannot cook on it, I am happy with continuing to use my gas stove for that. Iron stoves also work well, their big advantage being that they will heat up more quickly than a tile stove. The downside, of course, is that they also cool down more quickly, whereas a tile stove, with its brick and clay, will continue to emanate heat long after the fire dies. For me, this is important, because it will keep my house warm throughout the night. Rocket stoves are popular among a lot of Permaculturalists here since they are quite efficient and, like a tile stove, they heat slowly and continue heating for a long time. The downside is that they burn small branches and wood pieces, which burn quickly, so they have to be fed frequently. This can be a real inconvenience for a lot of people. Personally, I am very happy with my tile stove and I am grateful for its efficiency.

7. Waste

Never forget that you can find a use for nearly everything on your land. A lot of garbage can be upcycled. Biomass, like fallen branches, can be used as poles in the garden or burned for heat. Grass clippings and fallen leaves can be used as mulch. If it cannot be used for anything else, it can probably be composted. There are different schools of thought regarding this topic, but I prefer a simple approach that consists of piling up everything from kitchen scraps and dead garden plants to rotten apples and covering it all with a layer of straw. What starts out as a very big pile slowly reduces over the winter as microorganisms, insects, and small animals do their work, converting it into useful nutrients for my garden in the spring. I never thought that I would be so smitten with the idea of compost, but what can I say? It's a wonderfully simple natural process, which is what Permaculture is all about.

If, like me, you live in a village with no sewer or wastewater system, you will also have to find other ways of dealing with and using this waste. In a time of water shortage, especially, you may want to use your wastewater from tasks like laundry and dish washing to water some of the plants in your garden. When it comes to handling sewage, you will have a few options. In my country, most people have a single chamber septic system although the law calls for at least two chambers. In Istria, we had a system with three overflow chambers and a wastewater treatment area. By the time the water completely leaves the system, it is safe and ecologically accepted, having gone through both anaerobic processes in the tanks and an aerobic process in the wastewater system. It worked very well, so I implemented the same kind of system where I live now. If you have the necessary space, it would be ideal to have the water discharge into a small wetland area including a cascade for aeration, a pond with some fish, and a marshy area which would further serve to filter and clean the water as it is reintroduced to the environment.

In the past, latrine toilets were popular, and they still are today in some places, but they are far from ideal. A latrine consists simply of a hole dug in the ground with a wooden shed, containing a toilet, built over it. Once the hole is full, it is covered with soil, another hole is dug, and the shed is moved. The problem, however, is that this untreated waste is able to come into direct contact with the groundwater, polluting it. This can be very serious in cases where a person is taking medication, has a contagious disease, or is carrying parasites, so it is not recommended. As an alternative to this method, you might consider a compost toilet, which has several advantages. There is no flushing, like there is with a traditional toilet and septic system or sewer, meaning it can save you the use of a lot of water. It is also safer than a latrine and can provide you with additional fertilizer instead of letting it go to waste. Usually there will be a collection chamber beneath the toilet, which must be emptied periodically into a separate composting area and allowed to decompose for at least two years before use. Most of the challenges of a compost toilet revolve around the smell that can come along with them, particularly if they are in your house. Covering the feces with a small amount of sawdust (feces should be totally covered, and you cannot do it with small amount of sawdust, chuff et), chuff, or ashes each time you use the toilet helps with this, as does including a chimney or vent to allow accumulating gasses to escape outside the house. Since urine is responsible for a good deal of the smell, it can also be helpful to install a funnel arrangement which will separate it from the feces. Once the feces have been composted for a period of at least two years, it is safe to use them as fertilizer in your garden, or if you are fussy, in the orchard or flower beds. Whatever resources you find available to you, do not waste them, because they are your allies and they come free.

8. Social Resources

Humans are social creatures by nature, and we were never meant to live in total isolation. We need others for help, protection, companionship, and advice among other things. Having social resources and a network of other people can often make your life easier. Even once you move out of the city, you will probably find that you are still dependant on those around you who run shops and gas stations, those who provide services such as education and garbage collection, and human made infrastructure like the roads you drive on and the electrical grid, so it is important to build a social network that can help you find what you need.

Good neighbors are also a resource, so you should work to build a good, balanced relationship with them. Here, we have a saying that it is better to have a good neighbor than a good brother because your brother may live far away, but your neighbors are always there if you need help. It is important to remember that this goes both ways and you must always be willing to help them when they need it. This is the nature of a balanced, mutually beneficial friendship.

Among your neighbors may be elders, who are also a valuable resource. Those who are eighty years old or more may not be able to provide much help physically, but they are rich with knowledge. They remember skills and ways of life that are quickly becoming lost. They may also be able to provide you with useful history of your property, such as what has been grown there in the past, what chemicals, if any, have been used on it, or whether it was used as pasture for animals.

Sadly, in today's civilization, elders are often not treated with the respect that they deserve and are seen only as a burden to their families. It used to be that every member of the family had their function, and elders were no exception, offering counsel and wisdom to the younger members. Like in nature, every person serves a purpose to support those around them. Now however, old people are considered to be a burden once they stop working and producing money. Many elders live alone, virtually isolated because their offspring do not value them enough and are too busy making money. You can buy material things with money, but there are things that it can never buy, including the wisdom of an elder. Bill Mollison mentions this in his *Permaculture: A Designers' Manual* while talking about health, quality of life, quality of your crops, and freedom to use your time as it suits you (3-6). There are just some things with a value that cannot be expressed in terms of money. Unfortunately, our society is guided by masculine principle, where value is typically measured by size and quantity (when I say masculine, I am not necessarily talking about men or women, simply principle). How tall is my corn? How big is my house? How expensive is my car? I could go on, they are all measures of material wealth that do not necessarily have anything to do with the quality of your life. It can be difficult to see past this mindset, but remember that you are only one member of one species in all of the natural world.

9. Microclimates

Every landscape has microclimates, which can be influenced by factors such as what direction it is facing, where the prevailing winds come from, the amount of water, shade from plants, hills, or houses, etc. There are even various microclimates within my garden. I spent my first winter here observing where the shadows fall, where the wind blows, and how much sun comes through the apple and plum trees. Keeping all these things in mind, along with frost zones and other factors, I organized my garden to give all of my plants the best possible advantage.

10. Zones and Sectors

Now that you own your property and have thoroughly read the landscape, it is time to start designing. When working on your Permacultural design, two of the key concepts you will be using are zones and sectors. Both of these ideas revolve around organizing your life and your property in a way that best uses the resources available to you, and that allows you to use your time and energy wisely. It means making sure that your plan is supported by your land and vice versa. This is the way nature works, allowing things to grow and live in the places that are most suitable for them and so, in the spirit of Permaculture, we strive to mirror this phenomenon.

Zones refer to different areas on your property, divided by imaginary lines and determined based on the frequency with which you must visit and maintain them. For instance, zone 0 is your home or living space and zone 1 is the area approximately twenty meters around your house where you will do most of your gardening and other work, whereas zone 5 will be on the outside of your property where you rarely go. As a general rule, in Permaculture, we say there are six zones, but depending on the size and shape of your land, you may or may not have all of them. Ideally, the zones are represented by concentric circles, but it will rarely work out that way in reality. You will have to adjust based on the landscape and other factors and figure out what will work best for you and your specific set of circumstances. For example, in my country, you cannot simply build your house wherever you want, the government tells you where you are allowed to build on your land, so that will affect your planning.

Regardless of your situation, the basic idea behind zones is to organize your space in a way that concentrates those things which you use most into a central area to optimize time and energy use and place those things that you do not use or visit often further away, so that they are out of the way so to speak. This concept can apply to any space including, of course, your property, but also within your home, or even a single room. Our big house that we refurbished was not well zoned. We spent most of our time in the kitchen, bedroom, and bathroom, and as it turned out, the rest of the spaces in the house could have been much smaller or even eliminated. It was a beautiful house, but we learned from it that we did not need that much space and could have done things much differently.

Sectors refer to anything that influences your property, which you will have observed when reading your landscape before getting to this point. They may be naturally occurring or otherwise, but all should be kept in mind when drafting your design. The sectors you observe will affect where you place your zones, and your zones will affect how much influence the sectors have on your activities. It is all connected and that is why it is vital that you are patient and take a holistic approach to creating your design.

Zones

As I said, depending on your individual situation, you may or may not have all six zones, so do not think of this as a strict rule, but rather a guideline to apply to your design with the use of common sense. That said, I will now go into a little bit more detail about each of the zones, their purpose, and their importance.

Zone 0

Zone 0 is the place where you live. It is also the place where you will consume the most nonrenewable energy, so it is important to think about how to make this space smaller and more efficient, and how to use more renewable resources to reduce the cost of and dependency on nonrenewable ones. In the modern world, most houses are much bigger than they really need to be and, as such, they require a lot of energy to maintain and heat. I live in a moderate climate where winters bring snow and temperatures below zero degrees Celsius, so heating is a must. Having a smaller house, seeing that it is well insulated, and taking advantage of solar energy can all help to decrease your energy consumption within zone 0.

Reducing your water consumption is also important and can usually be done fairly easily by adjusting your habits somewhat. Of course, some water usage is necessary when it comes to personal hygiene, laundry, washing dishes, etc., but most of us could use less, especially when it comes to removal of our own waste. Without thinking, most of us flush our toilets several times a day, every time using six or more liters of clean water. There is no good reason to use so much water every time we urinate. There are several ways to approach this problem, but perhaps the simplest is to install and use a simple gadget that allows you to control and reduce the water flow. In my home, I have a device called Aqua ispirač, which is a kind of valve which replaces the water tank of the toilet, allowing you to control how much water is used to perform the flush so that you use only the necessary amount. When you are in control of the water in this way, you are more aware of how much is being used, and it gives you the ability to consciously improve your habits.

As you think about how you can optimally design your zone 0 and what things are important for you to have there, I suggest that you do not include any plants or animals in this area. They have their place, and it is in nature, not in the house. Of course, if you have a pet, they may be the exception to this rule, but think it over. In our big house, we had a second-floor gallery where the staircase was, and I wanted to include some plants in my living space. The idea was to have climbing plants that would form a "green wall" and I loved the idea, so I did it. The problem came in the winter months when the air in the house was very hot and dry, which did not make the plants very happy. In order to keep them happy, I ended up having to spray them frequently, which was a lot of extra work. They were beautiful, but they created a problem and extra work that I did not need, so now I do not have any plants in my house. They are out in my garden, right beside my house, and I can see and enjoy them anytime I wish, just by stepping outside.

Zone 1

Generally speaking, zone 1 consists of a twenty-meter radius around your zone 0. Zone 1 contains those things which need to be monitored and maintained often, which is why it's so close to the house. This nearly always includes the garden, and what else you choose to have in this space is largely up to you. From the southern side of my house, I step out the door directly into the garden. Behind the house is a shady area where I originally tried to plant lettuce, but that did not work, so now I want to plant bamboo there. Also in zone 1, in my backyard is my wastewater purifier. As my garden is small (about 500 square meters), I try to keep some of it free from shade for plants that need open sun. I keep my garden mulched and fertilized, so my compost area is also in zone 1, close to the house so that I do not have to go far to get to it, which is nice especially on rainy or snowy days. Some people do not like to have the compost area near the house because they think it will smell badly, but my compost does not emit any foul odors, so it has not been a problem to have it there.

Ideally, zone 1 is right next to the house, but it is not always possible to have it this way. In Istria, our house was surrounded by an abandoned road, which meant that area consisted of stone and roadway, not soil, so we could not have the garden right next to the house. Instead, we put it in the next closest place where there was adequate soil. This meant we had to walk to get to the garden, but it was really the only practical solution in that case. Some people like to have an herb spiral or garden near their kitchen, but I prefer to grow them mixed in with my vegetables and keep dried herbs in my pantry. In the fall, I cut my herbs off about five centimeters above the ground, mulch them well, and most of them survive even harsh winters quite well.

If you keep animals, you may wish to have them in or near zone 1, depending on the animal and how much space and attention they require. If you have hens, you will want them close to the house for their protection, and so you can easily feed them and collect eggs. However, if you keep pigs, you may want them to be further away from the house. If you have any kind of a workshop, it should be either in zone 0 or zone 1 so that your tools are close at hand when you need them. In most small villages, there are no artisans or professionals like you can hire in the city, so that means if you need something built or fixed, you will be doing it yourself. To live this lifestyle, it is necessary for you to master a lot of different crafts. You will become your own carpenter, plumber, electrician, etc., which may seem intimidating at first, but it is a good thing. When you know how to do these things for yourself, you become more sustainable and self-sufficient, and you save a lot of time and money, since you do not have to pay someone to come do this work for you. When we refurbished our house in Istria, we hired help for the heavy work, but the rest of it (plumbing, flooring, tiling, electrical work, and painting) we did by ourselves. It was a lot of work, but it was a very satisfying and enjoyable learning experience.

Zone 2

Zone 2 is another imaginary circle, surrounding zone 1, and it is important to plan it well, because it is larger than both zone 0 and zone 1 combined. This is where you place elements that are still visited fairly frequently, but not as often as those in zone 1. If you have a chicken house, you may choose to put it here rather than zone 1, depending on your preferences. Other structures you may want in this zone might include a greenhouse, a firewood storage shed, a gazebo, and other animal housing. This is also a good place to keep beehives if you have them, so they are close enough to your garden to help with pollination. Zone 2 is where you should plan on having your orchard, any cash crops you may wish to grow, and your windbreak if one is needed on your property. Since we did not keep any animals, my zone 2 efforts focus primarily on plants, with the exception of the wildlife that live there.

Zone 3

Zone 3 is further away from your living area than the previous zones. Elements here will be those that require less of your attention. Here you may have larger windbreaks, swales, ponds, fields of corn, wheat, or other crops that require a lot of space, a fruit tree nursery, and pasture for larger animals if you have them. In zone 3, you will have space for growing cash crops and for other income generating activities. If you grow crops in this area, you will likely not be able to work them manually like those in your garden, and you may need some machinery for tilling, cultivating, harvesting, etc.

Zone 4

Zone 4 is further out and larger yet. It may contain some lakes and forest that can provide you with firewood, and food and shelter for wild animals. In this zone, you may choose to fish and hunt for wild game, and forage for mushrooms and other wild edibles.

Zone 5

Zone 5 is the wilderness, which may or may not contain forest. This is the part of your property that you will have the least interaction with. In fact, you should try to do nothing to actually change this zone. You may go there to enjoy nature and to observe and learn things that you can apply in your other zones, but you should leave this area exactly as it is. To put it simply, keep your hands off!

Sectors

Part of reading your landscape includes detecting sectors. Sectors are anything that influences or affects your property, so it is important to be able to identify them. They may or may not be favorable, and they may be naturally occurring or the result of human activities. The success of your design depends largely on your ability to analyze the sectors at work on your property and find ways to amplify the effects of those that are favorable and decrease or prevent entirely those that are not.

Naturally occurring sectors may include proximity to the forest, lake, river, or mountains, possibility of fire or flooding, frost zones, fog, rainfall, and other weather-related factors, underground waters, etc. Some of these, such as fire, flooding, and strong winds, can be very dangerous, but you may be able to mitigate that risk by employing various Permacultural tools. For instance, my village lies along the River Kupa, which caused flooding a couple of years ago. The left bank is well protected by a roadway which functions like a dam. The other side of the road, however, is not protected, so it is not surprising that the houses in that area are flooded every spring. In this case, it would be wise to observe this trend and choose not to build a house in the area that is proven to flood frequently.

Having forest close to your house can be nice in some ways, but it may lead to damage in your garden from the wild animals that live there. Our neighbors would complain every year that the roe deer would eat their red beets as soon as it had leaves, yet they never made an effort to build a fence to protect their garden. If you are in an area with a lot of wildlife, you need to be aware of that and take steps to protect your garden from damage. Fire can also be a big danger, especially in the parts of Croatia where there are a lot of pine trees. If you know fire is a problem in your area, you can work to prevent it by creating a barrier in the form of lakes and slow burning trees in your outer zones. You should also keep this in mind when planning the other elements in your zones. For example, do not place a highly flammable structure, like a hay barn, where there is a high risk of fire. Some sectors may be both favorable and unfavorable. In the case of wind, you may wish to both use it, by installing a wind turbine, and protect against it by planting a windbreak.

Human created sectors may include roads, factories, airports, shopping centers, garbage dumps, monocultural fields or vineyards and the chemicals they are treated with, and the activities of your neighbors. Just take your time, read the landscape, and begin your design. Detect the sectors on your property, mark them out on a map or chart, and consider them when deciding where to place elements within your zones. Good analysis and matching of zones and sectors can not only prevent damage and frustration, but also enrich and enhance the property and its resources. For example, creating a windbreak not only protects against damage from the wind, but also provides food and shelter for beneficial insects and small animals.

Resources

Resources refer to everything on your property. Some may be tangible, such as the soil, and some may be intangible, such as sunlight, but they are all resources available to you. Almost everything can be used or reused in one way or another. Remember that in nature, there is no such thing as garbage. Everything leaving one system enters into another. Think of compost. Just because you cannot eat your kitchen scraps doesn't mean they can't be a resource if you compost them. Some resources are never lost no matter how much you use them. These might include a nice view, a lake, stone mulch, water storage tanks, climate conditions, or a favorable location. Other resources may become depleted if they are overused, and therefore must be used wisely. These would be things like the forest, animals, coal, etc. An important thing to keep in mind here is that only living beings can use and create new resources. An animal may eat plants and reproduce, but stone consumes nothing and will never create more stone. Once you read your landscape thoroughly and determine what resources are available to you, you can plan your design in a way that cooperates with what you have. Unnecessary destruction of something that nature has created will bring cost and frustration in the future, so it is best to work with nature. Using resources wisely, reducing your impact, and allowing nature to work (which it does very well) are all part of Permaculture.

How to Increase Your Yields

Your yield is the surplus from the system that is not necessary for the maintenance of the system. Part of planning your Permacultural design is deciding what you want to grow. This will depend on several things such as your diet, your level of knowledge, how much yield you need, and the climate where you live. Regardless, it is important for you to grow a variety of plants, the more diverse the better. If you practice monoculture, you will have only one harvest of one thing, which will result in monotony in your diet or the need to buy other kinds of food. You also run the risk of losing your entire crop to disease or poor weather conditions. The idea of Permaculture is to have constant access to a variety of food. During the growing season, you can enjoy fresh fruits and vegetables, and what you do not consume at that time can be preserved for use throughout the winter.

Having diversity in your garden is one way to increase your yields. Growing plant varieties of which multiple parts of the plant can be eaten (such as the roots, leaves, flowers, and fruits) can add to both your yield and the diversity of your diet. By planting in two-week intervals, you can increase the time period over which you can harvest from various crops, letting you enjoy more of the fresh vegetables, and allowing more time for preservation. Having different varieties of the same vegetables that have different maturity intervals can also add to the diversity of your diet and lengthen your harvest period. Planting both annuals and perennials is also a good idea. Your fruit trees and berry bushes will provide you with food without having to reseed them every year.

I will discuss details and methods of food preservation later in the book, for now I just want to touch on its importance. Properly preserved food can be safely kept and used for several years. This offers a certain amount of protection against seasons that may offer a poor yield. For example, if one year you have an excess of tomatoes, you will have some left over for the next year, which may be important if growing conditions are not so favorable that year. Alternatively, if you have an excess of one kind of vegetable left over from last year, you may choose to plant less of it or even none at all to free up space in your garden for something else. You may also choose to sell some of your excess yield for financial gain or use it to barter with your neighbors, which will be beneficial for both of you. Having high yields and plenty of resources available keeps you in good health both mentally and physically. I have never met a person experiencing hunger or cold who is very happy. The goal of Permaculture is to work with nature, using less space, to provide yourself with shelter and a constant, reliable source for quality food.

Roles of Plants

As we work to copy from nature, we must imitate its multifunctionality. In nature, there is no such thing as monoculture. Everything is mixed and varied, each element supporting the others. Different plants have different functions that serve within their systems. Some plants are very helpful in the garden, for example, some, such as Lupine, legumes, and alfalfa fix nitrogen in the soil, making it available to other plants and enriching the soil. For this reason, in the past, carob trees have been planted among olive trees since they benefit each other.

Natural Patterns

When we start to observe nature and read the landscape, we start to see that, in nature, there are rarely any straight lines or perfect shapes like we strive for in modern society. Everything in nature comes in the form of curves, gentle waves, spirals, and imperfect spheres. Nature creates patterns that are repeating, but always slightly varied. You may observe two things in nature as being similar, but they are never exactly the same. Our brains cannot comprehend the sheer number of variations that nature has to offer, so we say that things are the same, even though they really are not. Nature is creative beyond our wildest imagination and is always changing and evolving.

Nearly all the shapes and patterns we name and talk about (spiral, wave, sphere, pear shape, egg shape, branching, star, etc.) were inspired by nature and its creativity. When you bring these into your design and your property, you bring with it that creative energy and the support it has to offer. So, while you are reading your landscape, pay attention to the various shapes and patterns that you see. Nature has perfectly designed every tree, flower, and blade of grass and you should strive to copy these shapes in your design. This is something that we have forgotten and ignored in modern society. The square, perfectly manicured lawn in front of your house is not natural, costs a lot of time and money to maintain, produces nothing, and supports nothing other than your own ego. Creating a garden with perennials and other flowers is more productive, requires less maintenance, and in my opinion even looks nicer than a flat, green piece of lawn. Think about copying a natural meadow.

Meadows have a natural beauty and diversity that a manicured lawn will never have. They contain a variety of plants that help and support each other and attract other life, such as insects and small animals, that are an important part of the food chain.

Natural shapes also usually keep with the Permacultural idea of multifunctionality, so including them in your design will benefit you in several ways. It has been proven that vegetable gardens that employ polyculture and natural shapes have fewer pest problems than those with monoculture and straight lines. These patterns are also more stimulating to the human brain than simple shapes and straight lines. Natural patterns also include food chains, which quite often are broken and the source of problems in the garden. Often, when we have pest problems, it is because the food chain is broken and their natural predator has been removed or not included in the system. One famous example of this was described by Bill Mollison when he said, “You don’t have a slug problem, you have a duck deficiency”.

So, as you are reading the landscape and planning your design, be sure to observe and include the shapes and patterns that nature has offered to you. You might form your garden in the shape of a leaf, a branch, a spiral, a horseshoe, a mandala, or whatever shape resonates with you and your land. Some people like to plant a spice spiral near their kitchen in this way. I personally choose not to do this as my herbs and spices are planted near my vegetables to help support them, but the choice is yours.

Boundary Effect

While observing nature, you might notice that where various systems meet, there is a kind of boundary between them. Forest does not turn into meadow immediately, nor does a river suddenly become the sea. In these places where two systems meet, the diversity of life is the richest, containing elements of both systems and some unique to the boundary area. Where a forest transitions into meadow, you will find smaller trees, bushes, and other plants that are not found on either side of the boundary. The brackish water of an estuary is home to various aquatic plants and fishes, some of which can only survive in that particular environment. Natural boundary lines will always attract many forms of life, and so it is good to include these in your design. Creating a windbreak is one way to bring this boundary effect to your property.

A natural windbreak, at least two meters thick and consisting of a variety of plants, will not only attract and support a diverse array of life, but it can also provide you with food, mulching materials, protection, privacy, and beauty. A boundary effect can also be observed on the windows of your house. In Istria, our work room was on the second floor of our home, approximately fifteen meters from the ground. On summer evenings when we were working there, a lot of insects would gather on the outside of the window, attracted to the light. One night we saw something much larger than the insects sitting on the glass. Upon closer inspection, we saw that it was a frog, attracted by the many insects gathered there. It is still a mystery to me how it managed to climb that high, but it became a frequent visitor throughout the summer. This is just a small example of how boundary effects can be of benefit to several life forms.

Do not be surprised if, in the course of gardening and creating boundary areas, you attract some forms of life that you do not like. Personally, I do not particularly like coming across a snake, but I am aware that they are one of the necessary elements in the food chain. They have their function in nature, whether we like them or not. One of our friends, who is terrified of snakes, made her husband kill the snake that was on their property. The next year, they found themselves dealing with an overpopulation of mice, which the snake had previously been keeping in check. Nature always knows what it is doing, and if we choose to cut food chains based on our fear and limited knowledge, we will quickly be shown the error in our ways.

Design

Now that you have read the landscape and understand some of the important concepts and elements involved, you can begin working on your Permacultural design. Remember that your primary goal when designing should be to observe and copy nature as much as possible. Everything in nature exists for a purpose and every relationship between elements is both the result of and cause for another. It is your job, while reading the landscape, to figure out why each element exists in the time and place that it does and work with it. This can be overwhelming as a beginner, so it is always a good idea to start small and expand as your knowledge and understanding grows. This applies to all aspects of your design including your garden, your home, and keeping animals. Start with a small garden area and just focus on building diversity. Start with a small home and focus on prioritizing and organizing. Both of these can be made bigger if the need should arise, but you will find that downsizing can be more difficult. Starting out too big can leave you feeling overwhelmed and discouraged and may cause you to give up prematurely.

It is also important to understand the energy flows that exist on your property already and try to work them into your design while planning. Allowing nature to work and self-regulate in its own way will save you a lot of time and effort. As much as possible, use renewable energy, recycle, reuse, compost, and try to create as little garbage as possible. The world is already struggling with an excess amount of garbage and does not need any more. Always be aware that the Earth is a closed system and there is no other place to dispose of our garbage, we are stuck with it. Remember to copy nature in your design in as many ways as possible, from whole systems down to small details like the shape of your garden beds. Remember that any action you take will affect everything that touches it in ways that you may foresee, and in other ways that you may not, so make as little impact on the existing system as possible.

Try to introduce and enhance natural systems on your property. For example, if your property is large enough, consider creating a windbreak to bring the border effect into your design. Just keep in mind that every element you introduce should serve at least two functions, as it does in nature. Also remember that no matter what your original design is, you will be making changes later as you learn more and as circumstances change. This is a good thing! Although Permaculture means permanent agriculture, it does not mean that everything you do is permanent. Your design will change and evolve over time, just as nature does. Of course, you should still strive to plan your original design as well as you can, which means you have to put the various elements in their proper places. For instance, you would not put your chicken house on the island in the lake, that is where you put the duck house. Similarly, you should not put your firewood storage shed too far away from the house, which is where you will need it. Most of this is common sense and will become obvious to you as you work on your design.

It is good to figure out what specific elements you want to include before you begin designing. You may even want to create a list. If you want to have a greenhouse and keep ducks, you must keep that in mind, and these things will vary from one person to the next. Once you have balanced your needs and wishes, and read the landscape and the existing systems and elements, it is time to do some drawing and planning. It may be helpful at this point for you to have a map or aerial photograph of your whole property along with any other helpful photos, lists, and notes you may have taken while observing and reading the landscape. I would advise making several copies of your map, then take a pencil and start drawing where you think certain elements might work. While you are doing this, be aware of sectors and existing elements. You may find it helpful to label them before adding other elements. These will also help you figure out where your zones should be. I would recommend that you draw your first design, then put it out of sight and out of mind for a day or two. Then you can look at it with fresh eyes and more easily see what things can and should be done differently and create a new design with those changes in mind. Be patient and continue this process until you really feel good about the design you have.

Once you have a design you think you are happy with, start implementing it step by step. Observe what happens as you introduce new elements. Nature will give you a response, you simply have to watch for it and then decide if it was a good decision, in which case you move on to the next step, or if you need to rethink and make some changes. Both your garden and your home will communicate with you and show you where you need to make changes to make life more practical and comfortable. Like in any relationship, as time goes on, you will see the true colors of the design you have created, and you will see what you can live with and what you cannot. Before beginning your design, hopefully you have seen your property during all seasons as they all give you different and equally important information. You can see how muddy the road is if there is one, how much rainfall there is, the average humidity, possibility of flooding, etc. You will also need to know if there is an existing water supply, electricity supply, and sewer system, and if not, how you will compensate. For example, in my village, there is no common water or sewer, so I had to come up with my own water supply and method for dealing with sewage. These things are all possible, but they require some planning, creativity, and often some money, so you need to keep them in mind.

Having a good design allows you to spend less time maintaining it and more time doing the things you enjoy the most, whatever they may be. A good design saves your energy and will support you well, but it is important that you know that, even with a good design, you will still have to work to make it work for you. It will be a different lifestyle and a different kind of work than you are used to from living in the city, but in my opinion, it is a change for the better. You will have to make up your own mind. I have not regretted a single moment of the work I have had to do since I left the city. The work and the lifestyle changed me, for the better I believe, taught me valuable lessons, changed my diet, enhanced my knowledge, and enriched my life beyond measure. When you are thinking about making such a drastic change in your life, you must be honest with yourself about your intentions. If you think that moving to the country will let you escape all of your problems, you will be setting yourself up for disappointment. Your problems will follow you, and you will find new ones along the way. The idea is to build a lifestyle that helps you to deal with the problems in a better way. If you think that living healthier and eating food you grew yourself will make you invincible, you are wrong. Yes, it will probably make you healthier and happier, and it may extend your life, but do not ever think that you can escape death. The probability of mortality is still 100% no matter what you eat or do. If you think that moving to the country means having an easy life and relaxing most of the time, you are wrong again. Be honest with yourself. Life with Permaculture is still hard work and still has its trials and tribulations, but it does offer a good quality of life and a great deal of satisfaction.

While you are designing, you also need to keep questions of your financial situation in mind. How much money do you have available to implement the design elements you want? What elements are the most important? What can wait? What can be done without entirely? What can you do yourself, and what will you need to hire others to do? How much will that cost? Can you produce something on your property to generate some income? How can your neighbors support you? How can you support them in return? You are not alone in your endeavors. In this lifestyle, you need the cooperation of your neighbors, so it is important to build a good relationship with them. Particularly if they are native to the area, they can teach you a lot about the local environment, climate, and traditions. We learned a lot from our neighbors when we moved here. They could predict rain with incredible accuracy, even though there were almost always clouds. Remember that you are the newcomer in this situation, and you need to adapt to your new environment and not expect it to adapt to you. So often I have seen people come into a small village that has its own established traditions and way of life and they immediately try to start telling their neighbors how they should be living and what they think they are doing wrong. This is a good way to put yourself in an awkward position and make life difficult for yourself in the future. When you move to a new place, it is best to stay humble and keep an open mind. Start small by saying a simple "Hello, how are you?" whenever you see your neighbors, and soon you will be able to build a valuable friendship.

With those things in mind, let's get back to design. When you are drafting your design, always include the date when it was done, the cardinal directions, existing buildings, trees, rivers, creeks, hills, forests, where the sun rises and sets, and as much as possible, try to keep things to scale. You can make notes and observations in the margins or list them on a separate piece of paper, whatever you prefer. Your homework is to balance zones with the existing sectors and energies in a way that allows your property to best support you. Nature works in this way, with elements existing in the place that is best for them. Forests grow in the place that is best for them, or else they would not survive. Nobody fertilizes, prunes, or sprays for pests in nature, and yet it forms complex, thriving systems full of countless life forms from microorganisms and insects to plants and animals, all working together in a sustainable food chain. The goal is to copy this pattern onto your property.

Some of the natural sectors that you have observed may put your property and hard work in jeopardy, so when designing, it is important to identify and mitigate those risks. Among the most notable here are flooding, fire, and strong winds. If these dangers exist where you live, it is important to include protection against them in your design. This might include creating dams, planting a windbreak, digging lakes and ponds, building a stone wall, or planting slow burning trees.

One thing I have found that helps me to balance zones and sectors is to use two sheets of transparent foil to lay overtop of the map of your land which you can draw your zones and sectors on separately and rotate them to see where they fit best. You should not start to plan your house, garden, or any other elements in detail until you have first identified the best place for your zones based on the existing sectors.

Just as you want to have the attitude of adapting to your new village instead of expecting it to adapt to you, you must also adapt to your environment instead of expecting it to adapt to you. You do not know or understand all of the relationships that exist in nature, and if you start to intervene too much in natural processes, it will cost you a great deal of time, money, and frustration. So, work with nature as much as possible in your design. Where you must make changes, endeavor to make them as slight as possible and in a way that mirrors nature. Also consider the money and resources that you have at your disposal since they will limit you somewhat. It is said that it takes about three years after implementing your design for the natural process to take over, so keep this in mind as well and know that you will have extra work and lower yields during those first few years, so you will probably require some supplemental income. If you are a vegetarian or vegan, you will not have to include housing for animals, but you will have to have a larger garden. If you are in an area lacking for water, you will need to compensate for that. You must keep all these things in mind as you design.

When you have your design, implementation should be slow and methodical. Decide what you need to do first and make your start. If you try to do everything at once, you will get overwhelmed and distracted by the details. As I have said, on our property in Istria, we had 6,500 square meters of neglected property, a 180 square meter house to refurbish, and a garden to establish, all in our first year. Even though we were very enthusiastic, it was just too much work for two people. Fortunately, we were able to hire professionals to help with the heavy work (roof, new floors, plastering outside and inside) on the house, but not everyone will be able to afford to do this, so be realistic about the amount of work you can do within a given timeframe. Also accept that not everything will go exactly as you plan it. At that property, our plan was to use the grass clippings from the meadow to mulch the garden, but we soon discovered that there was not enough, and we had to change our plan. Just because something looks good on paper, does not always mean it will work out well in real life, so expect to adjust your plan as you go along.

Gardening

It is often said that gardening is the heart of Permaculture. By gardening, you can grow your own food, which is important because it allows you to control where your food comes from, know that it has been grown in a sustainable way, and decreases your dependency on the monocultural system. In my case, the food from my garden also comes at a much lower cost to me than if I had to buy it, and I know it is of a much higher quality. I save my own seeds, so I do not have to buy many, and I preserve the surplus from my garden to carry me through the winter months. I do have some expenses such as horse manure for fertilizer, straw for mulching, and jars for storing food, but these do not add up to much and my costs are still very low. By employing practices like polyculture, diversity, composting, and mulching, you will create a garden like nature intended that will attract a vast array of life and form an intricate network of food chains and natural relationships. Nature is a complex and creative system in which all elements exist in a cooperative balance, with the exception of humans. Although we fancy ourselves the masters of nature, we have been poor masters indeed throughout the last century. Now it is time for us to remember that we are only one of many species on this planet, and our job is not to control nature, but to learn from it.

Types of Gardening

We can roughly divide gardening into three main types or categories. The first, and most often used in Western civilization, is what I refer to as conventional gardening. This involves turning the soil and fertilizing every year, using pesticides, herbicides, and fungicides, the sole use of annuals, seeding every season, and consistent weeding. Garden beds are rectangular, with plants spaced evenly and placed in straight lines. There is no mixing of annuals and perennials, nor vegetables and flowers, and since there is constant weeding and no mulching, the soil is left bare and unprotected, which leads to moisture loss and erosion.

Organic gardening is less demanding, I daresay, since the garden beds are in natural shapes, annuals, perennials, and flowers coexist, and the soil is well mulched. After your first year, you should save your own seeds, which saves you from having to buy them, and, depending on the quality of your soil, you may not need to fertilize every year. Also dependent on the quality of the soil and other factors, such as precipitation, you may not need to turn the soil every year. Often, if aeration is necessary, it can be done manually with a hay fork, which saves time and investment in equipment.

The idea of natural gardening is to allow nature to do all the work. Masanobu Fukuoka talks about this gardening method in his book, *One Straw Revolution,* which I recommend reading if you wish to learn more on the subject. With this method, there is no fertilizing, no garden beds, no turning of the soil, and no seeding. Instead of using these conventional methods, he used natural elements in their place. For example, to aerate the soil, he used daikon, comfrey, or other plants with large, deep roots. Once you pull them up, they leave a void in the soil, allowing air and water to penetrate. He planted leguminous vegetables to fertilize and enrich the soil and used seed balls for his initial planting (34). Of course his diet must have been different from that of most people, but it worked for him and does for a few other people who practice this style of gardening.

Planning

Once you have mapped out your zones and have an idea where your garden will be, it is time to start planning it out in more detail. Ideally, you will prepare your soil in the autumn when it is not too wet, and then you will take some time during the late autumn and winter to devise your plan while nature is doing its work. The more thought you put into it at this point, the less frustration you will run into later in the process. The first thing to think about is what kinds of food you wish to grow and how much you think you will need. Very often I am surprised at how most people do not have any real idea of how much they consume of different kinds of food over the course of a year. This is important to figure out and balance fairly accurately to make sure you are providing enough for yourself but not creating unnecessary extra work for yourself.

Once you have an idea how much you will be eating, it is also necessary to factor in having extra plants of each kind to provide you with seeds for the following season. Keeping these things in mind, you can look at how many seeds you have already and determine how many and what kinds you will need to either buy or trade for at a seed exchange. This will also give you an idea of how big your garden needs to be and how much of various other supplies you will require such as stakes, raffia, netting etc. Remember that when you allow some plants to go to seed, many of them put out a flowering stalk that may require support that otherwise might not be necessary for that particular plant. For example, celery, lettuce, and parsley are all what we think of as crops that grow low to the ground, but when they are allowed to get to the seed producing stage, they get quite tall and need to be staked, so keep this in mind and be generous when counting how many stakes you will need.

In addition to deciding what vegetables you want to grow, remember to plan for including flowers throughout your garden. Flowers are excellent for attracting pollinators to your other plants, and they draw other insects to themselves and away from your vegetables where they might do harm. Ideally you would include both annuals and perennials, but you can start with one or the other and expand over time, just be sure to include some. Another benefit is that a lot of flowers can be eaten or used as medicine by making them into teas, tinctures, and other preparations.

As you are planning your garden beds, deciding what plants will do well together and help each other is very important, and we will discuss companion planting in more depth later in the book. It can be a little bit more complex, however, than just matching plants based on a chart. Other factors, such as the angle of the sun and prevailing wind directions, can also be vital when determining ideal plant placement. For instance, one year I planted cosmos on the south side of my tomatoes without taking into account how tall the cosmos would get. The flowers significantly shaded the tomato plants, which did not make them very happy, so I was careful not to make that mistake again.

Also consider the needs of each plant and how you will need to plan ahead to take care of them. You will likely need poles and stakes to support some of the taller plants, such as tomatoes, when they get heavy with fruit. Some, like peas and beans, require a structure to climb, such as netting or rope, depending on what you have available and whether you want to use plastic or an organic product like raffia. You may also need supplies for irrigation, and, if you don't yet have a source on your own property, you may need to buy fertilizer and mulching material. Give some thought to how much of your yield you will need to preserve for winter and how you will do it. You will likely need to purchase some jars for canning or storing dried foods. Of course there will always be incidental costs and changes to your plan as you go along, but the more planning you do now, the fewer unpleasant surprises you will have later.

As you continue planning for the following growing seasons, you may want to think about which crops should be rotated and which should not. In my small garden, I cannot always make this work, since peas, which are recommended to be rotated, require a support net, which I leave in the same place from one season to the next. I do, however, plant cucumbers there after the peas are finished in the spring, so I get some of the benefits from rotating.

Climate Considerations

In the parts of Croatia where we have lived and gardened, we have generally dealt with a continental climate, which means hot summers, rainy spring and autumn seasons, and cold, snowy winters. No matter your location and climate, however, it is very important for you to know the frost timeline where you live. For us, the average last frost date is the 15th of May. This seemed quite late to me, so one year we had a very warm, sunny April, my seedlings were growing well, and I thought spring had come early. Unfortunately, on the 6th of May, I woke up on a sunny, frosty morning to find my thousands of seedlings dead in their containers on my veranda. Naturally, I panicked, unsure of what to do and very upset. I ended up replanting all of my seedlings, which was a lot of additional work, and covering all of the plants with containers until I was sure they were safe. Thankfully, the second planting all grew well throughout the season and I did not have any more temperature problems that year. The moral of the story is that you have to be careful with frost. Familiarize yourself with the local climate and frost dates and make sure your plants are well protected until you are certain they are safe from the frost.

Garden Beds

In addition to incorporating natural shapes into your garden beds, you should also consider whether ground level, raised, or sunken garden beds are best for you and the area you live in. If you live in a very wet climate where the soil is often saturated, it may be to your advantage to use raised beds to ensure that your plants get plenty of air and do not become the victim of unfavorable anaerobic processes. In contrast, if you live in a dry climate, you may wish to create sunken beds between mounds of soil, which will gather and hold moisture well.

Cultivation

How often you will need to plow your soil, if at all, will have a lot to do with the type of soil, the history of use of your land, and your chosen gardening method. In Croatia, there is a lot of land that was once farmed but, due to the war and people leaving the area to find jobs, has been left untouched for decades. If this is the case with your land, or if it has never been worked, you will need to plow it, at least for the first year, to break up the sod and hard soil to make it easier to work with. After that, if you have the right type of soil, you may be able to simply turn it by hand when needed. However, if you have marl or clay soil, you may find that you have to continue mechanical cultivation.

Why is it that most people regularly plow their gardens and larger fields? It has been common practice for centuries, so surely there must be a reason. There are certainly advantages to it, as we can clearly see. Turning the soil allows for aeration, which is good for the microorganisms that live there, and also makes it easier for the roots of your plants to penetrate and establish themselves, making for healthy soil and higher yields. The problem is that plowing now is not the same as it once was. At one time, it was all done by a human guiding a simple plow, pulled by a horse. Since humans can only apply so much downward pressure, and horses can only pull so hard, this meant the soil was never tilled any deeper than thirty centimeters.

Modern machinery is capable of penetrating much deeper into the soil, which is not necessarily a good thing. For one thing, it displaces microorganisms to a depth at which they cannot survive, greatly depleting their numbers, which is not good for your soil's health. It also allows water to easily wash nutrients down to deeper layers of the soil where they are not readily available to your plants with shallow root systems, which can force you into fertilizing more often than would be necessary otherwise. This modern machinery is also much heavier than any human or horse, which leads to compaction of the soil when it is repeatedly driven upon. Not to mention the fact that this equipment can be very expensive, and since people have stopped cooperating with each other, most people feel the need to purchase their own, rather than finding a way to work with neighbors to share the costs and benefits of a common machine.

Selecting Plants

Humans have been gardening for a long time now, and we have learned a lot about plants throughout the centuries. In some ways, this has been good for plant diversity, but in other ways it has not. As you are planning your garden and deciding what to plant, remember to work with nature and strive for biodiversity. When we first began our relationship with plants, I believe they were a lot more natural and versatile than the plants we know now. As we began to select and breed plants for what we saw as their more favorable characteristics, it gave us more variety in our diet, but also distanced us from the original plants that nature gave us.

Nature is rich with biodiversity and thrives on it, but every day we are losing more of it. Because of the industrial attitude of wanting only those things which have a high yield, some vegetables have been pushed to the wayside throughout the years. I remember reading a Croatian fairy tale book when I was a child that mentioned a plant I had never heard of at the time, called sorrel. Later in my life, I learned that it is an edible plant, which many people used to grow in their gardens, but that it is now treated as a weed by most. Once I realized what it was, and that it was edible, I tried it and liked it so much that I stopped growing spinach because I can use sorrel in place of it and I do not have to save seeds or put any work into growing it since it does it all on its own.

The same thing is happening across the board, even with the way animals are bred and raised. The animals typically found on a modern farm have been selectively bred to produce a higher yield in a shorter time and bear little resemblance to their ancestors, just like most of the plants we tend to grow. As a side note, although I do not eat meat, if you do, I would encourage you to eat venison and other wild game rather than commercially grown meat, which has not been raised with a varied diet. I would also ask you to take a look at your overall meat consumption. When I was young, it was customary to eat meat once or twice per week. Now, many people eat it once or twice a day even though, as a general rule, they are doing less physical work and don't really need the extra protein and energy.

Meanwhile, our choices have become very limited, without us even realizing it. If you go looking to buy tomato seeds, you might be able to find ten different varieties if you are lucky, and probably no more than three kinds of potatoes when, in reality, there are hundreds of varieties of each in the world. I personally have grown at least 120 different kinds of tomatoes, and I love the variety. Having that kind of diversity in your diet is rare anymore but it is the best thing you can do for your health. When you eat the same plants day after day, week after week, your body is inevitably missing out on the nutrients and trace minerals that come with a varied and well-balanced diet.

Having a good variety of plants in your garden, both wild and domesticated, is also a good defence against a bad year for some of those plants. One year, you may have a blight or weather that is bad for growing tomatoes, but you will have a lot of beans, pumpkins, string beans, mangold, potatoes, onions, garlic, cucumbers, parsley, celery, and peas to make up for it if you have good diversity in your garden. However, if you only grow a few vegetables, and one or more of them does not perform well in any given year, you will have a very poor overall yield. Having biodiversity on your property is both important for you and for maintaining biodiversity in all natural systems and food chains.

Companion Planting

At the beginning of our journey with Permaculture, we bought several books on gardening to help us along the way. Most of these books contained lists of compatible plants, but we soon discovered that they did not cover a lot of the plants that we wished to grow. With a lot of research and years of experience, we have compiled our own list, which I am including in this book to help you on your journey. Remember though, that these are only suggestions based on my own experiences. You will have to consider your own location and climate when deciding what to grow, and you will always have some trial and error to find what works best for you.

Companion planting is a complex topic, particularly in organic gardening, when you are using it as an aid so that you do not have to use chemicals such as artificial pesticides and fertilizers. To be successful, you must give a lot of thought to each plant, what it has to offer, and what it requires from the system around it to thrive. This involves thinking about both the plants that you put near each other, and other factors such as the amount of sun they are getting and what animals or insects you want to attract or repel. We have already talked about the possibility of dealing with too many slugs by keeping ducks, a natural predator to them. In the case of companion planting, you might plant marigolds to keep aphids away from neighboring plants, or other flowers to attract pollinators.

While you may not be able to eat every plant in your garden, it is important to make sure that you are keeping with the idea of multifunctionality and can list at least two purposes for every plant you grow. For instance, some of the flowers you grow may be inedible, or even toxic to humans, but if they attract pollinators and add nutrients to the soil, they are still multifunctional and an asset to the system. So, with all of this in mind, here is the list of compatible plants that we have compiled throughout the years. Note that a question mark indicates a pairing that is still under experimentation.

	YES	NO
basil, sweet basil (lat. Ocimum basilicum)	anise, broccoli, cauliflower, comfrey, beans, marigold, chamomile, kale, brussels sprouts, cabbage, calendula, oregano, pepper, petunia, tomato, collard greens, turnip greens, asparagus	
bay leaves, laurel tree, bay laurel (lat. Laurus nobilis, Lauraceae)	tansy, cayenne pepper, peppermint	
beans (Phaseolus vulgaris)	swiss chard, celery, beetroot, savory, peas (?), strawberries, dill, cucumber, potatoes, corn, sweet corn, cabbage (?), mint, carrots, eggplant, radishes, rosemary, lettuce, spinach, anise, borage, basil, pumpkin	broccoli(?), garlic, peas (?), cabbage (?), fennel, kohlrabi, onions, shallots, peppers, leeks, tomato, sunflowers, chives, gladiolus

	(squash, pumpkin), cauliflower, melons, nasturtium, sage, broccoli (?), coriander, petunia, collard greens, turnip, head lettuce, leaf lettuce, asparagus, spinach	
bee balm, monarda, oswego (lat. Monarda didyma)	tomato	
beetroot, red beet, table beet, garden beet (lat. Beta vulgaris)	kohlrabi, cabbage, onions, shallots, low beans, lettuce, garlic, catnip, mint, broccoli, cauliflower, peas, brussels sprouts, cumin, dill, cucumber, coriander, marjoram, leaf lettuce, zucchini, lovage	potatoes, corn, leeks, tomato, spinach, tall beans
beets (lat. Beta vulgaris)	basil, broccoli, cauliflower, garlic, sage, kale, kale umbilicus, cabbage, chinese cabbage, measles, onions, chives, mint, low beans, tomato, lettuce	tall beans, mustard
bell pepper, sweet pepper, pepper, capsicum (lat. Capsicum)	basil, geranium, onion, marjoram, carrots, okra, parsley, petunia, tomato	kohlrabi, fennel, apricots

black radish (lat. Raphanus sativus; Raphanus niger)	swiss chard, nasturtium, beans, peas, kohlrabi, cabbage, carrots, parsley, tomato, lettuce, spinach	cucumber
black root (lat. Leptandra virginica)	garlic, beans, cumin, dill, cucumber, kohlrabi, coriander, cabbage, leaf lettuce, zucchini, onions	
blackberry (lat. Rubus fruticosus)	borage, garlic, geranium, marigold, raspberry, scarlet beebalm, vines, chives, tansy	potatoes, peppers, eggplant, tomato, most plants
borage (lat. Borago officinalis)	broccoli, pumpkin, squash, cauliflower, beans, strawberries, cucumber, cabbage, tomato, collard greens, turnip (white)	
brassicas	potatoes, corn, wheat, borage, nasturtium, geranium, dill, onion (?), shallots, rosemary, chard, celery, beetroot, endive, beans, peas, sage, kamlica, cumin, coriander, peppermint, wormwood, leeks, head	garlic, mustard, strawberries, onion (?), peppers (sweet and hot), tomato, potatoes, eggplant, tomatillo, garden huckleberry, Tamarillo

	lettuce, leaf lettuce, spinach, chives	
broad beans, fava beans, field beans, bell beans, tic beans; (lat. Vicia faba)	celery, savory, strawberries, cucumber, potatoes, corn	onions, kohlrabi
broccoli	borage, nasturtium, geranium, dill, rosemary, anise, chard, basil, celery, garlic, beans, hyssop, marigold, sage, chamomile, cucumber, chervil, potatoes, onions, shallots, mint, oregano, radish, spinach, thyme, tall beans, bush beans, chives	mustard, strawberries, peppers, eggplant, leeks, tomato, lettuce (?), routes, vines
brussels sprouts (lat. Brassica oleracea, gemmifera)	anise, chard, borage, basil, celery, garlic, nasturtium, geranium, beans, hyssop, sage, chamomile, hemp, dill, cucumber, potatoes, onions, shallots, mint, beets, rosemary, spinach, thyme, chives, lettuce	mustard, strawberries, tomato, peppers, eggplant, radish, rue, vines
buckwheat (lat. Polygonaceae; Fagopyrum)	pumpkin, squash	legumes
cabbage (lat. Brassica oleracea; Linne)	geranium, dill, onions, shallots, rosemary, anise, chard,	mustard, strawberries, peppers, eggplant, tomato, radish, rue(?),

	borage, basil, celery, garlic, clover, nasturtium, beans, hyssop, marigold, sage, chamomile, hemp, cucumber, potatoes, lavender, mint, oregano, leeks, rue (?), beets, spinach, thyme, chives, tansy	vines, tall beans, pole beans, lettuce
calendula, pot marigold (lat. Calendula arvensis)	basil, broccoli, pumpkin, cucumber, potatoes, cabbage, peppers, tomato, asparagus, most plants	
caraway, meridian fennel, persian cumin (lat. Carum carvi)	peas, strawberries	dill, fennel, carrot
carrot (lat. Daucus carota subsp. sativus)	onions, chives, shallots, tomato, lettuce, sage, flax, low beans, wormwood, rosemary, chard, black root, garlic, beans, peas, peanuts, cucumber, chervil, potatoes, thimble flower, pepper, leeks, radish(?), leaf lettuce,	anise, asters (flowers), celery, dill, parsnip, parsley, radish (?)
castor (lat. Ricinus communis)	most vegetables	
catnip, catswort, catmint (lat. Nepeta cataria)	pumpkin, squash, hyssop, eggplant, beets	

cauliflower (lat. Brassica oleracea)	anise, chard, borage, basil, nasturtium, celery, beetroot, zinnia, garlic, geranium, low beans, hyssop, marigold, chamomile, sage, cucumber, potatoes (?), lavender, onions, shallots, mint, oregano, leeks, turnips, radish, rosemary, lettuce, spinach, thyme, chives	mustard, peas, strawberries, dill (?), potatoes (?), peppers, eggplant, tomato
celery (lat. Apium graveolens)	cosmos, daisy, snapdragon (Antirrhinum), broad beans, broccoli, cauliflower, garlic, nasturtium, beans, peas, chamomile, kale, brussels sprouts, chinese cabbage, kohlrabi, cucumber, cabbage, onions, leeks, tomato, spinach, chives,	astra (flowers), dill, potatoes (?), corn, carrots, parsnips, lettuce
chamomile	basil, broccoli, pumpkin squash, cauliflower, onion, cucumber, cabbage, mint, wheat	

cherry	garlic, nasturtium, forsythia, onions, currants, tansy	
chervil (lat. Anthriscus cerefolium)	broccoli, carrots, radish, lettuce	
chinese cabbage (lat. Brassica rapa, subsp. pekinensis, chinensis)	basil, celery, garlic, nasturtium, beans, hyssop, dill, potatoes, onions, mint, rosemary, thyme	vines
chives (lat. Allium schoenoprasum)	broccoli, pumpkin, squash, celery, cauliflower, mustard, apples, strawberries, kohlrabi, chrysanthemums, potatoes, cabbage, apricots, carrots, gooseberry, pepper, eggplant, parsley, rhubarb, tomato, collard greens, turnip greens, roses, sunflowers, vines, fruit trees	beans, peas, asparagus, spinach
cilantro, coriander (lat. Coriandrum sativum)	anise, beans, peas, cumin, dill, chervil, potatoes, asparagus, spinach	fennel
clover, trefoil (lat. Trifolium)	apples, cabbage, grapes	
collard, collard greens	anise, basil, borage, garlic, nasturtium, beans, hyssop,	tansy, mustard, potatoes (?), peppers, eggplant, tomato (?), rue, vines

	marigold, sage, dill, cucumber, potatoes, onions, catnip, mint, geranium, leeks, tomato (?), radish, rosemary, thyme, chives, lettuce	
comfrey (lat. Symphytum officinale)	avocados, potatoes, asparagus, fruit trees	
corn, maize (lat. Zea mays L. ssp. mays)	beans, amaranth, geranium, melon, beans, peas, peanuts, potatoes, sorrel, watermelon, parsley, blue pimpernel, soy, sunflower, broccoli, pumpkin, squash, apples, broccoli, cucumber, cabbage, lettuce, morning glory, pigweed	celery, beetroot, tomato
cucumber (lat. Cucumis sativus)	borage, broccoli, celery, beets, cauliflower, garlic, savory, nasturtium, beans, peas, apple, marigold, kale, brussels sprouts, chamomile, caraway, chinese cabbage, fennel, dill, kohlrabi, coriander, corn, cabbage, onion, carrot, oregano, pepper, petunia, leeks, radishes,	sage, potatoes, tomato, rue

	lettuce, sunflowers, tansy	
currants	wormwood	
daisy	celery, asparagus	
day lily, one day lily	cosmos, lavender, violet, narcissus, russian sage	
dead nettle	potatoes	
dill (lat. Anethum graveolens)	broccoli, cauliflower (?), beans, apples, fennel, kohlrabi, cucumber, chervil, corn, cabbage, onions, kale, beets, lettuce, asparagus	angelica, caraway, fennel (cross pollination risk), potatoes, lavender, hot pepper (chili), carrots, tomato
eggplant, aubergine, melongene, brinjal, guinea squash (lat. Solanum melongena)	amaranth, beans, garlic, tarragon, peas, marigold, onion, mint, leeks, spinach, thyme, chives	broccoli, cauliflower, fennel, cabbage, catnip, walnuts, peppers, collard greens, turnip
endive (lat. Cichorium endivia)	beans, fennel, cabbage, leeks	
eng. columbine (lat. Aquilegia)	rhubarb	
eng. marigold (lat. Tagetes)	basil, broccoli, pumpkin, luffa squash, cantaloupe, kale, cucumber, potatoes, cabbage (?), peppers, eggplant, tomato, radish	beans, cabbage (?)

eng. nasturtium (lat. Nasturtium)	broccoli, squash, cauliflower, cantaloupe, mustard, beans, apples, cucumber, cabbage, kale, kohlrabi, tomato, collard greens, asparagus	radish
fennel (lat. Foeniculum vulgare)	endive, peas, sage, dill, cucumber, lamb's lettuce, radishes, lettuce, leaf lettuce	beans, cumin, kohlrabi, coriander, wormwood, tomato, most plants
fig (lat. Ficus carica)	mint, rue	
flax, common flax, linseed (lat. Linum usitatissimum)	potatoes, carrots, night maids, oats, wheat	
garlic (lat. Allium sativum)	peaches, broccoli, celery, beetroot, cauliflower, savory, apple, chamomile, kohlrabi, cucumber, potatoes, pears, cabbage (?), lily, raspberries, apricots, carrots, peppers, eggplant, tomato, collard greens, turnip greens, rose, salad, tulip, fruit trees	beans, peas, strawberries, cabbage (?), parsley, asparagus
geranium	corn, cabbage, peppers, tomato, rose, vines	

german chamomile (lat. Matricaria recutita)	cucumber, cabbage, onions	
gladioli	beans, peas, strawberries	
gooseberry	tomato	
grape vine (lat. Vitis)	basil, elm, clover, geranium, beans (?), peas, hyssop, blackberry (?), mulberry, oregano, chives, tansy	peaches, broccoli, cauliflower, beans (?), kale, brussels sprouts, blackberry (?), cabbage, kale, radish
hemp (lat. Cannabis sativa)	cabbage, kale, brussels sprouts	
horseradish (lat. Armoracia rusticana, syn. Cochlearia armoracia)	potatoes, fruit trees, poppy	
hot pepper, chili pepper, chile pepper, chilli pepper (lat. Capsicum)	swiss chard, basil, endive, cucumber, okra, oregano, eggplant, parsley, tomato, rosemary	broccoli, cauliflower, beans, fennel, cabbage
hyssop (lat. Hyssopus)	broccoli, cauliflower, brussels sprouts, cabbage, beets, grapes	radish
iris (lat; Iridaceae)	forsythia, most plants	
jerusalem artichoke, sunroot, topinambour (lat. Helianthus tuberosus)	cucumber, tall beans, climbing legumes	

kale (lat. Brassica oleracea, Acephala)	swiss chard, celery, garlic, nasturtium, hyssop, sage, dill, cucumber, potatoes, onions, shallots, mint, beets, rosemary, salad, spinach	
kohlrabi, german turnip (lat. Brassica oleracea, Gongylodes)	swiss chard, borage, celery, black root, garlic, nasturtium, geranium, beans, peas, hyssop, sage, dill, cucumber, potatoes, onions, shallots, mint, oregano, peppers (?), leeks, radish, beets, rosemary, salad, asparagus, spinach, chives	mustard, strawberries, fennel, peppers (?), tomato, tall beans
lavender (lat. Lavandula officinalis, Lavandula angustifolia)	cauliflower, brussels sprouts, cabbage, rue	
leek (lat. Allium ampeloprasum var. porrum)	celery, black root, endive, apple, strawberry, chamomile, kohlrabi, potatoes, cabbage, onions, kale, apricots, carrots, peppers, eggplant, tomato, lettuce, chives	broccoli, beets, beans, peas, parsley, other legumes
lemon balm (lat. Melissa officinalis)	basil, pumpkin, squash, cantaloupe, watermelon, sage, cabbage, marjoram,	

	mint, carrots, okra, oregano, parsley, radish, lettuce, tomato, thyme, chives	
lettuce (lat. Lactuca sativa)	broccoli, beets, black root, cauliflower, garlic, melon, alfalfa, beans, peas, strawberries, brussels sprouts, kale, peanuts, fennel, dill, kohlrabi, cucumber, chervil, corn, cabbage, onion, carrot, peppermint, leeks, radish, tomato, turnips, sunflowers, asparagus, tall beans, chives	celery, parsley
lilac (lat. Syringa vulgaris)	daylily, lavender, magnolia, mint, thyme, tulip, daffodil	walnut
lovage (lat. Levisticum officinale)	beans, asparagus, all vegetables	rhubarb
lupine (lat. Lupinus)	pumpkin, savory, strawberry, dill, cabbage, rosemary, salad, pumpkin	
marjoram (lat. Origanum majorana, Lamiaceae)	sage, pepper, asparagus	
melon, cantaloupe (lat. Cucurbitaceae)	pumpkin, nasturtium, marigold, corn,	

	oregano, radish, sunflower, pumpkin	
mint (lat. Mentha)	broccoli, cauliflower, kale, brussels sprouts, chinese cabbage, kohlrabi, pears, cabbage, bay leaves, cayenne pepper, eggplant, tomato, beets, lettuce, sweet pepper	chamomile, parsley, asparagus
mustard	cauliflower, cabbage, radish, brussels sprouts	swedish turnip
okra, lady's fingers, gumbo (lat. Abelmoschus esculentus, Moench)	basil, melon, peas, cucumber, peppers, eggplant, lettuce	
onion (lat. Allium cepa)	broccoli, kohlrabi, potatoes, cabbage, tomato, amaranth, chard, celery, beets, black root, cauliflower, savory, apple, strawberries, dill, chamomile, kale, brussels sprouts, chinese cabbage, cucumber, apricots, carrots, peppers, eggplant, leeks, radish, tomato, collard greens, turnip greens, rose, lettuce, fruit	beans, peas, parsley, asparagus

oregano (lat. Origanum vulgare)	basil, broccoli, cauliflower, cucumber, cabbage, peppers, tomato, grapes	
parsley (lat. Petroselinum hortense)	peas, corn, onions, carrots, tomato, rose, peppers, asparagus, chives	celery, garlic, mint, lettuce
parsnip (lat. Pastinaca sativa)	garlic, peas, marigold, potatoes (?), onion, pepper, radish, fruit trees	celery, cumin, potatoes (?), carrot
peach (lat. Prunus persica)	basil, garlic, strawberries, onions, rue, asparagus, grapes, tansy	potatoes, raspberries, tomato
peanut, groundnut (lat. Arachis hypogaea)	squash, corn	
pear (lat. Pyrus)	garlic, nasturtium, onion, currants, tansy	potatoes
peas (lat. Pisum sativum)	celery, chicory, strawberries, caraway, fennel, dill, coriander, kohlrabi, cucumber, potatoes (early), corn, cabbage, mint, carrots, sweet peppers, eggplant, parsley, tomato (?), beets, radish, head lettuce,	garlic, gladiolus, peas, potatoes (late), onions, shallots, leeks, tomato (?), vines, chives (?)

	spinach, zucchini, chives (?)	
pelargonium (lat. Geraniaceae)	broccoli, cauliflower, corn, cabbage, peppers, tomato, collard greens, turnip greens, rose, vines	
peony (lat. Paeonia)	asters, day lily, sage, clematis, iris, yarrow	
pepper, paprika	basil, pumpkin, squash, garlic, geranium, green peas, cucumber, bay leaves, onion, tomato, marjoram, carrot, marigold, oregano, pepper, eggplant, parsley, petunia, leeks, beets, rosemary, chives	turnips, broccoli, cauliflower, beans, kale, brussels sprouts, cabbage, catnip, apricots, walnuts, tomato, collard greens
peppermint (lat. Mentha piperita)	broccoli, kale, kohlrabi, cabbage	chamomile, parsley
petunia	basil, broccoli, squash, cauliflower, beans, cucumber, potatoes, cabbage, peppers, tomato, asparagus, grapes	catnip, walnut
plum (lat. Prunus)	horseradish	apricot
pole beans, runner beans, scarlet runner beans (lat. Phaseolus coccineus)	swiss chard, borage, basil, broccoli, celery, cauliflower,	garlic (?), onions, kohlrabi (?), beets, sunflowers

	garlic (?), savory, peas, strawberries, cabbage, brussels sprouts, chinese cabbage, kohlrabi (?), cucumber, potatoes, corn, mint, carrots, eggplant, collard greens, radish, rosemary, salad, tansy	
potato (lat. Solanum tuberosum)	amaranth, beans, broccoli (?), cauliflower (?), garlic, nasturtium, comfrey, low beans, horseradish, marigold, chamomile, brussels sprouts, cumin, chinese cabbage, coriander, corn, cabbage (?), flax, onions, carrots, dead nettle, calendula, peppermint, eggplant, petunia, leeks, kale (?), rye, lettuce, spinach (?), chives	peaches, broccoli (?), pumpkin, squash, celery (?), beets, peas, apples, fennel, kohlrabi, cucumber, raspberry, apricot, walnut, parsnip, tomato, turnips (white), radish, rosemary, sunflowers, asparagus, cherry
pumpkin (lat. Cucurbita pepo, Cucurbita mixta, Cucurbita maxima)	melon, nasturtium, beans, buckwheat, marigold, chamomile, peanuts, corn, catnip, marigold, oregano, pepper, petunia, radish, squash, tansy	apples, potatoes, raspberries, tomato, rosemary

quince (lat. Cydonia oblonga)	nasturtium, forsythia, apple, boxwood	
radicchio (lat. Cichorium intybus)	beans, fennel, carrots, tomato, lettuce	
radish (lat. Raphanus sativus)	swiss chard, pumpkin, daikon, melon, nasturtium, beans, peas, chervil, carrots, parsnip, parsley, tomato, beets, lettuce, spinach, tall beans, pumpkin, squash	turnips, broccoli, cauliflower, hyssop, brussels sprouts, kohlrabi, cucumber, potatoes, cabbage, grapes
raspberry, hindberry (lat. Rubus idaeus)	tansy	potatoes, blueberries (?)
rhubarb	broccoli, garlic, beans, columbine (flowers), cabbage, onions, roses	
ricula, rocket (lat. Eruca sativa)	most vegetables and herbs	
rose (lat. Rosa)	garlic, geranium, marigold, sage, cabbage, onions, beans, carrots, parsley, chives	potatoes
rosemary (lat. Rosmarinus officinalis)	cauliflower, broccoli, beans, sage, chinese cabbage, cabbage, cayenne pepper, geranium, parsley, collard greens, chives	basil, pumpkin, potatoes, carrots, tomato

rue (lat. Ruta graveolens L.)	broccoli, strawberries, lavender, raspberry, rose, fig, most fruit trees	basil, cauliflower, sage, cucumber, cabbage
rye (lat. Secale cereale)	potatoes	salad
sage (lat. Salvia officinalis)	broccoli, celery, cauliflower, beans, peas, strawberries, chinese cabbage, cabbage, marjoram, carrots, tomato, kale, rosemary	basil, cucumber, onion, wormwood, rue
savory, summer savory (lat. Satureja hortensis)	beans, cucumber, onion, sweet potato	
shallot (lat. Allium cepa var. aggregatum)	broccoli, basil, beets, sage, kohlrabi, potatoes, cabbage, cabbage, mint, carrots, peppers, tomato, thyme	beans, peas, parsley
soy, soya bean, soybean (lat. Glycine max)	corn	
spearmint (lat. Mentha spicata)	cabbage	
spinach (lat. Spinacia oleracea)	broccoli, celery, black radish, cauliflower, beans, peas, strawberries, cabbage, brussels sprouts, chinese cabbage, kohlrabi, potatoes (?), eggplant, tomato, radish, lettuce, squash	garlic, potatoes (?), onions

squash, marrow, hubbard squash, buttercup squash	borage, pumpkin, melon, nasturtium, beans, marigold, corn, cucumber, onion, mint, oregano, radish, sunflower, tansy	potatoes
stinging nettle, common nettle (lat. Urtica dioica)	chamomile, mint, broccoli, tomatoes, valerian, angelica, marjoram, sage, peppermint, most plants	
strawberry, garden strawberry (lat. Fragaria x ananassa)	borage, comfrey, beans, peas, sage, onion, lettuce, leeks, radish, spinach, thyme, chives	broccoli, cauliflower, garlic, gladiolus, brussels sprouts, kohlrabi, cabbage, tomato
summer squash	borage, pumpkin, melon, nasturtium, marigold, corn, oregano	
sunflower (lat. Helianthus annuus)	pumpkin, squash, melon, beans, cucumber, corn, apricots, tomato	potatoes, cabbage, tall beans
sweet potato (lat. Ipomoea batatas)	savory, dill, oregano, parsnip, turnip, thyme	squash
swiss chard (lat. Beta vulgaris subsp. cicla)	broccoli, black radish, cauliflower, beans, kale, brussels sprouts, chinese cabbage, kohlrabi,	pumpkin, squash, cucumber, potatoes, corn, melon, herbs

	cabbage, onion, carrot, tomato, radish, rose	
tansy (lat. Tanacetum vulgare)	pumpkin, squash, beans, cucumber, potatoes, corn, cabbage (?), raspberries, peppers, rose, fruit trees	
tarragon, dragon's-wort (lat. Artemisia dracunculus)	eggplant, all vegetables	
thyme (lat. Thymus)	broccoli, cauliflower, strawberries, chinese cabbage, cabbage, eggplant, collard greens	
tomato (lat. Solanum lycopersicum)	amaranth, anise, borage, basil, celery, beets, black radish, garlic, nasturtium, geranium, beans, marigold, sage, kleoma, nettle, kohlrabi (?), cosmos (flower), onions, shallots, catnip(?), lemon balm, carrot, mint, gooseberry, oregano, parsley, petunia, leeks, radicchio, radish, rose, head lettuce, leaf lettuce, asparagus, spinach, thyme, chives	broccoli, cauliflower, peas, strawberries, cabbage, brussels sprouts, fennel, dill, kohlrabi (?), cucumber, potatoes, corn, cabbage, catnip (?), apricots, walnuts, peppers, eggplant, collard greens, turnip greens, rosemary, rutabaga

turnip, white turnip (lat. Brassica rapa var. rapa)	peas, cabbage	mustard, potatoes, radish, other root vegetables
walnut (lat. Juglans)	alder	tobacco, potatoes, peppers, eggplant, petunia, tomato
watermelon (lat. Citrullus lanatus)	pumpkin, potatoes, corn, onions	
winter radish, white radish, japanese radish, oriental radish, chinese radish, lo bok, mooli (lat. Raphanus sativus var. longipinnatus)	carrots, parsnips, turnips, radish, spinach	cauliflower, hyssop, brussels sprouts, cabbage
winter squash (lat. Cucurbita maxima)	borage, pumpkin, melon, nasturtium, marigold, corn, oregano	
wormwood, absinthe wormwood (lat. Artemisia absinthium)		beans, peas, most plants
yarrow	all plants	
zinnia	all vegetables, especially cauliflower	
zucchini, courgette	pumpkin, squash, beetroot, nasturtium, beans, onions, peppermint, parsley, lettuce, spinach	pepper, corn

Starting Seedlings

When it comes time to actually start planting your garden, you will have several choices to make. One of the first involves whether to plant seeds directly in your garden or start them in small pots or flats and then transplant them. There are several factors to consider when making this decision, but usually the answer is that you should do some of each. Some plants, such as corn and beans, are quite hardy and do not transplant well, so it is usually better to just directly plant them. However, starting seedlings in a more protected environment does have several advantages and can be the right choice for some plants you wish to grow. Particularly if you are in a climate with a shorter growing season, it can allow you a few weeks head start without the danger of losing them to frost, and for small, fragile seedlings, it can give them a chance to get better established before being exposed to the harsher elements.

Many people like to start their seedlings in potting soil, but when I tried this, I found that after watering, it formed a hard crust on the surface, and many of the seedlings did not have the strength necessary to break through it to sprout. Needless to say, I was not happy with the product, particularly since it had been a significant expense to buy enough for 12,000 seedlings. Compost is an excellent media in which to start seedlings, but the problem with most compost is that it will already contain seeds from other plants, and you may end up having to weed in all of your little seedling containers, which takes a lot of time and energy. In the end, I ended up buying Lumbri humus for my seed starting. Yes, it was more expensive than potting soil, but I am very happy with the product, and I think it provides very well for the seedling as it sprouts and also while it is establishing itself after transplanting.

As you plant seeds in your containers, it is very important that you keep them all labeled with the name of the plant and the date you planted it. This is particularly important if you are new to gardening, but even experienced gardeners can find it difficult to keep track of what is what without the help of labels. Noting the date will also let you know if your seeds have germinated within a reasonable time, or if you will have to start over and try again. Germination time will vary based on the kind of plant and the growing conditions, but as a general rule, most things will have sprouted within two weeks if they are going to. Labeling is also important for seeds that you plant directly in the garden, since otherwise you may not be able to tell which are the seeds that you planted, and which are simply “weeds” coming up on their own.

My first time starting seedlings, I kept them in the house, generously watered them, and much to my delight, they grew quickly! Unfortunately, they died just as quickly, a result of too much heat and humidity. So, from this I learned that it is better to keep them outside the house, still protected from frost and harsh weather, but where it is not so hot, and only water as needed. If you are unsure, simply stick your finger down in the soil, and if it is still fairly moist, do not worry about watering yet. You may not have the need or the money right away, but if you have a large enough garden, you will probably find that a greenhouse is a good addition to your property. I do not currently have one, and I make do with starting my plants on my terrace, but I am quickly running out of room, and I am thinking seriously about planning for one in the future.

Do not be discouraged if you look at your own seedlings and see that they do not look as big and robust as the seedlings you see for sale in nurseries. Those seedlings that grow so big and so fast in the early stages do not necessarily produce a healthier plant down the road. One year, as a curiosity, we bought some of those seedlings to compare to our own. The boughten seedlings were in a state of shock when we transplanted them, and they continued growing, but quite slowly. Our seedlings were very small compared to the boughten ones, but they handled transplanting better and grew much faster. At the peak of the season, they were very similar in size and productivity, so as it turned out, there was no real advantage to buying from the nursery, even though it appeared that they were stronger than ours.

So, once you have a good supply of seeds, I definitely recommend starting your own seedlings rather than buying them. Protect them well until the danger of frost has passed and they have between four and six true leaves. Then, when conditions are favorable, you can begin transplanting. Be sure to water them well before, and immediately after, transplanting. The soil will look muddy, but it is necessary at this time to help them settle in and make sure the roots do not become dehydrated. Cover the soil around them with mulch to help conserve moisture and protect the young plants. In the beginning, you should check them every day to see how they are doing and if they need anything. Once you are sure they are progressing well, you may check them less often, but it is still good practice to walk in your garden every day.

There is an old saying that “the gardener’s shadow is the best fertilizer”. Make it a practice to visit your garden and communicate with it. Most of the time you will find some work to be done. You may observe that there are some pests that you need to address, or that some of the plants need water. If you do need to water, then do so from time to time, preferably in the evenings when the air is cooler and it will do the most good. Be careful not to water too often though, because if you do, the plants will grow to depend on it rather than seeking out their own groundwater sources. Even if you walk through your garden and find that it needs no water and there is no work to be done, you can still learn by observing it and you can always enjoy its beauty.

Direct Seeding

There are some things that should be planted in the autumn, after your soil has been prepared. These include your bulb crops and flowers, such as garlic, onions, and iris, and you may also wish to plant an autumn crop of some of your hardier vegetables, such as carrots, beets, and greens, which can survive a light frost. Be sure that you do not wait until too late in the season since the soil must be warm enough and moist enough to facilitate germination. Of course, the soil must not be too wet, or else your seeds will rot in the ground. This is also true for spring planting. You must always be sure that the soil is warm enough and moist enough when planting your garden. If you have already mulched the soil, you should rake the mulch out of the way for now, especially for planting smaller seeds, like carrot, celery and cabbage. Then, make a shallow trench in the soil, space the seeds out fairly evenly, cover them with a small amount of soil, and water them well. When the plants begin to sprout, bring the mulch back again to help support them.

Bear in mind that larger seeds should be planted deeper. A good rule of thumb is to plant a seed at a depth equal to twice its diameter. So if, for example, you have a seed that is five millimeters across, plant it about one centimeter deep. Larger seeds, particularly those with a hard outer shell, may also benefit from soaking before planting. Before planting corn, peas, beans, and string beans I like to soak them in water for one to two days, which helps in the germination process and reduces the need to water after planting. Most plants will sprout within two weeks of planting, but I like to give them three weeks to be safe. If, after three weeks, there is still no sign of life, I will reseed and try again. Often the culprit will be frost or low temperatures, or soil that is too wet or too dry, and sometimes it is just that a vegetable likes to behave in a capricious way. I have had this problem before with pepper seeds that, even given good conditions, refused to grow. Regardless of the reason, all you can do is try again and remember to have patience.

There are a lot of things you can do to create more favorable conditions and help your seeds to sprout, depending on the climate where you live. When we lived in Istria, our potable water was highly chlorinated and not very good for drinking, so we used to go to Trieste to buy bottled water. I know, I know, using so much plastic isn't good, but I did not see a better solution, and we found a good way to make use of the empty bottles, so they did not go to waste. We cut each bottle in half, removed the cap from the top, poked some holes in the bottom, and used each bottle half as a tiny greenhouse for the seeds as we planted them. Secured with soil, they did not blow away, and the sprouting plants were well protected. At night, water would condense on the sides and run back down to the soil, conserving moisture and saving us from having to water so often. Once the seeds had sprouted, we removed the bottles, so the plants did not get too hot, and saved the bottles to use again in the future. If you do not have bottles, or do not wish to do it this way, you can get similar results by planting your seeds in a ditch and then covering it with a piece of plastic or cloth. Remember not to have the sheet too low to the ground and to remove it once your plants start growing, at least during the day. If young plants touch the top, they may be damaged if there is a frost in the night.

It is equally important to be aware of soil moisture levels when planting your root vegetables, so they don't rot before getting a chance to grow. Some, like onions and garlic, should be planted in the autumn. They are cold hardy and actually thrive with the challenge of varying temperatures that winter brings. An interesting tidbit to know about these two vegetables is that the smaller the onion set you plant, the larger the resulting onion will be, whereas with garlic, the larger the clove you plant, the larger the bulb you will harvest. I recommend growing both if you are able, as the quality and flavor are beyond comparison with those purchased in a store. While on the subject of root vegetables, I would also like to talk a little bit about potatoes. We like to eat potatoes cooked in various ways, but to grow them in the conventional way takes up quite a bit of land. In an attempt to use less space for this task, we built a small fenced area, filled the bottom with soil, and planted potatoes in it. Once the plants started to grow, we added some more soil and a layer of straw. This was repeated every time the plants got so tall, until the fence was full to the top. When this is done, the plants continue to grow tubers all the way up, so you end up with a lot of potatoes from a very small growing space. At the end of the season, we simply dismantled the fence and sorted through the soil to harvest the potatoes. Some people implement this same concept by stacking up old, used tires. I personally do not like this idea, but it is an option if you have them available and want to go that route.

Compost and Fertilizer

There are various schools of thought when it comes to composting, and it is good to educate yourself on the subject and try different things to see what works best for you. Some people like to have separate composting areas for different materials. Some like to use a quick composting method which only takes eighteen days to mature and results in the same volume of material as when you start. In Biodynamics, there is yet another system of composting which I admire, but admit I do not understand. For me, it seems quite complicated, and I do not have the necessary facilities to do it myself, so every year I purchase their Preparation 500 to use in the garden, and I have been very happy with the results.

As I said, I encourage you to do research on these various systems and apply that information to your unique situation. However, since I like to keep things as simple as possible, I just put everything in the same compost pile and create layers of "green stuff" (kitchen scraps, plants removed from the garden, etc.) and straw. I do strive to keep the ratio of nitrogen rich material to carbon rich material at approximately 3:7. The heap can get big quickly sometimes, but I keep it contained, more or less, in an improvised enclosure made from pallets, which I got for free, and the pile decreases in size pretty rapidly once the decomposition process begins. If I do run out of room in my compost area, I will create overflow piles near my fruit trees which, interestingly enough, I have found can help them defend against pests and disease. I have never had a problem with rats or mice around my compost piles, nor have I had a problem with it smelling badly. I do not even turn it like some people do, but simply pile it up and trust the natural processes at work. This way I have very little work into it, and after a year or two I have a pile of beautiful compost to use in my garden.

If you have pets or other animals, you can also compost their feces. However, you should do this separately from your other compost as they may contain parasites, and you should be sure to let them mature for at least two years. Even then, some people are fussy and do not like to use them in the vegetable garden. If you feel this way, you can still use them to fertilize your flowers or fruit trees. The same can be done with human feces as well if you are in a position to have a composting toilet. Human feces have been used as fertilizer for centuries, and only recently has it become a taboo subject. I personally do not understand this prejudice against the practice, but it is your decision. My opinion is that any kind of feces, whether from humans or animals, are a valuable resource (usually free) and can and should be used to enrich the soil. It is vital that you give nutrients back to your soil as you use them, or else the soil will get poorer and poorer with each successive year, and any kind of natural fertilizer is better than artificial choices. One thing to keep in mind as you fertilize, especially if you use a lot of sawdust, leaves, or pine needles, is that this can quickly make the soil too acidic. Fortunately, you can counteract this by adding ashes from your woodstove.

If you are starting from scratch and do not yet have any compost or manure available to fertilize with, you can always use green manure. Green manure refers to the practice of planting a crop of plants that will fix nitrogen to their roots and enrich the soil in that way. After they are cut, the nitrogen remains in the soil to feed the next plants you grow there. Usually, people will plant a stand of clover or leguminous vegetables for this purpose. If you plant clover, at the end of the season, simply mow it and then plow it in. If you planted a leguminous vegetable, after the harvest is complete, cut off the plants at ground level and plant your next crop. In the springtime I do this with peas, and as soon as they are done, I cut them and plant cucumbers in that spot. This way, the soil is enriched, and I benefit from harvesting two crops from the same piece of land.

Another option, if you do not have compost or manure available, is to make fertilizer from nettles. You may also add horsetail and comfrey, but the basic idea is to pick the fresh plants, put them in a bucket, weighted down with stones, and cover them with water. Then, simply leave it alone until it starts to smell strongly, and you have nettle "soup" fertilizer. Since it is very concentrated and has a strong smell, you should dilute it with water at a ratio of about 1:10, and then pour it over the roots of your plants. Corn, pumpkins, cabbage, peppers, and strawberries are all very hungry plants that love fertilizer, so I give them nettle soup. You can also apply this fertilizer as a foliar spray, but then you should dilute it at a ratio of 1:20 or even 1:30, and make sure to do it in the evening, when the temperatures are lower, preferably after a rain. You can use a similar method to make your manure fertilizer go further, if you have it. Simply put the manure in a bucket with water, let it sit for a few days, and then pour it over the roots of your vegetables. Sometimes I make jokes and say, "Never enough compost in the garden."

Water and Irrigation

Water is an important resource on your property, and especially if you have a water deficiency, you will have to learn how to use it wisely. As we have already discussed, one way to do this is by designing your garden beds in a way that captures and allows for the maximum absorption of rainwater. For example, if your garden is on the slope of a hill, you can create swales on the contours of the hillside to slow the water as it runs down and allow it to penetrate the soil. If your garden is on the flat, you can create raised areas between the beds to keep the moisture down where your plants can benefit from it. You can also make an effort to choose those plants which are best suited to your climate. In a dry area, this often means plants that are of a Mediterranean origin. Additionally, putting plants close together to create a dense cover can shade the soil and reduce evaporation. This can be risky since, if you have an especially rainy year, having plants too close together can create ideal conditions for blight to appear. Unfortunately, there will always be unforeseen circumstances, so all you can do is plan ahead to the best of your abilities and create diversity in your garden to compensate for the occasional crop failure.

Depending on your location, even if you take the aforementioned measures, you may still find yourself in a position where watering and irrigation are necessary. Even in a dry season, some people choose not to water, but this can be counterproductive and significantly decrease your yield. So, if you do find yourself in the midst of a dry season, I would definitely recommend finding a way to water at least long enough to get through the dry spell. If you know you will need to do some irrigating and if you are able, plan ahead and begin gathering and storing rainwater before the weather turns dry. Rainwater is free, so if you can take advantage and use it in this way, you should. If not, the next best thing would be to use water from a pond or creek on your property. If neither of these is possible, you can use well water (not directly from the well, it should be solarized and settled for a day or two because of salinization) but remember that this will bring the expense of pumping it out, and it may also decrease the amount of water available for your household use. If none of these are viable options for you, you can use water from the public system, but this should be a last resort as it is usually chlorinated and not of a very high quality, and of course it will cost you money.

Once you have established a source, the next problem is how to deliver the water to the plants most effectively. To manually water each plant takes a lot of time and energy, and to install a complex irrigation system costs a lot of money. Miroslav was a creative and resourceful person, so he solved this problem by creating a simple, but effective, irrigation system for each individual garden bed. He took buckets that were left over from a construction job, drilled a hole near the bottom of each, and attached a piece of irrigation hose to it. The hose, of course, would lay on the soil under the mulch, with the bucket raised up on some bricks or a block of wood near the end of the garden bed. In the evenings, we would fill each bucket with water, and it would slowly drip down into the soil during the night. It proved to be very efficient and worked well for us. Of course there was some cost in setting it up, but not nearly as much as a conventional irrigation system, and using it did not take nearly as much time as manually watering each plant would have.

Another thing I have learned about watering is that plants are very clever. If you water them every day, they will grow to expect to be watered every day. However, if you teach them to be watered every third day, they will learn to be okay with that schedule. So, with this in mind, use your best judgement to determine when and how often watering is necessary in your garden.

My time and energy are valuable to me, so I like to do what I can to decrease the amount of work required of me. Watering should be done in the evening when temperatures are lower, and it will have the most benefit. Unfortunately, in the evenings, the mosquitoes come out in full force, it is time to make dinner, and I am usually quite tired. Therefore, doing what I can to minimize the number of days I need to water my garden is a priority to me. As discussed, dense planting and mulching can help toward this goal, but another thing that can help is to make your soil rich with colloids. Colloids are stable aqueous gels or suspensions of clay, which hold water within the soil to keep it available to your plants. In essence, they are very fine organic particles or polymers that, because of their size, remain dispersed in an aqueous state despite the influence of gravity. They are precious, because they facilitate the exchange of water and nutrients from the soil to the roots of your plants. The best way to incorporate them into your soil is by adding compost and humus, which are rich with colloids. I would like to point out that high levels of heat can permanently destroy colloids, not to mention killing important microorganisms, so I strongly discourage using fire as a means of weed control, like some people recommend.

Mulching

Why do we mulch our gardens? The simplest answer would be that we are copying nature, which is true. Nature mulches every autumn when the leaves fall to cover and protect the soil, slowly decaying to create nutrient rich humus, which benefits the trees, other plants, and many microorganisms, insects, and small animals in the process. Similarly, mulch can be a great asset to your garden. Perhaps the most obvious benefit is that it protects the soil in several ways. It shields the soil from harsh summer heat and slows moisture evaporation. It creates a buffer that prevents rapid temperature changes in the soil, which can be harmful. Mulch also prevents splash erosion from the falling rain and wind erosion, and even slows the progress of some pests, like ants. It can also hide newly planted seeds from the sight of birds, who otherwise would likely find and eat them.

The humidity and decaying process attract, and create an ideal environment for, earthworms, who are your allies in soil conditioning and aeration. Properly maintained mulch can drastically decrease the number of weeds that grow in your garden, but do not make the mistake of thinking that it will eradicate them completely. There will always be new seeds, carried by the wind or otherwise, and some of them will always find a way to grow. Mulch is also your friend in protecting against blight, since it prevents evaporation. Additionally, just as it does in nature, the bottom layer of mulch slowly decays and becomes humus, gently and naturally fertilizing and enriching your soil. Lastly, I like to think of mulch as a barrier for human greed. It is easy enough for one person to keep a one 1,500 square meter garden mulched, but if you try to do much more than that, the time and materials necessary become prohibitive, so it keeps you thinking realistically about your needs and your abilities.

Early on in our journey with Permaculture, we saw how some people used cardboard as mulch. It looked so nice and neat and effective for a small amount of work, so we decided to give it a try. My husband approached the task very seriously and responsibly, preparing ahead of time by collecting cardboard boxes from local shops, cutting them open, and removing any plastic bands. He had some help with it from the pupils from one of our courses, and they were very enthusiastic about the process. I was a bit more cautious and wanted to try the cardboard in just a few garden beds as a trial, but since they were so eager, soon more than half the garden was covered. After the cardboard is prepared and it is time to do the actual mulching, you have to soak the pieces in water to make them pliable and easy to work with. It is then laid down tight to the soil and covered in straw and left alone until it is time to start planting. Up to this point, everything looked great, and we thought it was working well. When spring came, however, the problems started to present themselves.

The first challenge came when I began transplanting tomato seedlings. First of all, I had to pull back the straw and cut holes in the cardboard before I could plant, which was a lot of extra work. Then we realized that if we ended up needing to use a drip irrigation system, it should have been put under the cardboard before we started, but we decided to just wait and see if it even became a problem. So again, we thought everything was fine and continued on. However, after two weeks, we realized that the tomato seedlings I had planted were still the same size, making no visible progress at all. Curious as to why, we removed the cardboard in one part of the garden, and we found that the soil underneath was much colder than it should have been at that time of year. The cardboard was preventing the sun from being able to warm the soil up to the temperature necessary for the tomato plants to grow well. So, we ended up removing almost all of the cardboard and quickly saw progress after that. In one small bed, we decided to leave the cardboard for further experimentation. Before too long, wild morning glories began to grow at the edges of the cardboard. As the weather got warmer, they grew quickly, lifting the edges and allowing other weeds to start to grow underneath it. After that, it was just a matter of time before the cardboard was lifted completely, defeating its purpose and endangering our vegetables, so we ended up removing it from that bed as well. I will not say that this method of mulching can never work. Perhaps if the cardboard actually decomposed over the winter months it would work better, but in our case and in our climate, it did not work well, and it is not something I will try again. One important lesson I gained from the experience, though, is that it is good to move mulch out of the garden beds in the spring to allow the sun to warm the soil. I simply rake the mulch out into the paths until the soil is warm and the plants are started, and then I put it back.

Aside from the cardboard experiment, I have tried several different mulching methods in my gardens over the years, and my first choice is freshly cut grass put to the garden immediately after cutting. Alternatively, you can let it dry, then collect it and mulch with it, but do not pile it up, because it will quickly start to decay if you do and make it unusable as mulch. Using the fresh grass method requires remulching more often, but I prefer it since it is less likely to damage fragile seedlings, and it also brings additional moisture to the soil. This was the method we used in Istria, and I was spoiled by the fact that we were able to do it this way. When we moved to the Slavonia project, we found we were unable to do it there, because it was a very large garden and there was very little grass to mow, so we had to transition to mulching with straw instead. I recognize that freshly cut grass may not be practical in every situation, but if you can do it this way, it is what I would recommend.

Baled hay and straw can also be used for mulching, but they have their disadvantages, one being that you will likely have to buy it, which adds to your expense list. Since hay is generally cut twice a year, there is a high probability that many of the plants in it will have reached maturity, and thus it will probably introduce unwanted seeds to your garden. It is also usually compacted in large bales, and the pieces are often long and difficult to work with. One way I have found to work around this is to lay it out in the paths between your garden beds for one season, and after being walked on and exposed to the elements, it is usually broken down into a more manageable state and can then be used in the garden beds themselves. One question I get a lot is in regard to how thick the mulch should be in your garden. Some people will tell you it should be as thick as thirty centimeters, and this can be made to work, but I have found that ten centimeters over the winter, and then reapplied in the spring, works well for me. Remember that mulching is a continuing process, and as it decays, you will need to add more.

One other mulching alternative that I would like to mention is done with stones. This is not for everybody, but if you live in an area where stones are plentiful, you may want to consider it. It serves most of the purposes of traditional mulching in that it protects the soil and conserves moisture well, and it generally requires less maintenance. Just remember that they will not decay to provide nutrients to the soil, so you will need to compensate for that in other ways if you choose this method. As with most things, it can be done if you use your common sense.

Weeds

When I think of weeds, I remember a definition of the word that I heard once. In short, a weed is any plant that you do not wish to have in your garden, but I think many people see it as anything they themselves did not plant. Even plants that you did not put in your garden intentionally may be edible or otherwise helpful. However, even good weeds can cause problems in your garden if they are too large and plentiful, which is where weed control comes into play. Of course mulching helps a lot with this problem, but remember that at the beginning of the growing season, it is good to remove the mulch for a time for the purpose of warming the soil. This can give the weeds as much of a head start as it gives to your own seedlings, so some weeding may be necessary at this point.

I usually weed regularly at the beginning of the season, and then after my vegetables have a good start and the mulch is back in place, I weed only occasionally as I find it necessary. The exception to this is when I find an invasive species that is a threat to my garden, in which case I weed them seriously, so they do not get out of hand. A lot of people do not like weeding manually, but I enjoy it and take it as an opportunity for meditation. I am grateful to each and every weed, because once I pull it out, there is a void left in the ground, which allows air and water to enter, improving the soil for my vegetables.

A couple of years ago, I read an article about different methods for controlling weeds, and one of the methods it talked about was burning weeds with a gas-powered flamethrower. Earlier this year, I saw the same method referenced again as a means for weed control. Both times, my immediate reaction was to ask, "What about colloids?" Using high heat to remove weeds in this way would destroy the colloids in the soil, devastating the soil's ability to hold moisture well. Not to mention that these high temperatures would also kill a lot of the helpful microorganisms and insects that live in the soil and contribute to its health. With these things in mind, in addition to the danger of fire getting out of control and spreading, I would strongly caution against using this method. Always think things over thoroughly, do your research, and use your common sense before making major decisions about your property.

Disease and Pest Control

Biodiversity is, by far, your greatest ally in the fight against disease and pest problems in your garden. The more diverse your garden is, the more it reflects the natural balance that exists in nature, and the fewer problems you will have. Different plants play their unique roles in protecting and helping each other, creating a complete and stable community. It is important to recognize that this system will naturally attract and contain some elements that you may not like, but so long as there is a balance in the system, you shouldn't be too worried about completely removing those elements. For example, you may not be a fan of snakes, but they help control the mouse, mole and vole populations, and just because you see a few insects in your garden does not necessarily mean you have a problem. Spend time in your garden so you know it well and can see when a problem does develop. If you take the time to do this and use your common sense, you will be able to tell the difference between a normal amount of slugs and an infestation that requires your attention. You will also learn about the broken food chains that lead to these problems and how to address them in a holistic way.

In addition to promoting biodiversity, there are other general actions that you can take to ensure that your plants and your garden are happy, healthy, and less susceptible to disease and pest problems. Mulching, for instance, helps to accumulate and hold moisture in the soil, which is not only important for the needs of the plant, but also prevents excess humidity from occurring above the ground, which helps to protect against blight and powdery mildew. Perhaps the most important thing you can do on a daily basis to prevent disease and pest infestation is to simply take the time to walk through your garden. When you do this every day, you learn what to look for so that you can spot disease and other problems in their early stages and take action before they get out of hand. I know I have mentioned this several times now, but it is because it is so very important to your success that you adopt this practice.

Some of the more specific things you can do to prevent problems in your garden involve the use of natural pesticides. One of your best helpers in the prevention department is elderberry. For two years now, after I planted my potatoes, but before they sprouted, I have covered the ground with young elderberry branches. By doing this, I have successfully stopped the Colorado beetles from attacking my potatoes. Unfortunately, they did attack my eggplant and my pepino, but next year I will cover them with elderberry branches as well. By taking the branches, removing the bark, and sticking them into the soil, you can also deter voles, as they do not like the smell. Another method for disease prevention and treatment that we stumbled upon somewhat by accident, is compost. One year, we ran out of room in our designated compost area, so we created a new pile close to one of our fruit trees. That year, we had a big problem with a fungal disease that attacked our apple trees. Interestingly enough, the tree that we had piled the compost next to was the only tree that was not affected by the fungus. We had a similar experience with a peach tree that contracted a viral disease. A local man from our village that had experience with the problem told us there was no cure for it, but when we piled compost around the tree, it not only recovered quickly, but also bore a great deal of fruit at the end of the season.

Even if you are good about mulching and whatnot, it is still likely that, at some point, the weather conditions will cause you to have to deal with blight and powdery mildew. When the conditions are right for this to happen, be especially vigilant when walking through your garden, so you can catch it at the first sign. When you do see it, the first thing to do is act quickly in removing those plants or plant parts that are affected, because it can spread very quickly. Never put diseased plants in your compost pile, as the spores can potentially lay dormant there for years, only to reinfect your garden in the future. The best thing is to take the removed plant material and burn it in a metal container. In addition to removing and destroying the infected plant material, you can naturally fight blight and other fungal disease with tea of garlic and onion husk. To do this, simply soak the garlic and onion husks in water for about four days, and then spray it on the plants you are concerned about. It is very important to take quick action at the first sign of blight and stay on top of it, or else it can cause serious damage to your garden and decrease your yield. In fact, prevention (treating plants and soil in advance) is the best way to fight against it. Once it appears, it is hard to solve it.

Onion husk and garlic tea can also work well against aphids, as can nettle tea, tobacco tea, fern tea, and even tomato leaf tea. There are a lot of ways to approach the problem of aphids, which is fortunate because they are very common, and while they are small, they can do a lot of damage to your developing plants. Often, they are placed there by ants, who use the aphids to harvest the juice from your plants and then collect it from them. Usually this happens in the late spring, when your plants are growing quickly and are very succulent and vulnerable to damage from these tiny pests. Another option is to spray them with a solution of five liters of water, one teaspoon of baking soda, one teaspoon of oil, and one teaspoon of liquid detergent, but I prefer using one of the natural, plant-based methods already listed. While spraying with any of these, it is also good to manually remove aphids, because they live in colonies, and once the colony structure is disturbed, it is difficult for them to function.

Tea made from soaking tomato leaves, wormwood, or elderberry leaves in water are also effective against moths and their caterpillars, like those that attack your cabbage plants. If caterpillars appear in your garden, spray them as soon as possible with one of these, because they grow very quickly and have ravenous appetites. You can also remove them manually, but I usually choose not to do this and simply spray them. I have also found that almost any pest you find in your garden will be very unhappy if you spray them with tea made from rhubarb leaves. You can also mulch with rhubarb leaves to benefit from them in this way. As you are probably starting to see, there are a lot of natural options for disease and pest control, many of which you may already have on hand. With all of these in your arsenal, there is really no need to spend money on chemical pesticides, which are very damaging to the overall health of your garden.

Slugs are another very common garden pest, and they require a little bit of a different approach. If you find that you have a slug infestation, the first thing you need to do is identify the factors that are likely contributing to it.

One, unfortunately, may be your mulch. The fact that it creates a nearly perfect environment for slugs is one of the few drawbacks of mulching. If you have a serious slug problem, you may find that it would be in your best interest to remove the mulch for a time, until you get them under control, and then replace it again. Another factor, that we have already touched on, is that you may lack natural predators of slugs. Bill Mollison would recommend that you introduce ducks to the situation in an attempt to fix the broken food chain. Another option would be chickens, which will also eat slugs and their eggs. Lastly, you may want to check the pH of your soil. Slugs love acidic soil, so if you have a lot of them, it may be an indicator that your pH is lower than ideal. Taking steps to make your soil more basic may not only help with your slug problem but may also be a help to some of your plants.

Another common problem that can indicate a broken food chain is an overpopulation of voles. Of course, in this case, the missing predator is usually snakes. One year, in one of the communities we stayed in, a baby adder was found in the cellar. Some of the local girls saw it and panicked, and they refused to help us in the garden until my husband found the mother in the garden and killed her. He was very sorry to kill her because we both knew that after that we would have a vole problem, and we did. I know most people are not fond of snakes, but remember that they are an important part of the food chain, and removing them will cause problems for you later. Usually, if you are loud enough in the garden, they will simply leave the area and not bother you.

Moles are a little bit of a different story as well since here in Croatia, they are under protection from the government. In reality though, moles do not do nearly as much damage as voles do. Voles actually eat the roots of your vegetables and kill them, but moles eat earthworms, insects, and baby voles, so in that way they can actually be helpful. Usually, the only real problems that moles will cause for you are occasionally uprooting plants as they dig their tunnels, and once they tunneled underneath our irrigation system, which caused some issues for the plants in that garden bed. We have tried several ways to fight moles and voles, including sulfur sticks, putting rotten fish in their tunnels, grinding chiles into the tunnels, etc., but none of them were effective. They are very clever creatures, and they would just close off the affected tunnel and dig a new one. I have found that the best thing to do is simply monitor your garden, replant any uprooted plants, and fill in any problematic tunnels.

Often, people will ask me about the role of their pets in the garden. This is a personal choice, but my opinion is that pets should not be in the garden. While they might be helpful with catching voles and other pests, they will probably cause damage to your garden beds in the process. Also, their feces may contain parasites that can be a danger to human health. I do not have any pets myself, but my neighbor’s cats hunt in my garden on a daily basis. Sometimes I will find a dead mouse or vole, but I also regularly find their feces, which does not make me happy. Martens also visit me often, and I would rather they did not. I have thought about building a fence to keep them out, but I decided against it, because it is natural that life attracts other life, and I do not want to interfere with the rules of nature any more than necessary. If you have pets, whether you allow them in your garden or not is a decision you will have to make for yourself based on their behavior and your individual concerns.

Orchards

The modern idea of an orchard is vastly different from what they were traditionally, and it differs even more from the Permacultural model. The average orchard today is monocultural and commercial, usually consisting of row after row of evenly spaced trees of the same variety, with nothing but grass, or perhaps clover, in between. They are mowed, pruned, and sprayed with various chemicals. Most of this work is done with machines, and there is very little presence of humans or any other kind of life. There was a time when families kept gardens within small orchards for their own use, but unfortunately those days are gone for the most part. I can remember, in the early sixties, going to local orchards to pick up tomatoes and peppers as well as fruit from the trees. This kind of arrangement can really be quite nice, since it is a better use of the space, and the trees provide some shade and protection to the plants during hot summer days. I have been told by some of the elders in the village where I live now that it was once common practice to have a garden within the vineyards as well. Their explanation was that it saved them the work of preparing soil in a different location and that the roots of vines and trees go deeper into the soil, bringing up water and nutrients and making them more readily available for the other plants in the process.

In this day and age, however, most of the vineyards and orchards are cultivated, maintained, and even harvested with machines, which are not capable of working around other plants, like humans are when doing the work manually. Also, modern orchards and vineyards are frequently sprayed with chemicals to combat various pests and diseases, making them a far from ideal environment for a garden. It was also common, in the past, to have animals within the orchard. Having sheep and chickens pastured in the orchard would eliminate the need for mowing, remove many problematic pests, and provide fertilizer all at the same time, but this is rarely done now. Instead of taking advantage of this natural food chain, animals are penned up and must be fed elsewhere, the orchards must be mowed and sprayed, all of which costs more money and time, creates more waste, and produces inferior food. It seems that we are serving the trees instead of them serving us, and we are not even serving them very well. I think a lot of the reason for this broken system is the fact that about sixty percent of the Earth's inhabitants live in cities, requiring a great deal of energy and goods to be brought to them. This leaves less than half the population to try to provide for the rest, which is a monumental task, and this system is really not sustainable.

If you are interested in including an orchard on your property, I urge you to keep all of these things in mind and try to picture having an orchard as they once were rather than as they are now. If you are starting from scratch, consider how you want to space trees out to allow for other plants among them and how you can include various kinds to bring variety and diversity to both your property and your diet. If you happen to already have some fruit trees on your property, don't be too quick to remove them just because they may look ugly or neglected. Chances are, they are perfectly healthy and still produce plenty of fruit. In one place where we lived for five years, the property next door had an apple and a pear tree. Both were very old, over thirty meters tall, and still produced a lot of fruit, but because they were so tall and the owners had no way to pick them, they could only gather fruit after it had fallen, which would quickly become bruised and rotten if not gathered frequently. With their permission, I would gather the fruit every couple of days, and use it to make delicious compote and bonbons. Once I asked them what they had used the fruit for in the past, and they told me they had fed it to their pigs. Can you imagine the flavor of pork that had been raised with so much fruit in the diet? I'm sure it was delightful, but now even meat is produced so blandly, with most animals being fed little more than grains.

In another place where we lived for several years, there were apple and walnut trees. Twice while we were there, the owner hired professionals to come and prune the apple trees. I, personally, am not a fan of pruning trees. I tend to agree with Mr. Fukuoka's attitude on the subject. Trees know perfectly well how to grow, but our greed gives us a desire to force them to produce more and more for our own use (59). But they were not my trees, and it was not my decision to make, so I simply chose to observe what would happen. After pruning, the trees did produce a lot more flowers that formed into apples early in the season. However, trees are smart, and they know how many apples they are capable of feeding and supporting, so as the season progressed, many of the smaller apples began to fall. It was necessary to pick them up and remove them, so they did not attract fungus to the tree. I was also told that if we wanted the apples to grow larger, we should pick even more of the small apples that hadn't fallen so that the tree could put more energy into the others, which was a lot of work for fruit that was not ripe and couldn't really be eaten at that point. There was also the initial work of removing all of the branches that had been cut during the pruning process. In all, I found the whole process to be a lot of extra work, which ultimately did not result in a much higher yield, and so I am still not a very big fan of pruning.

Guilds

I feel that guilds, in a way, are inspired by the boundary effect, since they contain elements from different systems that work well together. Nature creates these guilds spontaneously, and we can mimic this in our designs. The idea of guilds is much in line with that of companion planting, but is usually more complex. It involves putting plants together that will support each other and other living beings. Usually guilds include some kind of tree, with other plants surrounding it, but this is not always the case. For example, the Native American practice of planting the three sisters is a kind of guild in my opinion. The three sisters are corn, pumpkins, and beans, but a fourth plant beneficial to this system is a flower called Cleome serrulata. The idea of this system is that all of the elements are working to support each other. The corn provides a structure for the beans to climb, and it also produces some sugars, which help the beans in their job of fixing nitrogen to the soil to benefit the corn. The pumpkin vines spread along the ground between the other plants, putting out large leaves, which shade the soil, conserving moisture and slowing the growth of weeds. Cleoma helps as well, by attracting pollinators to the system. All of these plants work together to help each other thrive, which benefits them and you, as you have to put very little work into this system, but harvest a great deal of food from it. Such is the nature of a guild.

When starting with a tree, we look at what plants will support and protect the fruit tree while also providing us with additional yields. Looking at a typical orchard or yard with a fruit tree, you will see that usually the trees are surrounded by cut grass, or perhaps clover, but nothing else, which is very monocultural and not in line with the ideas of Permaculture. By planting guilds, you can enrich your orchard areas to be a more diverse and sustainable environment. There are guidelines for how to start doing this, but it is still very experimental, and it allows for a lot of individuality and creativity on your part. Just keep trying new things, and don't be discouraged when something doesn't work the first time or think that just because something didn't work for someone else that you can't make it work. For example, some people will tell you that nothing will grow under a walnut tree, but on my property I have seen a hazelnut tree thriving only ten centimeters away from a huge walnut tree. In its shade, I have successfully grown lettuce, garlic, parsley, celery, daikon, and red beet, simply by creating a raised bed so that the juglone from the walnut tree does not reach the vegetable roots. In fact, the only problem with this system comes in the autumn when falling leaves cover the plants.

When designing a guild, you should endeavor to surround the tree with a diverse group of plants that will help the tree and each other in various ways. They should provide natural fertilizer (which will save you from having to do so as often), protect against various pests, provide food and shelter for beneficial insects, aerate the soil to allow for deeper penetration of rainwater, and prevent large amounts of grass from growing. Grass is very competitive and consumes large amounts of water, so its presence should be kept to a minimum to allow more water and nutrients to go to the tree and other plants. Planting bulbs, such as garlic and flowers, will help with this, since as they multiply, they stay tight to each other and do not allow grass to grow in between. They will also flower early in the spring, providing food for pollinators and adding beauty and color to the landscape. Animals, such as chickens and ducks, can also be a helpful addition to your guilds, as they can provide pest control and fertilizer for the system.

The apple guild is perhaps the most popular and frequently mentioned. In the center of the guild is the apple tree. Around it, you plant comfrey (which puts roots deep into the soil to bring up water and nutrients and provides mulch with its fallen leaves), bulb flowers (such as daffodils, crocus, tulips, snowdrops, and hyacinth, which prevent grass from growing and attract pollinators), artichoke (which provides food for you and mulch for the guild), yarrow (which attracts pollinators and provides healing elements for you and the tree), lavender (which attracts pollinators and is good for tea), and garlic (which is food for you and medicine for the soil). In the outer circle of the guild, you plant various berry bushes (which provide food for you and wildlife), and some trees which help to fix nitrogen to the soil, such as acacia, pawpaw, and alder. You can imagine a guild as one tile and your orchard as a floor. The idea is to tile your orchard with a wide array of such combinations, creating an orchard with not all, but some of the elements of a forest garden. This way, you do not have to mow the orchard, and you have various fruits and vegetables available to you throughout the growing season. Between these tiles you can plant white clover, which is also nitrogen fixing and is good for mulch. As you can see, all the elements in a guild are multifunctional and work to support the system.

Seven years ago, I decided to create an apricot guild. Closest to the tree, I planted crocus, mint, and some small iris. In the outer circle, I planted gooseberry, garlic, celery, red currant bushes, comfrey, lungwort, and yarrow. How it is faring now, I do not know, but for the four years we stayed there, everything was growing well. Some plants are good for mulch, some are good for attracting beneficial insects, some are good at repelling pests, and some are good for loosening the soil. All of them are necessary to create a healthy, happy guild. A well-constructed garden contains a good mix of perennials and annuals, all serving their various functions and eliminating the need for artificial fertilizers and pesticides. Planting flowers alongside your vegetables produces amazing results, both visually and in the quality of your yield.

Encouraged by my success with the others, I am now experimenting with a plum guild. It takes time and patience (the forgotten virtue) to experiment in this way, but when you do finally see results, it is very satisfying. Do not be discouraged if the first thing you try doesn't work or if it takes longer than you originally anticipated. Everything takes time, and nature has its own clock, which does not always agree with ours. We must adjust to nature, develop some patience, and accept that we cannot have everything right now. To expect such instant gratification is the attitude of a young child, not a mature adult. By taking the time to develop various guilds, you will eventually reap the benefits of less work, a more varied diet, enriched soil, enhanced knowledge, and better health. Nature will work for you if you work with it and not against it.

Of course the guilds you are able to create will depend on the climate where you live. Some trees and plants simply cannot thrive in a colder climate, and so you will have to use your imagination and best judgement to figure out what will work for you on your property. Dare to experiment. It takes time for fruit trees to grow, but you may be working with an already established orchard. Either way, you can enrich your orchard by creating guilds, so I encourage you to do so.

Forest Gardens

Forest gardens (or food forests) are a wonderful idea that a lot of students love when they first learn about it. Unfortunately, when all of the challenges and time considerations make themselves evident, a lot of people give up on the idea. I think this is largely because there are a lot of misconceptions about what a forest garden is. I have already explained the idea of guilds and of having a garden within your orchard, and while these are similar, they are not the same thing as a forest garden. The concept is to create a forest which, once created, is sustainable and provides food for people without requiring maintenance from them. Part of the allure of this idea is that, in theory, once it is established, it will demand little human intervention, and the only work will be that of harvesting the food. While many people like the idea of that kind of a system, they tend to lose interest when they realize how much time and work it will take to get to that point. Some plants will start producing the same season they are planted, but others, such as fruit trees, will mean at least a ten year wait before they begin to produce significantly. Despite the wait and work involved, forest gardens are a great idea which my mentor, and several other teachers of Permaculture, believe will be the ultimate solution to the famine and climate problems of the world.

Naturally occurring forests are beautiful and sustainable systems, but they usually produce very little food, and what they do produce is very seasonal. The aim is to observe how a natural forest functions and copy that system in a man-made forest which provides several kinds of food throughout most of the calendar year. Most of the time you will be starting from scratch, so prepare to have a long road ahead of you if this is a project you want to tackle. If you happen to have an existing orchard on your property, you may be able to transform it into a food forest by incorporating some of the elements of guilds and adding new functional links between plants, insects, and animals that you observe in a natural forest. When comparing forest gardens to a modern monocultural field, the first thing you will notice, aside from the fact that it is monocultural, is that it is also one dimensional. In a cornfield you have nothing but a flat field of corn, whereas in a forest garden, you typically have seven levels to harvest from, including tall trees, smaller trees, bushes and shrubs, non-woody annuals and perennials, ground cover, root crops, and climbers. In addition to this variety, you are aided by the fact that these crops will all become ready at different times of the year, giving you a much longer harvest season than a monocultural field would.

If you wish to create a forest garden, the first step, as always, is to read the landscape and plan the best way to go about it in detail. The first element you will need to plant is the tallest trees, since they will take the most time to grow. These will consist of taller fruit and nut tree varieties, but may also include other deciduous and coniferous trees in the interest of providing habitat for birds and small animals and someday providing firewood or lumber. After those are well established, the next step will be to plant the smaller trees, which will probably be mainly comprised of smaller fruit tree varieties, but again may include others if they serve a purpose, such as fixing nitrogen to the soil and feeding or providing shelter for beneficial insects and birds. Remember that the idea is to not have to maintain the completed food forest, so birds will serve as your pest control. Next will be bushes, which should include berry bushes which will provide food for both you and the wildlife. Then you can introduce native plants, including those that are edible, or treat the forest floor as your organic garden and plant anything you like. Remember to include perennials and plants that will produce edible tubers under the soil's surface. Also be sure to introduce various low growing plants to provide ground cover in place of mulching and climbing vines that will also provide food.

Throughout the process, the forest garden will definitely incur some expenses and take up a fair amount of your time, so in a way, it's good that the work and the cost will be spread out over several years. If you start by buying all of your trees from a store or nursery, that will be a significant cost by itself. Depending on your financial situation, you may want to consider starting a lot of your trees from seed, which will take more time and patience, but will save you a fair amount of money. Another option may be going into the forest and digging up very small seedlings to transplant, but be aware that these will likely not include fruit or nut trees. You might also be able to transplant berry bushes and some of the other small plants to help keep your costs under control. Some people have a problem investing so much time and money into something that will take such a long time to mature, but it is ultimately a decision you will have to make for yourself.

The idea of forest gardens is not new. In fact, they have existed for years, but they are not commonly created by individuals because of the work and time commitment involved. They are not viewed favorably for industrial food production because they cannot be maintained with machinery and don't produce large quantities at once, so it would be difficult for them to turn a profit. If you like the idea, though, I would encourage you to try it. Just be fully aware, from the beginning, that it is going to take at least ten to thirty years to mature and become fully productive. If this sounds daunting, remember that you will still have your regular garden providing for your needs in the meantime. It is definitely a long-term commitment, but remember that the reward for your patience will be a wonderful, self-sustaining system that will give you food. If you feel discouraged in the beginning, think of it as an exercise in delayed gratification and even selflessness. Remember that, even if it seems like you personally will receive very little benefit from your work, you are still creating something that will better the environment and serve the next generation. If you would like to learn about this subject in more detail, there is a popular book called *The Forest Garden* by Robert Hart that I would recommend.

Harvest

Where I live, harvesting season generally starts at the end of May when the radishes, spring onions, and snow peas become ready. After that, the different crops ripen at their own pace throughout the summer and autumn months, and some of the hardier ones continue into the winter. The harvest season is one full of flavor, joy, and satisfaction, even as it brings with it a great deal of work. Always harvest and use your vegetables when they are fully ripened and ready to be picked. If all you have ever eaten is produce from a store, as many people have, chances are you have no idea what a fresh, naturally ripened strawberry, raspberry, or tomato tastes like. This is because in modern industrial agriculture, due to transport and processing time considerations, a lot of vegetables are harvested before they are fully ripe, and what you end up with is an unripened, slowly decaying food that is being artificially kept with the use of refrigeration and preservatives. Once you taste fully ripened fruit from your own garden, you will experience a completely different flavor, texture, and quality than you are probably accustomed to. The produce you will grow will have a full, rich flavor that is beyond comparison with that found in stores.

I would like to note that it is best to harvest root vegetables (especially onions and garlic) when the weather and the soil is dry. Digging them when the soil is wet will make them a lot more likely to rot or mold in storage. Remember that, as you are harvesting and enjoying the fruits of your labor, you must also take steps to preserve the excess for use in the winter months. Whether you are eating it fresh or preserving it, make sure you are always harvesting at the peak of ripeness and that you either eat or process the food as soon as possible, preferably within twenty-four hours. As soon as you pick the vegetables, since they are no longer being fed by the plant, they essentially begin to die or decay very quickly, so it is important to use them before they spoil or begin to lose their quality and nutritional value. Also remember not to harvest all of the vegetables, since you need to leave some to produce your seeds for the next season. When choosing which ones to leave for seed production, select some of the healthier and better producing plants. This is how you improve your garden year after year.

Seed Saving

At the beginning of your journey, since you likely do not have a seed supply built up already, you will probably have to buy most of your seeds. After your first season, though, I highly recommend making a practice of saving your own seeds. It can be a lot of work, but the benefits are many. For one thing, saving your own seeds can save you a lot of money. In truth, you will probably always want at least a few new things to try each year. I often joke that I should be forbidden to enter a shop that sells seeds, because I always seem to find some new thing that I would like to plant. However, this is a small expense compared to the price you would have to pay if you were to buy all of your seeds every season. I have a relatively small garden of 500 square meters, but even buying enough seeds for that area would add up to a sizeable sum. Another advantage of saving seeds is that, after growing several generations of a certain plant on your property, it starts to learn and adapt to your specific environment. As you collect seeds from those plants that perform the best in your garden, they will improve each year as they become familiar with the area. By saving seeds and taking them to seed exchanges, it will also give you the opportunity to find special heirloom varieties that cannot be found in a store. I have some seeds that I know have been in the family for more than forty years. In this way, I feel a connection to those who came before me, and I marvel at the fact that, even separated by decades, we are still growing and nurturing the same plants.

As you begin harvesting each kind of vegetable for eating and preserving, remember to leave enough behind to provide your seeds for next year. Always select healthy, disease-free plants to save seeds from, since these are the characteristics you want to pass on to the next generations. When you are deciding how many to leave, think about how many you think you will need for the next season, and then I recommend saving three times that amount. By doing this, you have a sort of insurance policy against what might go wrong with your plan. The seasons can be tricky, and it is not uncommon for your first planting to rot in the ground, or be eaten by ants or birds, or to sprout and be killed by a surprise frost. You might also decide in the spring that you want to plant more of something than you had planned on the previous autumn. By having three times as many seeds as you thought you needed, you will usually be able to overcome any of these obstacles in good shape. If you don't use all the seeds, you will have even more protection for next year, or perhaps you can use them as trading stock at a seed exchange.

Seed collecting begins quite early in the season, usually with peas and snow peas. With vegetables like peas and beans, after you are finished harvesting for food, leave the plants alone so that they will put all their energy into finishing the seeds. You can tell when they are fully mature because the vines will start to dry up, and the seed pods will be thin and may even start to open. When they reach this stage, it is time to harvest them. Once harvested, shell them out and dry them thoroughly. Seeds like peas, beans, and corn are notorious for having pests that will lay eggs in them, often too small for you to see. The best way to combat this is, once the seeds are dry, put them in the freezer for a few days, then remove them, allow them to dry for another day or two, and then store them in a glass jar with a tight-fitting lid. After this, you should still check them frequently, especially for the first few months of storage. If any kind of insect appears in a jar, freeze it and dry it again. Anytime you move seeds from a cool area to a warmer area or back again (such as taking them from the cellar to your warm kitchen), it is important to make sure they are thoroughly dry, because this temperature change and humidity can cause condensation, introducing moisture to the seeds and potentially causing them to spoil if they are left this way.

For saving seeds in the melon and squash families (cucumber, zucchini, pumpkin, watermelon, cantaloupe, etc.) leave the fruit out until the stalk or vine is dry. At this point, the mother plant is no longer nourishing it, so you may pick it, but don't cut it open right away. I like to leave the fruit out in the sun for another two or three weeks to give the seeds time to fully ripen and mature. Don't worry if the fruit looks bad to you, since you will not be eating it. This process is important to ensure that you are getting healthy, viable seeds. After this time period, cut the fruit open, scoop the seeds into a jar, add some water, and allow it to sit for a few days. During this part of the process, a little bit of fermentation will likely occur, but this is good. This fermentation helps to break down the slimy pulp surrounding the seed. After a few days, strain and rinse the seeds, spread them out on a tray, and allow them to dry in a shady place. Once they are thoroughly dry, gather and store them. Tomatoes from which you wish to save seeds should be picked when they are ripe, but after that, follow this same process of fermenting the seeds with water, rinsing, and drying them. Three years ago, we had 120 different varieties of tomatoes in our garden. As you can imagine, saving seeds was a lot of work, but it is also an enjoyable and inspiring process.

The seeds of some vegetables, like peppers, do not have this slimy film around them, and they can simply be scraped out of the fruit and dried immediately. Also keep in mind that not all seeds will be contained within the part of the plant that you eat. Greens, like lettuce, kale, and cabbage, and some root vegetables, like radishes and beets, when not harvested, will put up a flowering stalk, which will produce seeds, and which may require additional support from poles or stakes, so keep this in mind. Once you have gathered and prepared your seeds, the next problem is how to store them. For the most part, I have found that glass jars with tight fitting lids work very well, but I think any airtight container will do, depending on what you have available. One challenge we ran into was when we needed to store small amounts of seeds, and a whole jar simply wasn't necessary. We ended up investing in some smaller containers for this purpose, which was an expense we had not planned on, but we needed a good storage solution.

Regardless of the type of containers you end up using, each one should be clearly labeled with the name of the seed and the month and year they were gathered. By doing this, you will be able to clearly see how many seeds of what plant you have available for the upcoming season, and you will be able to rotate your seed stock, using the oldest seeds first, to make sure that your backup supply is always fresh. Once safely contained and labeled, store them in a place that has a fairly constant temperature and humidity level, as sudden changes will contribute to decay. Check them periodically so that you can spot any problems, such as insects or mold, and find a solution. I have always been impressed with the ability of seeds to germinate and grow, even after several years, if stored well. Once I managed to get three seeds of Sequoiadendron giganteum. In order to get them to sprout, I knew I would have to simulate winter, so I froze the seeds for two weeks and then planted them. Two did not germinate, but one did and successfully grew. We were supposed to move soon, so we kept transplanting it to larger and larger containers. Finally, we could not keep up with it anymore, so we donated it to the Zagreb Botanical Garden, where it is still growing and thriving.

One more thing I would like to mention regarding saving seeds is the phenomenon of cross pollination. Some people do not mind when their different plants interbreed, but I prefer to have pure seed stock. If you want to keep your plants from cross pollinating, you will need to keep the different varieties separated by a fair amount of distance. Peppers, tomatoes, and those in the melon and squash families are some of the worst culprits. If you have several kinds of tomatoes or peppers and want to save seeds from them, be sure to plant them at different places within your garden to reduce the likelihood of cross pollination.

Food and Preservation

As the season progresses, and you are harvesting and enjoying the yield from your garden, it is time to start thinking about the winter months just around the corner. In the summer, I will often go out and have my meals in the garden, picking and eating fresh fruits and vegetables to my heart's content. While I love doing this, I know that with the climate where I live, I simply cannot do this all year long, and so I must preserve enough food to last me through the cold season. Between harvesting, seed saving, and food preservation, it can make for a long and intense summer full of hard work. The reward though, is security in the knowledge that you have a pantry full of delicious and nutritious food that you can rely on to nourish your body. I delight in going to the store and being able to pass row after row of food, not having to buy anything, because I have it at home, and of a much higher quality. I know that I am spending less money and being better to myself at the same time by consuming my own vegetables, pickles, sauces, fruits, juices, salsas, marmalades, teas, and spices. Working in the garden is multifunctional in that it provides me with food, exercise, and peace of mind, all while costing me very little. If you do find yourself needing or wanting to buy some food to supplement your own, I encourage you to buy locally grown produce that is in season whenever possible. That isn't to say that you should never try food from other parts of the world, I think it's good to try new things, but to buy them just for the sake of buying them should be kept to a minimum. This is better for your body, your wallet, and for the planet.

As mentioned previously, when I began my journey with Permaculture, I had almost no experience in gardening, village life, or food preservation, but somehow, with a lot of hard work, I have learned a lot over the years. Having done it, I can confidently say that you can do it too, if you have enough interest and willpower. Growing my own food makes my body very happy, and so I continue to do it, and I will for as long as I am able. My time and energy are both precious to me, so I try to use them as wisely as possible. In part, this means that I spread my work out as much as possible, instead of trying to do everything in one day. This is especially true when it comes to harvesting and preservation. Instead of trying to preserve all my tomatoes at once, which is very impractical for me, I harvest them as they ripen and preserve them in small batches on a daily basis. In this way, I am able to keep up with it and not be overwhelmed.

This method also allows me to harvest various vegetables when they are at the peak of ripeness and preserve them while they are still fresh and of the highest quality. As I said before, it is best to either eat or preserve the food as soon as possible after picking. I like to do it the very same day, whenever possible, to reduce the chance of spoilage and waste. Some people make up for the lack of freshness by using chemical preservatives, but that is unnecessary if you follow this rule. I have preserved food in this way for years, and generally only about one percent of my jars will spoil before I use them. I certainly did not invent food preservation in this way, but I made sure that I was well informed, and it has served me well.

Keep in mind that you will probably be harvesting and preserving various crops later in the season than you may be used to if you have always purchased them from a store. It seems that, due to our impatient human nature, we have forced commercial yields to shift to a much earlier time. Fifty years ago, we began eating fresh tomatoes in August and September, not June and July. I can still remember the smell of tomatoes, peppers, and cucumbers being preserved filling the city streets when school was just starting in early September. Now, though, with greenhouses, and plants bred to grow faster, everything starts much earlier. I cannot understand why we insist on hurrying the process like this. Are we so impatient that we cannot bear to wait for the natural seasons? We invest so much time and money just for earlier production of what I consider inferior produce. Tomatoes grown in a greenhouse are just not the same as those allowed to grow in the open air and sunshine, that mature in their own time. The texture, flavor, and color are all much different and, in my opinion, much worse. My advice is to just be patient. Nature knows what it is doing and will take good care of you if you let it.

How you go about food preservation will depend a lot on how big your garden is and your personal preferences. Many people find the canning process intimidating and think it is difficult and demanding, so they opt for using freezers instead. Freezers are a significant investment when you originally buy them, and then they will always require electricity and the costs that come along with it. While freezing may have its place, I prefer to either dry food, or preserve it in jars in the form of pickles, jams, compotes, and other tasty concoctions. Once they are finished, they don't require any additional energy to store, and I also think the flavors and aromas are preserved better in this way than they are with freezing. Again, it comes down to the amount of food you have to preserve and your preferences, but if you do choose to freeze your harvest, just be aware of the initial and continuing costs it will bring.

When I first started drying vegetables, I loved comparing the taste and aroma to that of frozen ones. The aroma is definitely preserved better and longer with drying. I like drying as many things as possible for this reason and the fact that once you dry it, you can simply store it in a jar with a tight-fitting lid, and no more energy is required. In addition to the herbs that I dry for teas and cooking spices, I also really enjoy drying pumpkin. I started this practice one year because I found that I could not keep my pumpkins whole beyond February without them beginning to spoil. The pumpkin that I dried still had an excellent taste, even three years after harvest. From my research, I learned that the Indians preserved pumpkin in this way in the past. I also found out that in certain parts of Croatia, it was traditional for people to make braids of thinly sliced pumpkin and then dry it. With industrial production and with more women working outside the home than ever before, this is the kind of knowledge that is slowly being lost, but collective consciousness still holds it for those who go looking.

Although I didn't have a lot of knowledge on the subject, I dug up some childhood memories of assisting in the process, did some additional research, and tackled the challenge of creating my own homemade fruit and vegetable preserves. Much to my delight, it worked well, and the taste is beyond comparison with that produced by the industry. Often, I will buy a jar of dog rose jam and open it along with one of my own so people can compare the flavor and quality. What exactly you make and in what quantity will depend on your own sense of taste and dietary needs. When there were two of us, I used medium and large jars, but now that it is just me, I find it better to use smaller jars. It can be a little bit more work, but I have found that it is more convenient for me. Also, I know that when I open a jar, I will be able to use it up within a week, so there is less waste. When you are first starting out, the whole process can seem daunting, especially when it comes to salsas, sauces, and other combination foods, but as you go along, you will learn more, and it will get easier.

Regardless of what specific foods you choose to grow and preserve, perhaps the most important piece of advice I can give you is simply to make an effort to organize and spread out your workload as much as possible. Sometimes you will be faced with a lot of work no matter how much planning you do, but that doesn't mean you shouldn't plan and lighten your load where you can. It has happened that we harvested eighty kilograms of tomatoes and processed them all in the same day. It was a long and tiring day, and I cooked until midnight, but it was also rewarding, and that sort of thing doesn't happen on a daily basis if you make it a habit to stay on top of the work. Sometimes when faced with a lot of work at once, you may be able to do it in a way that allows you to save some of the work for later when you have more time. For example, there was a time when I was harvesting more than ten kilograms of apples every day that I had to find a way to preserve. Since I did not have enough time to do everything, I wanted to do with them right then, I simply cooked them down into a thick compote and canned it. Then, in October, when I had less work to do, and it was time to start heating the house, I opened the jars and cooked the compote down further to make bonbons, which is a process that can last up to five days. It is done by cooking down the compote until it is very thick, then putting it in a dish near the stove for several days, turning it occasionally, until it is dry. Then it can be cut into small cubes or strips, rolled in sugar, and kept in a jar layered with bay leaves to enjoy throughout the year. This can be done with apples, quince, plums, or pears, and you can also add various herbs. I like mixing fennel seeds with the apples. These make a tasty treat for you and your visitors, and you can also give them to friends and family.

Building

Building is another important aspect of Permaculture. The aim is to build sustainably using materials that are available locally and, especially in the case of a house, taking steps to optimize energy efficiency. If you are starting from scratch with new construction, you will likely have several options to choose from. You will need to consider various factors, including your needs, your climate, local materials available, your knowledge, and your budget, when deciding exactly how to build your home. With the growth of cities and the cultural shift throughout the last century, home building has moved further and further away from natural materials and practicality. As you think about building, I urge you to cast aside the modern paradigms you are likely familiar with and try to look at things from a Permacultural standpoint. In addition to building a smaller home, this also means looking at the local materials and traditions and considering things like incorporating passive solar construction into your building to reduce your energy demand.

Where I live, buildings made from straw bales have been popular for decades due to Permaculture. They are made from natural materials, provide excellent insulation, and, at one time, they were very inexpensive to build. Now, however, the cost and difficulty of finding straw bales of the proper quality can make this kind of structure more expensive than a brick building in some places. If you have your own property, the equipment to grow and bale your own straw, family and friends willing to help you without being paid, and the knowledge of how to build one, this still may be a good option for you. I have been in three different straw houses in my life, and

I can see the appeal. They all had a very good, warm feeling to them, they were well insulated, and took very little energy to heat. However, they also had all been very expensive to construct.

Cob houses have also been in use for centuries, and they are still popular in some Permacultural circles. Just like straw houses though, it can be difficult to find someone with the knowledge to help you build one well, and depending on the soil in your area, you may not have the proper materials. Also, it may not be the best option for your climate. Permaculture is largely about being resourceful, especially in critical situations. I have heard of people quickly constructing houses from sacks filled with earth and sand to provide emergency shelter for those who lost their homes to an earthquake. Houses can be built from stone and even ice if necessary. One of the nicest houses I have ever been in was in the mountains of Croatia. Being a heavily forested area, they built it from tree chumps, which was traditional there. It had a very pleasant feeling to it, warm and cozy, with the comfort that often comes with using natural materials.

Earthships are very popular among some Permaculturalists as well, particularly those who wish to be off grid. They are a type of passive solar construction that involves combining natural materials and recycled materials. Often, they will incorporate “garbage” items, such as old tires, bottles, and cans, typically packed full of Earth and used to construct thick, dense walls that will provide a thermal mass to accumulate heat during the day and radiate it throughout the night. Earthships are beautiful and practical creations, usually involving a community coming together to help build them, and I really admire the ideas behind them. However, they are an idea that originated in areas of New Mexico, where there are vast differences between night and day temperatures, which simply do not exist in my climate, so they aren't very practical for where I live. Again, how you choose to build will have a lot to do with your climate and location. Another downside, in my opinion, is that they usually consist of solid walls on all but the southern side, which gives them a cave-like feeling that I do not care for, so your own personal preferences are something to consider as well.

Sometimes it will happen that you will buy or inherit property which already has a house or other buildings. In this case, you will have the choice of building another house or adapting to the one already available. Usually refurbishing the existing house will be the better and more affordable option, but of course it is a choice you will have to make based on your specific circumstances. Whether you are building from scratch or remodeling, there are always passive solar building concepts that you can incorporate into your work. Most of these are really quite simple solutions that have been in use for a long time, but over the years have been forgotten and neglected. It can be as easy as hanging heavy curtains during cold winter nights, or building a small roof to shade your windows in the summer to keep your house from getting so hot. These are things that can be easily added to nearly any home and can help optimize your energy use throughout the whole year. You will need less wood for heat in the winter, and in the summer you can live without an air conditioner. I believe most people don't really understand how much of a problem excess air conditioning can be. Not only does it put an incredibly high demand on the electrical grid (the biggest blackout in America happened in the summer, not the winter, due to so many air conditioners being run at the same time), but it also only adds to the high temperatures outside. With so many air conditioners and so few trees in the cities, it's no wonder that the temperatures get so high. With all these things in mind, try to use your common sense when deciding how to build or make changes to your current home. Consider where you are and what you have available and know that what works well in one part of the world will not necessarily work well everywhere. To exaggerate a bit, you will not build an igloo in the desert, or a yurt in Greenland.

Earth Works

Making significant changes to the landscape should be entered into cautiously, but depending on your situation, you may find it helpful to incorporate some Earth works into your plan. Earth works are really any action that changes the lay of your land. They may be as minor as creating raised garden beds, or they may be more substantial, such as digging a pond. By taking on bigger projects, you may be able to create beneficial microclimates within your property or reduce the impact of certain unfavorable sectors. However, remember that any action you take will likely bring some unintended consequences, so think carefully before making any big changes to your property. If you live on a hill, you may find it helpful to create swales on a contour with the slopes, which will help to slow erosion and prevent soil compaction. This method is not often used in conventional agriculture because it makes it difficult to cultivate with machinery, but for a Permacultural approach, it works quite well. Various kinds of Earth works can help with accumulating or diverting rainwater, offer protection from fire or flood, provide underground food storage, etc. Just be sure to use your common sense to determine if they are justified and minimize impact on the ecosystem as a whole.

Financial Considerations

I believe that there is far too much emphasis on money and material wealth in today's society. Most people spend the majority of their lives going to work at jobs they do not really enjoy to earn money at the expense of their own health and happiness. I call it prostitution, which makes some people uncomfortable, but it is ultimately selling your time and your energy to another person, so what is the difference? That doesn't inherently make it a bad thing, but I think people should be aware of it and recognize the exchange they are making. I did it for years, working in an office which required me to wake up, go to sleep, and even eat at certain times, regardless of what was right for my body. With the lifestyle I live now, I have the freedom to listen to my body and care for myself better. I can sleep longer if I need the rest, and I can eat small meals frequently throughout the day rather than a few large meals. I have peace of mind, and I am very happy with my life as it is. All of these things are priceless to me and make me feel wealthy beyond measure, and yet if most people were to look at my lifestyle, they would see only that I do not have a lot of money and say that I am poor. Of course I do not care what others think of me or my lifestyle, but it saddens me that, in our culture, we have become so obsessed with money that we seem to have forgotten that there are other kinds of wealth which serve us much better.

Although money is not the only form of wealth, nor the most important, it is still necessary to have some and to handle it well. Ideally, you will grow most, if not all, of your own food, but there will still be things that you are not able to produce yourself that you will need or want. Do not think that money itself is bad. Money is simply a measure of the energy that you have put into earning it, and you can use it to get things that you want, and none of that is a bad thing. It is greed for money that is problematic, and the idea that it is the most important measure of your success. Money is simply paper. It does not possess morals or ethics, only the people who use it can do that. With all of that in mind, know that, even with Permaculture, you will still need a certain amount of money. However, what that amount is, is largely up to you and the choices you make. The more you can reduce your expenses, the less income you will need to generate.

A good start to this is being realistic about your needs and not allowing your ego or pride to convince you that your needs are greater than they are. As I have said before, our house in Istria was much larger than we really needed, but we were thinking about our desires and what was normal by society's standards rather than what was actually necessary for our purposes. In doing so, we spent a lot more on renovations than we would have if we had done things differently, and it cost a lot more to heat and maintain than a smaller house would have. This also applies to your smaller possessions. Many of us fill our homes with electronics, gadgets, and other things that we don't really need, many of which are quite expensive to buy and maintain. I believe it is important to think critically, before buying anything, about whether its benefit to you will really be worth the cost. Of course you will be growing a good deal of your own food, which will account for a lot less spending, and saving your own seeds will cut down on the recurring costs of keeping your garden. By composting, you will not have to purchase fertilizers, and by gardening organically, you will not be using any other chemicals, which can be costly. Look around your property for other available resources that you can take advantage of. I use a lot of poles to support various plants in the garden, and it would cost a fair amount if I were to buy them all, so instead, my neighbour and I go into the forest to gather them. There may also be resources within your village that can be helpful to you. We used to get pallets free from a local business, and we used them for several things, including enclosing our compost pile. By using some common sense and creativity to use what is already around you, you should be able to significantly reduce your spending and therefore require less income.

Decreasing your expenses is the first step, but of course you will still need to have some sort of income. My advice is to plan on having some income streams that are separate from your property and garden. I have seen many young people start into Permaculture with the expectation that they will be able to make money from it, and they quickly burn out when they realize it will not work and return to their old way of life. Because of this, I will tell you right from the start that is not a reasonable expectation, and thinking it is will only set you up for disappointment. I think that many people delve into Permaculture with a lot of misconceptions, underestimating the amount of work it takes. They think that because it is a better and less stressful lifestyle, that means that it is easier. Make no mistake, Permaculture is a lot of work and will present you with many challenges along the way. We faced many struggles in our first years on this journey, but we survived, and you can too, so long as you are patient and keep moving forward. Just remember that Permaculture is not about making money, so don't expect it to be. If you can make some money from it, that is good, but don't rely on it, and don't allow it to make you greedy.

In my opinion, it is best to find another way to make money that is not dependent on the yield from your land. When we were in Istria, finding work was not easy. My husband was an author and wrote large dictionaries for the IT industry, which worked well for a while. The first publications generated excellent income, and the nature of the job allowed him to work from home over the internet. Soon, however, his editor began decreasing his pay, and after a few years the arrangement fell apart. He worked with a few other editors after that, but the same thing happened with each of them eventually. Still needing money, we attempted to make up for it with food production, but found it to be nearly impossible. In our village, everyone else also had gardens, so it wasn't practical to try to sell produce there, which meant traveling to the city to set up at the market. This of course means that you have the cost of owning a vehicle and putting fuel in it. Once at the market, you must pay to rent a space to sell from. Then, most of the consumers really didn't understand the difference in quality of the vegetables we had because, even though we grew organically, we did not have a certification for it, which also costs a lot of money. Realizing this would never generate the amount of income we needed, we decided to look for other ways.

While I really hated to measure and put a price on our yields, at the time I saw no other way to know if our balance was positive or negative. It was relatively easy to determine the sum of our expenses, which included straw, some fertilizer, fuel, raffia, and plastic netting. To determine income, I created a table with dates and the weight and type of fruits and vegetables that we harvested from the garden. Every time we picked something, I would weigh it and write it down. Once a week, I would enter the values into an Excel spreadsheet on my computer. We then used prices from the market to determine value, even though I knew that our produce was actually of a higher quality. I really disliked the whole process, but I wanted to know if our expenses were being justified, and I saw no good alternative. I still remember one garden that we designed in a transitional community in Zagreb. It was about 800 square meters, and in the first season, we yielded about 1,070 kilograms of vegetables, all of which was either eaten or preserved for winter. Whether you choose to go through this or not, I will simply say that money is important to have and understand, but it is not the most important thing to have and remember that Permaculture is about producing the optimum yield, not necessarily the maximum.

Final Thoughts

I am very grateful that Permaculture entered my life. Learning and practicing its principles truly changed my life and changed me as a person. The knowledge that I have gained has helped me to build a life that I love and that I would not have believed possible twenty years ago. Developing a deep connection with nature has been one of the most rewarding experiences of my life. In nature, nobody and nothing will judge you, which is a wonderful boost for your self-confidence, and it allows you room to grow and learn from your mistakes while developing your skills and common sense. Once you become hooked on gardening, it becomes a lifetime teacher for both material and nonmaterial aspects of your life. Paying attention to the quality of the food we eat should be one of our top priorities, but somehow it seems we have lost sight of this in our modern culture. We have access to more food than ever before, and yet we seem to be blind to the fact that most of it is of a very poor quality.

I read a nice book that talks about this called *The Good Life* by Helen and Scott Nearing. They were practicing a lifestyle that was in line with Permacultural ideals long before the term Permaculture had come into use. If you would like to learn more about this subject, I would definitely recommend their book, it's certainly worth a read.

Perhaps it is our preoccupation with money and technology that distracts us from attending to the most basic needs of our bodies. It would seem that money has become the most important thing in our society. My daughter's explanation for this is that everything is easier with money. In some ways, she is right, but there are so many things that money cannot buy, and I think it is a shame that so many of us have forgotten that there are other measures of wealth that have nothing to do with money. With Permaculture, I have rediscovered the taste of real fruits and vegetables, ease of living, confidence that I am able to provide for myself without being dependent on money, and peace of mind that the food I am producing is of the highest quality. These things are precious and priceless to me, and I would not exchange them for any amount of money. I get a genuine sense of excitement and satisfaction when I look out and see my vegetables growing. I love the freedom of being awakened by the sun rather than an alarm clock and of being able to sleep longer in the winter if I want to, so that I can always start my day feeling well rested. These are small luxuries that I never had when I was employed in the city, and I cherish them. All of these little things come together to bring a spectrum of joy that grows every single day that I am on this journey of working together with nature.

I still remember the wise words of Joe and Trish from New Zealand, who I met at the Convergence in Motovun. They said, "We are rich, but not money-wise." At the time, I did not fully understand what they meant, but now I do, and it is so very true. For years, we were in that situation, but it was a while before we fully realized it and recognized that our wealth existed in the lifestyle we were learning to live. Gaining the knowledge to grow our own food without the use of chemicals and heavy machinery and learning how all life interacts with and attracts each other has been a true blessing. Often I have asked myself if all of the work, challenges, and setbacks are really worthwhile, but after all these years, my answer is still in the affirmative. More than ever, I am optimistic about Permaculture and the lessons and quality of life that it has to offer. If you wish to be rich, enrich your soil. If you want to establish a meaningful and fruitful relationship with nature, open yourself up to learning what it has to offer and what you can offer in return. In nature, each element supports and is supported by the other elements in various ways, and humans are no exception to that rule. Take the time to establish and nurture connections with nature and with your fellow humans. This alone will offer you more security and peace of mind than money ever could.

With Permaculture, I learned to stop being obsessed with time and constantly watching the clock. Occasionally, I still need to be somewhere at a certain time, but this is rare and does not cause me too much stress. Nature is governed by cycles, not by hours and minutes. Time is a convention created by humans, and once you learn the difference and start to live according to nature's schedule, you will find it is much simpler and more relaxing. I have also distanced myself from a lot of unnecessary technology that once occupied a lot of my time. I have not had a television for over sixteen years, and I find that I do not miss it. I pay no attention to what is being broadcast, or when, choosing to get my information through other sources when it is convenient for me, so I am not bombarded throughout the day with all of the world's problems as portrayed by the media. I much prefer to spend my time surrounded by the calm of nature, allowing it to purify my mind and soul. I find therapy in enriching my garden with organic compost and working the soil manually with only simple tools and my bare hands. I find comfort and pride in the fact that I am not reliant on chemicals or expensive machinery and gadgets.

I have also learned to know the difference between my wants and my needs and how to identify those things that I can and should do without. Bill Mollison talks about this difference and in his book and defines human needs as being air, water, food, shelter, clothing, and society (ix). Beyond those basic needs, everything else is purely something that you want and is not strictly necessary. Of course I still have wishes and dreams, but I have learned to prioritize and be patient, accomplishing them one by one as I am able. I think it ultimately is a sign of maturity to reach this conclusion. The mentality of a child is to always wish for new toys and shiny objects, regardless of whether or not they actually need them. Unfortunately, I daresay most of the adults in the world have yet to grow out of this phase. There is always some new gadget being produced, and so many people go through their lives convinced that they need them and that having them will finally make them happy. And so, they work at jobs they don't enjoy so they will have enough money to buy these things that they want, only to find something else to wish for. Through all of this, our culture has lost its connection with nature in the pursuit of more and more technology. Permaculture is the only thing I have found throughout my life that actually made me calmer and happier, and I wish more people would discover the benefits of this lifestyle change.

I cannot promise you any kind of happiness or soothing until you are ready and willing to make changes in your life. Permaculture offers so many possibilities and opportunities for you to take control of your own life and wellbeing. I believe that living according to its principles is the best way for us to save ourselves as a species. When we, as humans, talk about saving the planet, we are not being honest with ourselves. It is we that need to be saved because, as much as we may not want to admit it, this planet was here long before we were, and it will survive long after we are gone. However, we cannot save ourselves if we destroy the planet and its resources, which are limited. The Earth, with its female principle is always giving, always has been, and always will be. Once we finally recognize that, learn to be grateful for it, and act the same way in return, then there may finally be hope for the salvation of humanity. If we continue to take and take as we have done for so long, without ever giving back, I am afraid that there will be no hope. My advice is to forget about trying to change the world, since you cannot control others. All you can do is choose to change yourself and be an example for those around you. At times, it may seem that the future is bleak and that Permaculture doesn't offer enough to truly change things, but the more you distance yourself from consumer society and work to reconnect with nature, the more hopeful you will be. Have fun and enjoy your Permacultural path.

Works Cited

Fukuoka, Masanobu. *One-Straw Revolution.* Rodale Press, 1978.

Hart, Robert. *The Forest Garden.* Institute for Social Inventions, 1991.

Mollison, Bill. *Permaculture: a Designers' Manual.* Tagari Publ., 1988.

Nearing, Helen. *The Good Life: Helen and Scott Nearing's Sixty Years of Self-Sufficient Gardening.* Schocken Books, 1989.

Schauberger, Viktor, and Callum Coats. *The Water Wizard: The Extraordinary Power of Natural Water.* Gateway Books, 1998.

There are no direct citations from these books, but like the list above, they should be considered as additional inspiration:

Hemenway, Toby, *Gaia's Garden*, Chelsea Green Publishing Company, 2000

Kiš, Karmela & Miroslav, *Permakultura*, Planetopija, 2014

Nearing, Helen, *Good Life*, Publisher Chelsea Green Publishing, 1993

Staut, Ruth, *The Ruth Stout No-Work Garden Book*, Rodale Press, 1971

Bell, Graham: *The Permaculture Way: Practical Steps to Create a Self-Sustaining World*, Thorsons, 1992

Tompkind, Peter, and Christopher Bird, *Secrets of the Soil: A Fascinating Account of Recent Breakthroughs-Scientific and Spiritual- That Can Save Your Garden or Farm,* Harper & Row, 1989

Tudge, Colin, *The Secret Life of Trees: How They Live and Why They Matter*, The Folio Society, 2008 europe books

中国がひた隠す毛沢東の真実

北海閑人：著
廖建龍：訳

草思社

COLLECTION OF ESSAYS ON MAO TSE-TUNG
by
北海閑人

中国がひた隠す毛沢東の真実●目次●

・本文中の〔　〕内割注及び★数字は訳者による注を示し、★数字の注は各章末に付けた。

●関連年表●

1921	7	1	上海で中国共産党創立大会開く。毛沢東、長沙代表
1924	1	20	国民党と共産党が合作する
1927	4	12	蔣介石が上海で共産党勢力を粛清。このあと国共両党は戦いをはじめる。10 月毛沢東は井崗山に小部隊でたてこもる
1931	9		満州事変勃発。1930～31 年江西省で毛は軍隊内の大「粛反」
1934			共産軍、国民政府軍の包囲を逃れ、江西省を捨て、長征を開始
1935	1		長征の途中、毛は党・軍の指導権を握る。10 月陝西省に到着
1936	12	12	西安事件が起きる。国共両党は内戦停止、抗日を決める
1937	7	7	日中戦争はじまる。翌 38 5 毛、「持久戦論」を発表
1941	12	8	日本、米英と戦争をはじめる
1942			毛、文学の指導方針を決め、翌 43 年整風運動を展開
1945	8	15	日本降伏。内戦がはじまる。共産党、土地革命を開始
1949	10	1	中華人民共和国の成立。毛、国家主席となる
1950	6	25	朝鮮戦争はじまる。10 25 中国軍介入
1951			三反五反運動を開始、残存する資産階層、反共勢力を粛清
1955			毛、胡風批判を推進。農業集団化を強行
1957			毛、大鳴大放運動を開始。つづいて知識人追放の闘争に転換
1958	5		毛、大躍進、人民公社の建設に邁進。8 月金門砲撃戦
1959			人民公社整頓。毛、国家主席を劉少奇に譲る。大災害が拡大するなか、8 月大躍進に反対する彭徳懐を解任
1960			人口制限を説く馬寅初が毛の怒りを買い、追放される。61 年までに 2000 万人以上が飢餓が原因で死ぬ
1961	4		呉晗、戯曲「海瑞罷官」を発表
1962	9		毛、「継続革命」を説く
1965	11		全面的な呉晗批判を展開
1966			文化大革命を開始する。紅衛兵が活動を開始する。彭真、劉少奇、鄧小平ら大多数の党幹部が粛清される
1971			毛の後継者の林彪が毛に背反するが、事故死で終わる
1972	9		日中間国交の正常化
1976	9	9	毛、死去。つづいて 10 6 江青らが逮捕される
1978			鄧小平が最高権力者となり、改革・開放を唱え、市場経済へ
1981			党は文革を断罪。階級闘争を否定、そして農業集団化を廃止する
1987			胡耀邦総書記が民主化問題をめぐって解任。趙紫陽が総書記就任
1989	6		天安門事件起きる。趙紫陽解任さる。11 月江沢民が総書記に
2002	11		13 年の江時代のあと、胡錦濤が総書記に就任する

解説

なぜ中国共産党は「歴史認識」ができないのか

鳥居 民

●これは北京に住む中国人が書いた

この『中国がひた隠す毛沢東の真実』は、三十代の毛沢東が、江西《こうせい》省でゲリラ作戦の指揮をしていたときにはじまり、そのあと延安《えんあん》における十年、さらに政権を握ってからの十五年、そしてかれの治世の最後となる文化大革命の十年まで、そのときどきに毛沢東が望んだこと、かれがやったことを記述したいくつもの論評を中国語から日本語に訳し、編纂したものである。

さて、この毛沢東に関する論評は、これまでに出版された毛沢東伝とはまったく異なる。これは、毛沢東の専制政治を憤りを込めて叙述したものだからである。

たとえば著者はつぎのように述べる。「田舎でも都会でもいい、年配の人たちに聞くがいい。あなたがたのおじいさん、お父さんはどのようにして死んだかと。その半数はきっとこう答える。『じいさんは三年間も辛い日々を送ったあげくに死んだ。父さんは十年の大動乱で死んだ』と」(五七頁)。

振り返ってみるなら、エドガー・スノーが延安で書いた『中国の赤い星』のなかで、毛沢東を「痩せて、リンカーンのような容貌の男」と記し、アグネス・スメドレーが『中国は抵抗する』を発表し、毛沢東を「騾馬《らば》のように頑強で、鋼鉄のような誇りと決意を持った男」と記述したのがはじまりで、毛沢東を賛美する評伝はそのあと数限りなく発表されてきた。それから三十五年のちの毛への賛辞をひとつ挙げよう。スノーは再び毛と会見した。見送りに出てきた毛が最後に、「私は破れ傘を手にした孤独な修道僧にすぎない」と語ったとスノーは紹介した。

「孤独な修道僧」と謙虚に自己の生涯を振り返ってみせた毛の死からも、すでに三十年近くがたつ。伝記作家、スノー、スメドレーもすでになく、「孤独な修道僧」、「聖人」と讃え、礼賛に終始した毛讃歌はいつか見ることができなくなっている。そもそも毛にしたところで、スノーに向かって、自分のことを「孤独な修道僧」と語ったのではなかった。はっきりと明言はしなかったが、言おうとしたことは、幾分か自嘲を込めてのことと思えるが、「私は国の定め、党の掟はおろか、世の中の決まりをかえりみることのない無法者でした」ということだったのである[★1]。

そして現在、毛を無法者だと述べる伝記の刊行は少しも珍しいことではない。

では、この『中国がひた隠す毛沢東の真実』が、これまでに出版された毛沢東伝とまったく異なると述べたのは、なぜなのか。

現在、北京に住んでいる中国人が書いた本だからである。東京やロンドンにいる外国人が書いたものではない。

いうまでもなく、中国国内で毛沢東を批判する文章を発表することはできない。毛沢東著作編緝出版委員会弁公室の後身、中共中央文献研究室がやっている仕事は、毛沢東の文章、たとえば「井《せい》崗山《こうざん》の闘争」のなかで、井崗山の産物として記述している「茶油」は「茶と油」ではなかった、「椿油」の「茶油」だった、といったたぐいのことである。

かつて毛沢東を批判できた一時期はたしかにあった。毛の死のあと、かれが定めた後継者、そしてかれが信頼していた部下たちを牢屋にぶち込むか、追放するかしてしまったあとのことだ。党総書記となった胡耀邦《こようほう》は率先して、文革中に殺された人びと、投獄された人たちの名誉回復を行なった。さらに一九五七年に右派分子の烙印を押され、賤民の扱いを受けていた人たち、その家族、親族、一千万人を解放した。よりいっそう悲惨な運命に苦しんでいた旧地主、旧富農とかれらの子供たちの「地主、富農」の烙印も取り消した。

このような開放、民主化の過程のなかで、文革の総指揮官であった毛沢東、反右派運動を推進した毛沢東、階級闘争を鼓吹した毛沢東が批判、非難されることになった。だが、鄧小平をはじめ党の大部分の幹部たちは、毛沢東に対する批判をいい加減なところで打ち切ろうとした。

●なぜ中国では毛沢東を批判できないのか

胡耀邦は、国民生活に対する党の支配を縮小しようと意図して、毛の「秦の始皇帝」の政治を批判することが第一歩と考えていた。だが、既得権益の維持こそがなによりも大事だと思う党幹部たちは、胡耀邦が党を骨抜きにするような改革を許さなかった。胡は追放された。つづいての党総書記、趙紫陽《ちょうしょう》は市民に発言権を与えようとして、党長老の激しい敵意を引き出し、これまた追放された。

そのあと総書記となった江沢民、さらにそのあとを継いだ胡錦濤は、毛沢東を賛美こそすれ、非難などまったくしようとしない。

現在、中国共産党は、胡耀邦、趙紫陽が党総書記だった時代と、さらに様変わりしている。党中央の幹部から地方の党書記の家族、親族たちは新たな富裕階級となっている。

こういうことだ。毛沢東が国家の支配者となった最初の十五年、かれが遮二無二強行したのは、個人経営の農民から土地を取り上げ、集団化することだった。そして、かれがその最終の形態と考えた人民公社をつくることになった。それが無惨な失敗に終わったあと、かれは逆恨みをして、その後始末を行なった部下たち、集団化を後退させた配下を許さなかった。党幹部たちを粛清しようとして、文化大革命を行ない、これまた悲惨、深刻な結末となった。

毛沢東が推進した人民公社と文化大革命によって、どれほど多くの損失、犠牲が出たか。死者だけで最低四千万人、五千万人以上といわれている。

ところで、毛沢東が集団化の過程で農民から取り上げてしまった農地は、現在、個人の経営に戻っても、私有地となっていない。党が実質的な管理者だ。工場建設、住宅地の開発が進むなか、この農地を収用し、これを打ち出の小槌として、党幹部は資産をつくっているのだ。

皮肉というか、もちろん、悲劇というべきなのであろう。党の幹部は、現在の独裁体制の枠組みを守り、毛沢東時代の恐ろしい歴史を隠し、都合のいいように歪曲し、空虚な毛の賛美をつづけながら、五千万人の死と引き換えた、毛のただひとつの遺産を利用して、富裕階級になっているのだ。

●秘密警察に尻尾をつかませない

毛沢東批判の文章を書いてきたこの著者、北海閑人《ほっかいかんじん》と名乗る人物は、どのような経歴の持ち主なのであろう。北海閑人氏はその経歴を明かすことはしない。インターネットで政府のＳＡＲＳ対策の欺瞞を批判する「反動文章」を発表しただけで、「国家転覆煽動罪」といった罪名で、懲役五年、八年の刑を受けることになる。

香港の月刊誌に毛沢東と共産党を痛烈に批判する文章を書いている人物が、検閲機関に自らの経歴を匂わせるような危険なことをするはずがない。一般人が知らない資料にうっかり触れるようなことは避けるように注意を払っていよう。ふだん書く文章と違う語法、下世話《げせわ》な表現を使用し、少々乱暴な書き方をしているのも、秘密警察に手がかりを与えないための配慮であろう。

この『中国がひた隠す毛沢東の真実』のなかで、著者は大学で歴史を教えたことがあると語り、党中央機関に勤務したと述べることもあり、現在は定年退職の身だと語っている。若いときに大学で教鞭をとったことは事実であるのかもしれず、六十歳以上の年齢であることは間違いない。『毛主席語録』のすべてをいまだに暗記している「紅衛兵世代」よりは年長であろう。職場の「単位」のなかのだれかに裏切られるのではないか、住まいのある「居民委員会」のだれかに売られるのではないか、という不安をつねに抱いていた毛沢東統治末期の恐ろしさを、いまも不意に思いだす世代にちがいない。

そして北海閑人氏が毛沢東について執筆してきたのは、中国現代史をなにひとつ教えられていない、歴史認識を欠いている若い世代に、毛沢東統治の真実を明らかにしてこそ、現在の独裁体制がつくりあげた政治文化を揺さぶることができると考えてのことなのであろう。

●香港の掲載誌は中国人のための灯台

毛沢東を論じる北海閑人氏の文章は、香港の月刊誌『争鳴《そうめい》』に連載されてきた。『争鳴』は国事を論じる雑誌である。つねに中国共産党の指導部に向かって、政治改革を行なうようにと主張をつづけ、その政治手法の破廉恥さを批判し、政権幹部の上から下までの腐敗ぶりを非難し、中国国内のさまざまなニュースを伝え、中国国内で公開を禁止された論文を掲載し、政治改革を唱えたがために、中国から国外追放処分にされ、アメリカに亡命している人びとの寄稿を載せ、かれらが連名して趙紫陽の自由回復を求める文書など、政治要望の書簡を載せてもきた。

何《か》清漣《せいれん》氏は中国共産党の構造的な腐敗を発表したために、アメリカに追放された女性研究者である。『争鳴』にも執筆している彼女が、アメリカ、日本で発表した著作、『中国の嘘』のなかで、つぎのように述べている。「中国の新聞、雑誌を読んでいてなによりも強い印象を受けるのは、紙面にあふれる権力への畏敬の念と権勢者への媚びへつらい」だ。「この特徴は香港の返還以来、香港の一部新聞、雑誌にそっくりコピーされるようになった」

『争鳴』は、そのようなことはまったくない。ますます形骸化しつつある香港の「一国二制」の行方を見守る世界の人びとは、『争鳴』の存在を「炭鉱のカナリア」として注目しているために、中国共産党はその不倶戴天の敵に手はだせないのであろう。

この雑誌については知らない人が多いと思うので、もう少し説明を加えよう。毛沢東が死去したのは一九七六年である。『争鳴』はその翌年の一九七七年に創刊された。

中共党内の毛沢東思想の衣鉢を継ごうとする頑迷、独裁的な毛沢東主義勢力に対抗して、民主化、自由化を望む党幹部のひそかな支持があってのオピニオン誌の刊行だった。

すでに二十八年の歴史を持つ『争鳴』は、海外にいる多くの中国人に故国の現状を知らせ、世界の中国ウオッチャーに北京指導部内の暗闘を教え、「禁書」とされている中国国内でも、ひそかに読まれつづけている。

アメリカに居住するある中国人が、この百年、中国の民主化のために独裁と戦ってきたオピニオン誌は、一九五一年に発刊されて、五四運動の中心的存在となった陳独秀《ちんどくしゅう》の『新青年』にはじまって、一九四〇年代後半の儲安平《ちょあんぺい》の『観察』、つづいて一九五〇年代後半の雷震《らいしん》の『自由中国』、そして現在、温煇《おんき》氏が主宰するこの『争鳴』なのだと述べたことがある。まさにそのとおりであろう。

●「歴史認識」を必要とする中国

この月刊誌を読んでいつも思うことは、かつては毛沢東、部下の政治局員、省党書記まで、だれであっても、共産党は「進歩的階級」を代表しているのだといった大義を、自国民と外国人に押しつけるなんらかの信念と力を持っていたのが、いまは党総書記と党の幹部たちは、『争鳴』の温輝氏の「専論」が、中共党は北洋軍閥と変わりない、ファシスト集団だとの批判に怒ってみせ、これを笑い飛ばしてみせても、まさにそのとおりなのだと胸中では思い、痛みと無力感が残るはずであるということだ。

毛沢東の中国とはどのようなものであったか、それを隠しつづけてきた中国とはなんであったのかを、中国内で論じる日がやがてこよう。北海閑人氏のこれらの文章もまたその扉を開く一助となる。

★1　毛沢東がエドガー・スノーに向かって語った言葉は「和尚帯傘」だった。通訳は知らなかったのであろう。「和尚帯傘、無法無天」とつづくのだが、「無法無天」は普通は略して語らない。一昔前には常套語であり、「無法」は発音が同じ「無髪」に通じ、和尚は髪がないとなり、傘に遮られて天がないから、「無天」となる。褒めるのとは無縁の成句だ。無理無体だ、非道だ、横暴きわまると非難するときに使う。

〈一〉最初の悲劇 大量粛清のはじまり

毛沢東は湖南《こなん》省の農村に一八九三年に生まれた。一九二一年に湖南省の中国共産党の書記となった。一九二七年に共産党は湖南省で暴動を起こした。それから二十二年にわたってつづく戦いの最初の戦いだった。だが、その戦いで湖南を支配する将軍の軍隊に敗れ、湖南省と江西《こうせい》省の省境にある井崗山《せいこうざん》に退却した。やがて毛沢東とその仲間は、江西省の瑞《ずい》金《きん》に根拠地をつくることになった。そのあいだに毛は大量殺戮を行なった。最初は自分に従わない者を殺し、しだいに疑心暗鬼のなかで逮捕と殺害を繰り返すことになった。それは、中国共産党の精神形成にはっきりと痕跡を残すことになる、血なまぐさい大規模な粛清事件だった。それから三十年のち、彭徳懐《ほうとくかい》や劉少奇《りゅうしょうき》をはじめ、多くの瑞金時代からの同志を、裏切り者、外国への内通者と迫害して、死に追いこむことになる。

●元凶はわが領袖、毛沢東だった

中国共産党の党史には「富田《ふでん》事件」という、紅軍将兵の大量殺戮事件がある。事件は四カ所のソビエト区で吹き荒れていた凄惨な粛反運動★1の中で引き起こされたが、その真相はいまだに明かされていない。事件の首謀者が毛沢東だったからである。

さる史学研究会が出した小冊子が、予告もなく私のもとへ送られてきた。『当時の「AB団」大量誅殺の元凶は誰か』のタイトルがついていたので、すわ、反動派の宣伝かと緊張し、公安に通報しようかと思ったが、すぐに冷静に戻った。「AB団」事件は新しい事件でもないのに何を緊張するのかと気を取り直した。いまや二十一世紀だというのに、二十世紀からつづく神経的恐怖症は治らないようである。

その小冊子を読んでみた。この事件はたしかに、当時の党ソビエト区★2〔以下ソ区と略す〕時代の、江西《こうせい》省ソ区、福建《ふつけん》西部ソ区、湖南《こなん》・湖北《こほく》西部界ソ区、湖北・河南《かなん》・安徽《あんき》界ソ区にいた、何万もの罪のない紅軍〔赤軍。人民解放軍の前身〕の将校、兵士が大量に誅殺された歴史的大事件でありながら、現在なおも年月の闇の中に隠されているのである。

一年間もつづいた大誅殺を最初にやり始めたのは、いったい誰なのか。史料や回顧録の多くは言葉をはぐらかしたり、通りいっぺんの記述ばかりである。その元凶は、党中央の事務に三カ月間しか携わっていなかったのに生涯痛罵を浴びせられた李《り》立三《りつざん》★3、遠いモスクワにいたコミンテルン中共〔中国共産党の略、以下同じ〕駐在代表団団長の王明《おうめい》★4、当時、上海の地下党中央秘密機関にいた博古《はくこ》★5、湖南・湖北西部界ソ区中央分局書記・夏曦《かぎ》★6や湖北・河南・安徽界ソ区中央分局書記・張国燾《ちょうこくとう》★7といった具合で、結局誰であるかは特定できなかった。

われらの党史専門家や歴史学者は、バカか、とぼけているのか、忠誠心一途のバカなのか忠誠心を振り回す偽装バカなのか、そのいずれかである。なぜ今にいたるも、歴史の真相を語る勇気がないのか。知らないのではなく話せないのだ。大事をなるべく小事にしたい、年月の風化にまかせ、すべてを忘れ去りたい気持ちなのか。それとも意識的にか無意識のうちに、当時の党組織と紅軍内の大規模な味方同士の殺し合いを、永遠に晴らせない謎の冤罪事件にしてしまう気でいるのか。

私は歴史学者でも何でもない。ただの定年退職者である。しかし時間は存分にあるアマチュアの歴史愛好家だ。半年以上も時間をかけ、図書館や老幹部活動センターから百篇以上の回想記や二十数種の評伝を借り出して読んだ。そして、真相の糸口を見つけることができた。最初に江西ソ区で「AB団を消滅する」との名目を借りて、紅軍内にある異分子を大量に粛清した元凶は、李立三、王明、博古、夏曦や張国燾のいずれでもなく、われらが領袖の毛沢東だと判明したのである。

●AB団とは何だったのか

初めから話そう。歴史上、「AB団」と呼ぶ反共組織はたしかにあった。一九二六年十一月八日、蒋介石が北伐《ほくばつ》軍を率いて江西省都の南昌《なんしょう》市内に入ってみると、江西の国民党の省党部と市党部は、国共合作の名において共産党に完全に掌握されていたことがわかった。とんでもないことだと、蒋はただちに国民党中央の南昌特派員段錫朋《だんしゃくほう》に指示して反共右派組織をつくった。共産党の手中から省・市党部の支配権を奪回しようと図ったのである。この組織をＡＢ団と呼んだ。

　ＡＢ団は国民党軍の手厚い保護を受けて、地方の地主や土豪の勢力をすばやく味方にする一方、省党部の特派員が全省の各県・市で組織をつくった。特派員らは現地に行くと、地元のやくざや幇《ほう》会《かい》〔民間の秘密結社〕と結託して、共産党の県・市組織を揺さぶった。二つの党は激しく対立し、支配権の奪取と奪回のシーソーゲームとなった。国共合作は実質上消滅した。

　一九二七年四月二日、共産党江西省委員会は方志敏《ほうしびん》★8の指導のもと、国民党内の左派と組んで南昌で大暴動を起こし、ＡＢ団に奪取された省・市党部の支配権を一挙に奪還した。ＡＢ団のメンバーは捕まえられ、殺され、蜘蛛の子のように散って消えた。そのときに蒋介石は全面「清党」〔国民党内の共産党員を粛清。蒋介石は四月十二日に上海で共産党勢力を排除し革命主導権の奪回を図った反共クーデターを発動、第一次国共合作は終焉〕を宣言し、四月二十七日までのあいだに共産党員を捕殺し、白色テロを展開した。

　共産党に寛容を示していた国民党の江西省省長・朱培徳《しゅばいとく》は風向きの変化を見てとり、蒋介石陣営につくと表明して獄中のＡＢ団分子を釈放した。しかし彼は江西省の党務、政務、そして民間運輸業の支配権を独り占めにしたので、ＡＢ団分子は再建や回復の基盤を失ってしまった。

　結局、ＡＢ団は一九二六年十一月に成立してから翌年四月二日に解散するまで、じっさいに存在したのは半年にも満たなかった。ＡＢ団の南京中央本部責任者だった段錫朋は、つぎのように証言している。

「四・二暴動ののち、ＡＢ反赤色団の忠実な同志たちは、ちりぢりになって北京や上海に逃避した。このころちょうど、党中央が『清党』を始めたので、ＡＢ反赤色団の目的はすでに達せられたと思った。党内で別組織をつくってはいけないとの党規律に従い、また環境の変化と人事の入れ替えにより、ＡＢ団の存在理由はなくなったので、そのまま自然解散した。この件については、その経緯を党中央に報告し、党中央の文書にも正式に載せられた」

●毛沢東、王佐・袁文才と兄弟の契りを結ぶ

ＡＢ団は、一九二七年四月二日以降、自発的に解散したから、もはや存在しないはずであった。ところが一九三〇年の初めから、最初は江西ソ区、ついで福建西ソ区、湖南・湖北西界ソ区、湖北・河南・安徽界ソ区と、ＡＢ団分子を誅殺する大規模な事件がつぎつぎに発生した。もちろんＡＢ団の残存分子が紅軍隊内に紛れ込んでいなかったとは言えないが、それにしても革命軍の内部で、大量の将兵を惨殺するとはどういうことなのか。

歴史の真相を探ってみると、にわかに信じることはできないが、最初に「反革命を粛清し、ＡＢ団を消滅する」運動を展開したのは、一九二九年後半の江西省西南の羅霄《らしょう》山脈にある井崗山《せいこうざん》根拠地だった。当時、紅軍第一方面軍の総政治委員会と前線委員会〔略して「総前委」〕の書記は毛沢東が担任して

いた。彼は「AB団消滅」の名目を借りて、井崗山地区に盤踞《ばんきょ》していた王佐《おうさ》と袁文才《えんぶんさい》の土着勢力（回想録のなかには、王や袁を土《ど》匪《ひ》と呼んでいるものもある）を根こそぎ除こうとしたのである。

現在のあらゆる歴史教材は、毛沢東は一九二七年に湖南の秋収蜂起〔秋の収穫期に中共が起こした農民の蜂起〕の農民軍を率いて井崗山根拠地を切り開き、最初の赤色工農政権〔ソビエト政権〕を打ち立てたとなっているが、事実は王と袁がとっくの昔から井崗山の上で「一国一城の主」として構えており、毛沢東が率いた湖南農民軍が山に入って仲間入りしたあと、王と袁の土着部隊をうまく吸収合併しただけの話である。

毛沢東は井崗山で足場を固めるために、王と袁の二人と鶏の血を加えた酒を酌み交わして兄弟の契《ちぎ》りを結んだ。王と袁はともに一八九八年に井崗山地区で生まれ、土地の人びととはうまくやっていた。毛沢東らの農民軍は所詮は外来者だ。井崗山に虎が三頭いれば、いつかはごたごたが起きる。毛はひそかに王と袁の二頭を排除の対象とした。そして彼らを排除するには名分として、「AB団とひそかに結託し、紅軍内部で陰謀活動をやっている」といった口実が必要となった。

●歴史は袁文才と王佐を忘れてはならない

袁文才は、本名を袁選三《えんせんざん》といい、井崗山の北の山麓寧岡《ねいこう》県人である。一九二一年に中学に入ったが、家が貧しいため退学して農業に従事した。一九二三年、土《ど》豪劣紳《ごうれっしん》〔地方の豪族や権勢家、金持ちの地主や悪質なボス〕の圧迫に反対して土地の斬り込み隊に参加し、寧岡を攻略したこともある。二六年には中共の寧岡県支部の指導下で寧岡の暴動に参加し、農民自衛軍をつくり総指揮となり、共産党に加入した。革命武装闘争のキャリアは、周恩来指導の八・一南昌蜂起〔一九二七年八月一日〕や毛沢東指導の秋収蜂起よりも長い。のちに井崗山一帯で武装闘争を進め、江西西部の農民自衛軍副総指揮となった。

一方、王佐は本名王雲輝《おううんき》。井崗山の南の山麓の遂川《すいせん》県人である。貧しい農家に生まれ、仕立て屋に奉公したが、袁と同じく土豪劣紳との武力闘争に加わることになる。一九二七年、同県で農民自衛軍を編成し、袁の自衛軍と協力した。のちに袁と同じ自衛軍の副総指揮となった。

一九二七年十月、毛沢東の部隊が井崗山に入ると、二人は部隊を再編成することになった。王は翌二八年に共産党に加入したが、二人とも同地域の紅軍師団の一★9団の副団長となり、中共の湖南・江西境界特別委員となる。一九二九年、袁は紅軍第四方面軍参謀長となったが、進軍中、同軍の党代表毛沢東と不和になる。王は第四方面軍の五縦隊司令員となった。二九年一月、第四方面軍の主力部隊が、江西南部と福建西部地域に進軍したとき、二人とも留守部隊にいて井崗山を守った。

このころ、毛沢東は自分の腹心で、湖南長沙《ちょうさ》の同郷、李韶九《りしょうきゅう》★10を紅軍第一方面軍の「総前委」粛反委員会主任に任命した。AB団に参加しているという疑いがあれば、師団の師団長クラスであっても、逮捕、処決できる権限を彼に与えた。

一九三〇年の初め、井崗山の留守部隊、紅軍第五方面軍から、第四方面軍の袁文才と王佐は、ともにAB団に秘密加入した中核分子であり、部隊を率いて下山し謀反を起こす準備をしていると通報があった。李はさっそく「粛反」の一個連隊を率いて井崗山に駆けつけた。

二月二十四日、李は井崗山に近い永新《えいしん》県の紅軍第五方面軍駐屯地の会議に出席せよと袁と王に伝えた。李は、現れた二人をいきなり縛り上げ、「ＡＢ団に参加し反乱を密謀した」という罪名を宣告すると、革命の名においてただちに二人を処刑した。

逮捕されたとき袁と王は怒って、誰の命令で殺しにきたのかと李に聞いた。李は「総前委」の決定だと答えた。二人は「恩義知らずの毛沢東め、義兄弟を殺すのか」と大声で罵った。弾丸を節約しなければならず、周囲の民衆に感づかれないために、処刑隊は二人を大鉈で叩き殺し、証拠を隠滅するために、死体を麻袋に詰め込んで山奥の洞穴に放り込んだ。

●自供するまで拷問は止めない

李韶九と彼の上司、すなわち毛沢東がつぎに考えたことは、袁と王二人を取り除きはしたものの、二人が長年にわたって指揮してきた井崗山の現地農民軍出身の数千人もの兵士が紅軍の各部隊にいて、しかも戦いにさいしては勇敢に戦い軍功を立て、団長、営長、連長、排長になっている者が少なからずいたことだった。彼らを排除しないと、のちのち大きな災いとなる。

そこで「ＡＢ団消滅」を目標とする「粛反」運動をさらに進め、ＡＢ団分子を一群また一群と告発して、逮捕した。いずれも刀、棍棒、石塊や縄などの原始的な方法で処刑した。弾丸は国民党軍との戦いに使うといって惜しんだのである。数カ月間に、紅軍第四方面軍内だけでも四千四百余人を摘まみ出し、ほとんどを死刑に処した。

なぜこれほど短期間のうちに、四千四百人ものＡＢ団分子を摘発することができたのか。方法は簡単である。厳しい拷問で自供に追い込む。自供で名前があがった人間を捕まえる。残酷な拷問を加える。このようにしてＡＢ団分子をどんどん捕まえ、どんどん殺していった。

厳しい拷問による自白強要は、少数の事件処理員が勝手にやったのではなく、党と軍の指導機関が公然と提唱し、一般的に採用している手段であった。「粛反」運動はたちまち、紅軍部隊から党、軍団、ソビエト機構にまで広がっていった。

中共の江西西南特別委員会（井崗山地区の最高指導部でもある）が出した、一九三〇年九月二十四日付第二十号《緊急通知》の「ＡＢ団の徹底粛清に関する具体的方法」の一節には、「ＡＢ団は非常に陰険狡猾、質《たち》が悪く手強い。最も残酷な拷問を使わないと決して自供しない。必ず硬軟両様の方法で絶え間なく厳しい拷問をして……手がかりを捜しだし、たたみかけて詰問する。ＡＢ団組織の根本消滅を図らねばならない」と明文で規定してあった。

「粛反」委員会が被尋問者に対して施した拷問は百二十数種類におよび、「自供しなければ拷問を止めなかった」。自分がＡＢ団だと認めるだけでなく、ＡＢ団の組織系統を自供する。自分が誰によって誘われ指導されたかを認めるだけでなく、こんどは自分が誰を誘い指導したかを自供する。自分が誰を殺す準備をしたかだけでなく、誰を使って謀殺する計画があるかを自供する。暴動にいつ参加するかを認めるだけでなく、誰が暴動の組織者か総指揮者かを白供する……と際限なくつづくのである。

●「粛反」は富田へと広がる

富田は江西省中部から少し南に位置する風光明媚な村落で、中央ソ区の時期には中共江西省委員会、省ソビエト政府の所在地があり、紅軍第二十方面軍の駐屯地でもあった。一九三〇年十二月、毛沢東は拷問による自供のなかから、富田の省委と軍司令部のなかに「隠れＡＢ団本部」があり、省委の主要責任者の段良弼《だんりようひつ》と李《り》伯芳《はくほう》、軍政治部主任・謝漢倡《しやかんしよう》の三人が首脳だということをつかんだ。そこで毛は再び李韶九に命じて、紅軍の一個連隊を引き連れて捕まえにいかせた。「粛反」委の重要メンバーである古《こ》柏《はく》と曾山《そうざん》★11の二人が同行した。曾山は、現中央政治局常務委員兼国家副主席・曾慶紅《そうけいこう》の父親で、当時は中共江西西南特別委書記で同地の「ＡＢ団分子捕殺」を担当する責任者だった。彼はずっと毛沢東に重用され、江西から延安《えんあん》、延安から北京と長期にわたって内務部部長、中央調査部部長の職にいた。要するに両部とも党中央の特務系統である。

十二月七日午後、李ら三人の率いる連隊が富田に着くと、省委の家屋を包囲し、段良弼と李伯芳を縛り上げ、二人のために弁護しようとした軍政治部主任・劉万清《りゆうばんせい》を捕らえ、さらに部隊の反乱を防ぐために、居合わせた謝漢倡を含む数名を逮捕した。

毛沢東は三人だけを捕まえる命令しか出していなかったが、一挙に省委の主要指導者、八名を捕まえ、連日連夜拷問にかけ自白を迫った。段らは拷問によって全身血だるまとなり、苦痛に耐えられずいい加減に九名ばかりの師、団クラス幹部の名をあげ、ＡＢ団の首領だと自供した。そのなかには紅軍学校校長も含まれていた。

なんと七日に富田に着いてから十二日夜までに、省委機関、第二十方面軍軍部と紅軍学校のなかから、全部で百二十数名をAB団分子だと決めつけて捕まえたのである。そして十一日の一日だけでも二十四名を処刑した。彼ら三人のこの行動は、第二十方面軍軍長・劉鉄超《りゅうてっちょう》の協力を受け、毛沢東にも報告され認められた。

●同郷が仇敵となる

十二月九日、李韶九は省委の「粛反」任務を古と曾の二人にまかせ、劉鉄超軍長の一個小隊と捕らえられた謝漢倡を連れて、富田の南にある軍部所在地の東固《とうこ》村に向かった。じつは謝が自供したAB団の中核分子の中に、第二十方面軍一七四団政治委員・劉敵《りゅうてき》の名が出てきたが、劉は李の同郷の親友であり、さすがに冷酷な殺人者、李もどう処理すればいいのか考えあぐねていた。

一方、劉敵は富田で多数の士官と兵士が捕まえられているという情報を耳にしており、九日に本部に戻って会議に出よとの通知を受けると、悪い予感がした。そこで念のため、同団第一営〔大隊〕の信頼できる兵士たちを連れて十一日夕方、村に着いた。李は劉が一個大隊の兵隊を連れてきたので、すぐには手が出せず、まずは劉を酒席に招待した。

『AB団と富田事件を論ずる』によると、場面はこうである。

李「劉敵、お前は非常に危険だよ」

劉「何の危険だ」
李「お前の名前が多くの人の供述に出ているよ」
劉「何の供述だ」
李「ＡＢ団だよ」
劉「おい、おれがＡＢ団に見えるか」
李「そう、おれも信じないが、現にお前だと供述した人がいる」
劉「ＡＢ団は、共産党員をみだりに巻き添えにするという陰謀があることを信じないのか」
李「それはないと思う。きみだけを供述したのはなぜだろう」
劉はこのまま言い張っても李の心情を悪化させるだけだと考え、下手に出た。
「ＡＢ団がおれを巻き添えにするならどうしようもない。だが、党はもう少し理性的になって、詳しく調査してほしい。死ぬのは一向に構わないが、刑罰を受けるのはご免こうむりたい」と言うと、李は親身を装って、「それは絶対にしない。これは決して簡単なＡＢ団問題ではなく、完全に政治問題だ。過ちを認めて教育を受ければいい。刑罰とか殺すとかの問題ではない」と答えた。
劉は李を信用しなかったが、「おれは毛沢東や軍長やお前を信じている」と語って相手を安心させた。李は酔っ払ったのか、結局、劉が兵営に戻るのを認めた。
劉は虎口から逃げ帰ると、考えれば考えるほど恐ろしくなった。そこで腹心の部下二人と相談し、それならばこちらから先に手を下そうと決め、翌日早朝に部隊を率いて本部を包囲し、劉鉄超軍長を捕まえ、牢中の「ＡＢ団主要分子」とされる謝らを釈放した。ところが李は逃げた（劉敵がわざと逃がしたという説もある）。

富田に収監されていた省委などの幹部を救出するために、劉と謝らは十二月十二日の夜、部隊を率いて富田に殴り込み、江西省委を包囲して「粛反」委から武器を取り上げ、「ＡＢ団分子」だと決めつけられていた同志たち百名ばかりを釈放した。古柏と曾山の二人は銃声を開くや、紅軍第一方面軍司令部の「粛反」委員会に逃げ帰った。これが、党史上有名な、中央ソ区に発生した「富田事件」である。

●項英は冷静な処理を主張する

事件を起こした劉と謝らは緊急会議を開き、毛沢東や李韶九らが紅軍内部で大々的に行なっているＡＢ団分子の摘発は反革命の陰謀であり、残虐な拷問はその陰謀をつくりあげるための具体的方法だと主張した。

十二月十三日には第二十方面軍兵士大会を開き、捕らえられて拷問を受けた将兵らがぞくぞくと登壇し、口々に訴えた。最後は「打倒毛沢東、擁護朱徳《しゅとく》★12、彭徳懐《ほうとくかい》★13、黄公略《こうこうりゃく》★14」のスローガンを叫んだ。彼らが擁護した三人の指導者はいずれも、かねてから毛沢東の「粛反」運動のやり方に反対していた。翌十四日には劉敵らは部隊を富田から西の永陽《えいよう》市に移し、十五日に拡大会議を開き、紅軍第一方面軍「総前委」と上海の党中央に人を派遣して事件の経過を報告し、処理を求めた。

第一方面軍「総前委」書記の毛沢東は当然、第二十方面軍の反乱は反革命であり、そのスローガンは「反逆の下心を暴露」したものであるから、「ＡＢ団解党派との合作による謀反」だと決めつけ、徹底的に清掃して完全に消滅すべきだと説いた。

一方、一九三〇年十二月十五日、江西にソビエト区中央局が成立し、項英《こうえい》★15が中央革命委員会主席のまま派遣されて代理書記となった。彼は党内でも軍内でも毛沢東の上司であることから、事件の処理に堂々と立ち向かった。翌十六日にソ区中央局が出した決議では、事件を「ＡＢ団との共謀による謀反」とはしていない。

その後に出した第十一号《通告》では「江西西南の闘争の歴史と党の組織基盤と富田事件の客観的事実からみて、同事件がＡＢ団による暴動だとの断定も、または事件を起こした人たちのすべてがＡＢ団だとか、もしくは彼らがＡＢ団と連合して反党反革命をやったとの証明はできず、このような結論を下すことはできない」と明確に示した。

項英は事件を紅軍内の厳重な規律違反の行動だと認定した。項英のこの見方は事実に沿った客観的公正さがあり、軍部内の内ゲバをやめて敵との闘争に集中すべきだとしたのは当然の結論だった。彼は部下を送って第二十方面軍を説得し教育する一方、第一方面軍「総前委」の毛沢東、李韶九、古柏、曾山、羅瑞《らずい》卿《けい》★16らに、中央局に出頭して富田事件の当事者と話し合い、和解のための会議を開くよう通知した。

毛沢東は頑強に自分がやったことが正しいと主張した。自分がやらせた「ＡＢ団粛清」に間違いがあることを決して認めず、項英の判定に承服しなかった。彼はただちに部下を派遣して上海の地下中央に「項英の富田反革命反乱事件に対する処理は軟弱かつ無能、党の立場を喪失し、敵に手を貸すものだ」と訴えた。

●上海中央は毛沢東を支持した

翌一九三一年二月二十日、上海では博古を長とする党中央政治局が会議を開き、全権を任せられた中央代表団を派遣することにした。四月中旬、任弼時《じんひつじ》★17、王稼祥《おうかしょう》★18、李富春《りふしゅん》は現地に到着するや、富田事件を「疑いなく階級の敵および彼らの闘争機関であるAB団が準備し、執行した反革命行動であり、反革命暴動であり、敵味方のあいだの矛盾である」と裁定した決定を伝えた。

四月下旬、任弼時らは、富田事件の当事者である劉敵、謝漢倡、段良弼、李伯芳、劉万清ら十数人を逮捕し、ただちに処刑した。そのあと、毛沢東と任弼時らは手を組んで第二十方面軍に対する殺戮を開始した。軍の副排長〔副排長は小隊長と同格の軍政治指導員〕以上の幹部すべてをAB団の中堅分子だと決めつけて、投獄し、そのほとんどを殺した。項英が第二十方面軍へ説得と教育に送り出した軍政委の曾炳《そうへい》春《しゅん》や、軍長に新任した蕭大鵬《しょうたいほう》も殺した。

こうして第二十方面軍は、副排長以上の幹部が徹底的に除かれて軍の体をなさず、残された数千人の兵士は紅軍第七方面軍（鄧小平、李明瑞《りめいずい》★19、韋抜群《いばつぐん》★20らが指導し、広西の百色蜂起部隊から転戦してきた軍隊）に編入され、第二十方面軍の番号は消えたのである。第七方面軍軍長となっていた李明瑞も、あとになってＡＢ団の中核分子として殺された。

●事件の真相を点検する

多くの資料と証言から富田事件を検証すると、事件を起こしたとされる当事者らは、党と軍の規律に違反したことは間違いないが、ＡＢ団分子とはまったく無関係で、ましてや反革命の反乱を起こしたとは決して言えない。

第一、当事者たちはいずれも大革命時期〔一九二四年から二七年までの第一次国内戦争〕に入党し、江西西南で紅軍という武装組織をつくり、同地に根拠地を開拓したつわものたちであった。彼らが十二月十五日に開いたあの拡大会議のときには、コミンテルンが党中央に経済援助しなくなったために活動経費に困っていると聞き、すぐさま第二十方面軍が収集した百キロの金塊を党中央に上納することを決議している。また、彼らは事件後から最後の血の粛清にいたるまで逃げ出したりすることなく、敵の陣営に投じた者は一人もいなかったことからも、そのことはわかる。

明らかに、富田事件は毛沢東が手を下した一大冤罪事件であるがために、党史では現在にいたってもなおその真相が究明されず、曖昧模糊とされてきたのである。

●黄克誠総参謀長と陳毅も危うく殺害を免れた

解放軍総参謀長にまでなった黄克誠《こうこくせい》★21大将の『黄克誠回顧録』によると、一九三一年、江西ソ区で第三方面軍団第四師団政治委でいた当時、当初は上級命令を受けて師団内のいわゆる「ＡＢ団分子」グループを処刑していたが、彼の親友で師団政治部副主任・何《か》篤才《とくさい》が富農分子のＡＢ団中核だとして殺されたことから疑問を持つようになった。それからは上級命令が来ると、リストにある部下をこっそり逃がしたりした。ところが、その部下がその後「粛反」委に見つかり、捕まえられて殺されたのである。

黄は怒って「粛反」委に抗議し、ＡＢ団分子だという証拠を出せと詰め寄ったところ、彼もまたＡＢ団主魁の一人であるとして逮捕、収監されてしまった。黄克誠は正師クラスの幹部であり、軍団総指揮の彭徳懐が信任していた軍人であったため、現地処分できずに許可待ちとなった。

一カ月後、彭徳懐が前線から戻り、このことを知ると、委員会の幹部に向かって「おれが処分したいのはお前たちのような化け物だ。すぐに釈放しろ、大馬鹿者。いくさのできる幹部を殺して、李韶九に部隊を指揮させてみろ、三カ月もしないうちに紅軍は全滅だ」と叱りとばした。黄克誠の一命はこうして救われたのである。

解放軍元帥にまでなった陳毅《ちんき》★22も「粛反」の嵐が吹き荒れるさなか、紅軍第一方面軍軍委書記だった。一九二九年の下半期から三二年の上半期まで、李韶九から「ＡＢ団団長」とにらまれ、何回も殺されそうになった。

陳毅は富田事件を起こさせた李韶九らのやり方に反対した一人で、調査をしっかりやり、証拠を重んじ、拷問によって自供させることはやめるべきであると批判したことから、李らは陳を「ソ区に潜入したＡＢ団団長」「最も大きな魚」と疑って、何度も手を下そうとした。豪放磊落な陳ではあったが、口数が少なくなり、気の重い日々を過ごすことになった。

会議に出席せよとの通知で出かけたまま身柄を拘束され、帰ってこない同僚がしばしばいた。ある日、陳は任務があって出かけることになった。妻の蕭菊英《しょうきくえい》に「期日までに必ず帰ってくる。もしその日までに戻ってこなかったら、不測の事態が起きたと思え」と言って出かけた。ところが陳は帰途、土匪の襲撃にあい馬を撃たれた。警護兵とともに予定日を過ぎて駐屯地に歩いて帰ってくると、妻が涸れ井戸の中で死んでいた。愛妻の死が自殺か他殺かは謎だった。

一九三二年春、李韶九はついに陳毅に面と向かって「ＡＢ団だと認めて自首したほうが身のためだ」と言い出したので、陳は急遽、李の上司である毛沢東に手紙を出して助けを求めた。

そのときには、毛沢東は江西ソ区の異分子はほぼきれいに掃き清められたと判断したのか、二日後、陳に返事を寄越した。陳の潔白を認めただけでなく、ＡＢ団分子として収監され、まだ処刑されていない人たちを逐次釈放してもよいとの許可を与えた。のちに陳は「あのときもし毛主席が支持してくれなかったら、おれはとっくに李韶九に殺されていた」[★23]と会う人ごとに話した。

しかし李韶九はその後も毛沢東に重用され、一九三三年、周恩来がソ区中央局書記になったときに初めて処分を受け、一九三五年、福建西部の戦闘中に死んだ。

●毛沢東に追随する陶鋳、夏曦、張国燾

毛沢東、李韶九らにつづいて、陶鋳《とうちゅう》★24らも福建西部で「第三党を粛清する運動」の名を借りて多くの無辜《むこ》の人間を殺戮した。その数は六千五百三十二人に達した。この殺戮の嵐は、一九三一年春から、翌年春に周恩来が上海から江西ソ区に入る途中、当地で状況を知って中止の命令を下すときまでつづいた。

不安と恐怖、猜疑心に駆られての大量殺戮はつぎつぎと伝染した。夏曦も紅軍第二方面軍の湖南・湖北西界ソ区の根拠地で「改組派を粛清する運動」を開始し、大量殺戮を行なった。同軍総指揮の賀龍《がりゅう》★25の回顧によると、根拠地の洪湖《こうこ》だけでも一万人以上が殺されたため、根拠地が失われ、湖一面に紅軍兵士の死体が浮かんだという。夏曦は賀龍をも殺そうとしたが、賀龍の威望と部下たちの報復を恐れて未遂に終わったのだという。この死刑執行人、夏は、一九三六年の紅軍第二方面軍の長征の途中で死ぬが、毛沢東の中央軍委はのちに「革命烈士」だと追認している。

張国燾も紅軍第四方面軍が駐屯する湖北・河南・安徽境界ソ区において、「改組派」「AB団」「第三党」を粛清するという名目で大殺戮をやった。一九三一年の九月から十一月までのあいだに、第四方面軍の指導員と戦士二千六百余人が殺された。連〔中隊〕クラス以上の幹部が八割を占めた。

張に殺された人たちのなかには、同根拠地の創始者・曾中生《そうちゅうせい》、第一方面軍軍長・許継慎《きょけいしん》、第四方面軍軍長・鄺継勲《こうけいくん》など優秀な幹部が多数いた。第四方面軍軍長・徐向前《じょこうぜん》★26の妻、程寛訓《ていかんくん》も夫の身代わ

りに処刑された。

●四大ソビエト区の「粛反」の規模

以上のようなソ区の根拠地の「内部粛清による殺し合い」の歴史を顧みて、殺害の規模の大きさをランク付けすると、毛沢東と李韶九らが行なった江西中央ソ区が人数が最も多く、時期も一番早かった。次が夏曦らが行なった湖南・湖北西界ソ区の殺戮、その次が陶鋳らが行なった福建西ソ区。最も少ないのが、張国燾らの湖北・河南・安徽境界ソ区ということになる。

ところが興味深いことに、半世紀にわたるわが党の党史に携わってきた研究者は、多くの著作のなかで、夏曦らについては「罪重く、間違いを犯した」とし、張国燾らについては「重大な犯罪行為」として大々的かつ繰り返し披露し、責め立てているが、毛沢東についてだけは、終始取り繕い、ひた隠しに隠し、歴史に煙幕を張って糊塗しようとしているのである。

★1　「粛反運動」は、潜行反革命分子粛清運動のことであるが、日本の研究書や専門書のほとんどは一九五〇年代に行なわれた運動だけを指している。つまり日本ではこの中共のソビエト区時代の一九三〇～三二年の粛反運動は知られていないようだ。毛沢東を領袖と仰ぐ中共は、一九三〇年代の粛反運動を教訓とするどころか、むしろその経験を活かし、規模をさらに拡大して繰り返したのが五〇年代の粛反運動だと見てよかろう。「ＡＢ団」の詳細も日本人には初めて知ることではないか。五〇年代の粛反運動については十一章の脚注参照。

★2　国共第一次合作崩壊前後の一九二七年ごろから三五年ごろの長征の時期までに実効支配した中国共産党政権の地域。解放区または革命根拠地とも呼ぶ。

★3　李立三＝一八九九～一九六七年。二一年中共入党。共産党の初期指導者の一人。都市重視の路線で批判を受ける。文革で迫害自殺。

★4　王明＝一九〇四～七四年。本名陳紹禹《ちんしょうう》。二五年中共入党後留ソ。コミンテルン代表。親ソ派（ボリシェビキ派）。五六年よりソ連在住で毛沢東と文革を批判。

★5　博古＝一九〇七～四六年。本名秦邦憲《しんほうけん》。二五年中共加入。二六年モスクワ中山大学留学。三〇年帰国。ボリシェビキ派で有名。三四年総書記。三六年周恩来らと西安事件へ談判。三七年中央組織部長。延安整風運動で自己批判。四六年重慶へ国民党と談判、延安帰途中に工若飛らと事故死。

★6　夏曦＝一九〇一～三六年。毛沢東と新民学会に参加、二一年中共入党した初期党員。王明と同じボリシェビキ派。二七年中央委員。長征中死亡。

★7　張国燾＝一八九七～一九七九年。二一年中共創立参加。三二年川陝根拠地を樹立。三七年党内軍事的基盤喪失、毛沢東と争って三八年脱党。

★8　方志敏＝一九〇〇～三五年。江西人。秋収蜂起を指導し、紅軍を創設してソビエト政権を樹立。一九三五年、国民党軍に捕らえられ刑死。

★9　当時の紅軍の編成は師、団、営、連、排、班の順。日本の師団、連隊、大隊、中隊、小隊、分隊の順にほぼ相当する。したがって、師長＝師団長、団長＝連隊長、営長＝大隊長、連長＝中隊長、排長＝小隊長、班長＝分隊長となる。

★10　李韶九＝一九〇四～三五年。本名李《り》柏成《はくせい》。二六年国共合作下の広東で国民党軍に入り、南昌蜂起で捕虜、中共側に。二八年中共入党。

★11　曾山＝一八九九～一九七二年。二六年中共入党。

★12　朱徳＝一八八六～一九七六年。中国同盟会参加。二二年ドイツ留学で中共入党。紅軍創立。党最長老。五五年元帥。総司令。政治局常委。

★13　彭徳懐＝一八九八～一九七四年。二八年中共入党。元帥。文革で迫害致死。

★14　黄公略＝一八九八～一九三一年。二六年北伐参加、黄埔軍校入学、翌年中共入党。ソ区包囲攻撃で活躍、戦死。

★15　項英＝一八九八～一九四一年。二二年中共入党。長征参加。新四軍指導。政治局委。国共衝突の新四軍事件で国民党軍に暗殺される。

★16　羅瑞卿＝一九〇六～七八年。二八年中共入党。初代公安部長、総参謀長。六五年に失脚。

★17　任弼時＝一九〇四～五〇年。二一年ソ連留学、翌年中共入党、二四年帰国。二七～五〇年党中央委。

★18　王稼祥＝一九〇六～七四年。二五年モスクワ留学、二八年中共入党。ボリシェビキ派。建国後外交担当。

★19　李明瑞＝一八九六～一九三一年。三〇年中共入党。生粋の軍人。

★20　韋抜群＝一八九四～一九三二年。広西チワン族。二六年中共入党。軍人。三二年広西で暗殺される。

★21　黄克誠＝一九〇二～八六年。二五年中共入党。軍人、総参謀長。彭徳懐の腹心。五九年盧山会議で失脚。七八年名誉回復。

★22　陳毅＝一九〇一～七二年。一九年留仏。二三年中共入党。長征参加。新四軍創設。五五年元帥。五八年外交部長。文革中批判される。

★23　周恩来＝一八九八～一九七六年。一七年日本留学。二〇年留仏。二一年中共入党。黄埔軍校政治部主任。二七年上海蜂起、南昌蜂起を指導。三五年遵義会議で毛沢東を擁護。三六年西安事件のさい張学良らを説得し国共合作成立。四六年国共内戦で勝利に導く。建国後、終身首相。一貫して毛沢東の側近。卓越した外交家。

★24　陶鋳＝一九〇八～六九年。二六年黄埔軍校入学、中共入党。四〇年延安に入る。四八年北平無血開城を交渉。六五年副総理。文革中中宣長。劉少奇をかばって江青らに〝保皇派〟と非難され拘禁のすえ迫害死。

★25　賀龍＝一八九六～一九六九年。二七年南昌蜂起指揮、中共入党。長征参加。解放軍創設。五五年元帥。文革中迫害死。

★26　徐向前＝一九〇一～九〇年。黄埔軍校一期生。二七年中共入党。八路軍指導。五五年元帥。戦略家。文革派に反対、失脚。

〈二〉ユートピアの現実　延安の整風運動

一九四四年に延安《えんあん》を訪問したアメリカの軍人、外交人員、新聞記者は、その何年も前に延安を訪ねたエドガー・スノーやアグネス・スメドレーと同じように、いずれも中国共産党贔屓《びいき》となった。彼らの文章を読んだ戦後の日本の知識人も、共産党の統治は独裁制からは遠く、民主主義に基盤を置き、党は貧農を救い、党の幹部はスパルタ式の生活を送り、指導者の毛沢東は、幸福な理想郷をつくるために努力をつづけ、私心などひとかけらもない、謙虚な英雄なのだと思い込み、延安時代から三十年後に彼が没したあとにも、「彼は聖人だった」と詠嘆する人が少なくなかったのである。

さて、毛沢東の真実を著者は明らかにする。異なる考えには徹底して不寛容であり、猜疑心に満ち、自分自身の神格化を最大の眼目とした人物像が浮かび上がる。

●世間の目を晦ます六十周年記念

中共の腐敗は延安《えんあん》時代からあった。それを批判した左翼知識人は、毛沢東の延安整風《せいふう》運動★1と延安文芸講話によって締めつけられ、多くの人が牢屋に入れられ、殺された者もいた。そのなかには毛沢東に生涯、翻弄された著名な女性作家・丁玲《ていれい》もいた。

二〇〇二年五月二十日、北京の中国革命博物館で毛沢東の「延安における文芸座談会上の講話」〔中国共産党延安時代の一九四二年五月に行なわれた毛沢東の講話。文芸は文化と芸術の総称。とくに文学あるいは演劇を指すこともある。以下『文芸講話』と略す。七章参照〕六十周年を記念した「毛沢東と文芸」展が大々的に催された。開幕式には、わが江沢民主席が大勢の党・政の要人たちを率いて現れ、記念に揮毫《きごう》したり、生前の毛沢東の文芸活動に対する「偉大なる関心」を追想する言葉を述べた。当日は中央テレビ局もこれを大きく放映した。

私は失笑した。この催しの背後には、赤旗を振りながら赤旗に反することをする悪賢い輩《やから》がいるにちがいない。毛沢東の「文芸」についての業績を展示するとは、何のことなのか。

展示するなら、「毛沢東と合作化」「毛沢東と大躍進」「毛沢東と全人民鉄鋼生産」「毛沢東と人民公社」「毛沢東と農村公共食堂」「毛沢東と三年大飢饉」「毛沢東と階級闘争、路線闘争」「毛沢東と世界革命」「毛沢東と紅衛兵運動」「毛沢東と十年文化大革命」等々いくらでも展示すればいい。そして、各種図表、写真、データのほかに、遺品、たとえば文革の武闘に使った大刀、角棒、狼牙棒

〔先端に釘をたくさんつけた棒〕、手榴弾、対戦車手榴弾、ライフル、戦車や装甲車、火焔噴射器……。さらに赤い毛語録、偉大なる毛沢東の著作物、各種各様の毛沢東バッジ、端が焼けた造反派の戦旗、鉄砲玉で穴があいた紅衛兵戦友の血のついた衣服……と、いくらでも並べればいい。

こういうものを展示すれば、たちまち世界中から観客が集まり、その経済効果は、必死の思いで勝ち取った二〇〇八年のオリンピックよりも大きいことは間違いない。

にもかかわらず、わざわざ「毛沢東と文芸」という、骨折り損のくたびれもうけのテーマを選ぶとは見当違いもはなはだしい。そうではないか。こんな展示をやれば、一昔前の作家たちの悲惨な血と涙の記憶が呼び覚まされるだけだ。

思い起こされるのは、一九七八年、中共中央が、第四回中華全国文学芸術工作者代表大会〔七章参照。略称「文代会」〕の挨拶のなかで、文芸団体は長期間にわたって党の左傾路線に痛めつけられた大災害区だったと認めたことである。そして胡耀邦《こようほう》★2同志は集まった人びとと会見したとき、松葉杖をつき、車椅子に座る年老いた作家たちを見て、感に堪えず、こう話したではないか。

「老舎《ろうしゃ》★3、趙樹理《ちょうじゅり》★4、聞捷《ぶんしょう》★5、郭小川《かくしょうせん》★6……。みんな亡くなりました。生き残った先生たちも、つるし上げられて負傷し、身体障害者となってしまいました。共産党は二度と作家をつるし上げる運動をやってはならないと誓いを立てます」

●「毛沢東と文芸」の名分を正す

二十一世紀に入ったいま、かつて迫害を受けた老作家、中年作家という証人がなお生きているにもかかわらず、早くも良心に背いて「毛沢東と文芸」のたぐいを催し、善悪をわきまえず、世間をたぶらかし、毛沢東という、中国の歴史上、最大最多の誣告《ぶこく》・迫害事件を製造した人間をひたすら誉めそやすとは。この調子で行けば、あと八年か十年、長くて十五年か二十年もたてば、またぞろ「毛沢東の文化大革命における大功績」「毛沢東、八度紅衛兵千百万人を接見」「毛沢東、あらゆる悪人どもを一掃」のたぐいの、大判の写真や音響映像の展覧会を催す人が出てくるに決まっている。

公平に言って、われわれは決して「毛沢東と文芸」展のテーマそのものを否定しようとするのではない。テーマ自体、とやかくとがめるわけにはいかず、問題は内容の善悪真偽にある。少なくとも歴史の事実を尊重し、歴史の本来の姿にもどすべきだと言っているのである。

わが党の歴史に詳しい一現役引退者として、私は「毛沢東と文芸」の歴史を、延安時代、反右派時代、文革時代に時代分けできるし、もしくはもっと具体的に、「毛沢東と丁玲、王実味《おうじつみ》」「毛沢東と『清宮秘史』」「毛沢東と『武訓伝』」「毛沢東と胡風《こふう》反革命集団」「毛沢東と文芸界大右派」「毛沢東と長編小説『劉志丹《りゅうしたん》』」「毛沢東と歴史劇『海瑞罷官《かいずいひかん》』」「毛沢東と二つの文芸活動の重要裁決」「毛沢東と『三家村《さんかそん》』」「毛沢東と老舎、趙樹理の死」「毛沢東と文壇の殺し屋・江青《こうせい》」等々に分けることもできると考えている。

テーマはいくらでもあるし、内容もきわめて豊富だ。私はその中から二つの事件について話すが、文革中、またはそれ以降に生まれた若い人たちよ、きみたちは決して軽々しく騙されてはいけない。きみたちのお父さんやお祖父さんの代が被った血みどろの歴史を忘れてはいけない。人間が他の霊長類と違うのは、健全な記憶体系を持つからだ。

●「延安整風」はじつは大きな言論弾圧事件

一九四二年初め、毛沢東は延安整風運動を起こした。じつはこれは作家・王実味に対する迫害の大筆禍事件に端を発している。というのはその一年前から、毛沢東は大小の会議を開いて、延安の幹部や群衆に対して「共産党が三風を整頓するのを助けよう」と呼びかけていた。三風とは、官僚主義、宗派主義《セクショナリズム》、教条主義《ドグマティズム》のことだ。毛のねらいは、幹部や群衆を動員して、王明《おうめい》、博古《はくこ》や張聞《ちょうぶん》天《てん》★7を代表とする党内コミンテルン派、要するに反対勢力を清算するためであった。

毛沢東は、中共中央で起草した『共産党員と党外人士の関係に関する決定』の中でつぎのように書いている。

> わが党と協力したいという党外人士は誰であれ、わが党と党員および幹部に対して批判する権利がある。抗戦の団結を破壊する悪意ある攻撃以外、あらゆる善意の批判、それが文字であれ口頭であれ、あるいはその他の方式であっても、党員と党組織部は虚心坦懐にこれを傾聴すべきで

ある。正確な批判は受け入れるべきである。たとえ批判が不正確、不適当の場合でも、その批判が終わるのを待って、慎重な考慮を経てから、公平と善意ある解釈を加えてやるのである。過失を繕ったり、過ちを隠したり、党外の人たちの批判を拒絶したり、あるいは善意の批判を攻撃と曲解して、党外の人たちが党の過失に口を閉ざして、ものを言わなくなる現象をつくることは絶対にしてはならない。党外の人たちは、政府の法令や党の政策に違反した党員と幹部に対して、法廷あるいは行政機関に法によって告訴するほかに、各クラスの党委員会から党中央に告訴する権利がある。

●女性作家丁玲、幹部の特権待遇に意見

毛沢東が「党員と党組織に意見申し立て」という、寛大な呼びかけをしたころ、延安に集まっていた知識人、たとえば丁玲や王実味などは、革命の聖地とされる延安の日常生活のさまざまな暗い面に心を痛めていた。

たとえば、幹部とその家族子女の生活待遇には特別化と等級制度があった。幹部は小食堂で食事する。小食堂にはさらに特別食堂と準特別食堂がある。軍幹部は中食堂で、兵士は大食堂で食事するので、食堂は五クラスあった。制服の生地にしても、上級幹部には綾日織りの綿布、中級幹部には平紋織りの綿布、兵士には地織り綿布と、三つの差別規定があった。幹部の子供の登校には警護員や勤務員の付き添いがつく。幹部の家には火伕〔コック〕、勤務員、奶媽〔保母〕がつく。

毎週末もしくは毛沢東が突然、興いたれば、延安の中央ホールでダンスパーティーが催され、幹部たちは姑娘《クーニャン》の腰を抱き、夜通し社交ダンスに興じていた。彼らはそれを、筋骨を動かして鍛錬するためだと称していたという。

革命いまだ成功せず、前線では将兵たちが血を浴びているのに、延安の幹部たちがお先に楽しくやっているとは、と丁玲や王実味のような知識人たちは憤慨したのである。彼らは毛沢東の本心を察知し、それに迎合しなければいけないことを知らなかった。「党の三風を整頓するのを助ける」と呼びかけた毛の真意は、党内の反対派を排除したいのであって、延安の暗黒面、とくに幹部たちの生活待遇の特権化と等級制度をあばくことではなかったのである。

一九四二年三月九日、丁玲は彼女が副編集長をしていた延安の中央機関紙『解放日報』の文芸面で「三八節に思う」〔三月八日は婦人節＝婦人の日〕というエッセイを発表した。彼女はそのなかで、延安の婦女たちはいまだに真に解放されてはおらず、立ち上がってもいない。まだまだ幹部至上、男権がはびこっており、きれいな若い女の子の大部分は「幹部の〝花嫁〟」となり、花瓶的存在〔おもちゃを意味する〕となって、美衣美食を享受し、かたわらには勤務員が仕える豊かな生活を送っている、と書いたのである。

●王実味は「食は五クラス、衣は三色」と批判

丁玲のエッセイが発表されてから間もなく、王実味も同紙の文芸面に「野百合の花」「政治家・

芸術家」といった題の平易な随筆を発表し、革命聖地の延安に普遍的に存在している、一部の人の特権ぶりと不健康な腐敗ぶりを鋭く批判した。

抗日前線にいる将兵たちが戦い、命を落としているときに、後方の延安の幹部たちは女と歌とダンスに耽っている。病気にかかった同志が麺スープ一口すら飲めず、青年学生が毎日粥を二食しか啜れないのに、健康な「大人物」は不必要かつ不合理な各種の特別待遇を享受している結果、「食は五クラス、衣は三色」と相成っているのだ、と。

王実味は河《か》南《なん》省の人で、一九〇六年生まれ。一九二六年、北京大学文科在学中に中共地下党に加入。初めは北京や上海の文学雑誌に作品を発表し、二九年に上海に出て創作と左翼文芸活動に従事した。小説集を一冊出版し、外国文学の名作を五冊ほど翻訳している。一九三七年、大勢の左翼知識人と同じく、中共を慕って延安に身を寄せた。張聞天に認められ、マルクス・レーニン学院の翻訳室でマルクス・レーニンの翻訳作業に参加した。数年のあいだに百万字におよぶ翻訳を成し遂げ、延安では名だたる才子の一人に数えられていた。

王実味が『解放日報』で発表した文章は、すでに大きな権力を享受するようになっていた毛沢東をいたく刺激した。王は毛の名言「天は落ちてこない」に対して、つぎのように批判した。

「必然性」の「理論」のあとに「天は落ちぬ」と呼ぶ、一種の「民族形式」の「理論」がある。

そのとおり、天は落ちてこない。しかし、われわれの活動と事業は「大は落ちない」から損失を受けないのであろうか。この面について「大家」たち〔毛沢東を含む幹部らを指す〕はまず思いつかないし、考えたこともないであろう。

この必然性を認識したあと、われわれは戦闘的ボリシェビキの能動性でもって暗黒が生まれるのを防止するか、暗黒が成長するのを減じなければならない。こんにち、われわれの陣営にあるすべての暗黒をきれいに消滅しようとしても、それは不可能である。しかしながら、暗黒を最小限度にとどめるということならば、それは可能なばかりか必要なことだ。

もしこの「必然性」を「必然」裏に発展させていくならば、天――革命事業の天――は「必然」に落ちてくる。あまり安心してはいけない。

●『文芸講話』は言論弾圧に理論的基礎を与えた

一九四二年の王実味の文章は、党内高層の不正の風潮を是正するいわば一服の良薬、善意をもった批評だった。ところが、毛沢東と江青は批判されているのは自分たちだと思い、怒り狂った。毛は「延安の主人は王実味か、それともマルクス・レーニン主義か」と問い、中央社会情報部長の康《こう》生《せい》★8に「革命組織に潜り込んだ悪者」を整頓せよと命令を出した。「粛反」を専門とする康生は、整風運動を行なって、王実味は「トロツキスト派」であり、「革命陣営内部に入り込んだ文化特務、最も危険で最も凶悪な敵」だと批判した。

同年五月、毛沢東は延安にいる知識人の言行を規範化するために、文芸問題の話をするとの名目で、二回に分けて延安の党・政・軍の幹部と一部の文芸作家を集めて座談会を開き、講話を発表した。のちにこれらが整理されて「延安文芸座談会上の講話」となり、延安整風運動を指導する主要文書とした〔講話の概要一部は胡風事件の七章を参照〕。

この光輝ある『文芸講話』を読み返してみると、その内容は文芸どころか、明らかに党全体の政治活動、思想路線のために制定した、何でもかんでも当てはめて締めつけることのできる呪文だった。毛沢東のこの光輝ある講話は、その後、新中国で起きた誣告・迫害事件の「理論的基礎」となり、知識人たちを叩き、ぶちのめす孫悟空の如意棒となったのである。

●鋤奸運動で王実味、逮捕される

毛沢東が『文芸講話』を発表して間もなく、康生らはただちに行動を開始した。整風運動に「鋤《じょ》奸《かん》運動」〔裏切り者を粛清する運動〕または搶救《そうきゅう》運動〔本来の意味は救出運動〕と称するものを付け加えて、一九三七年以降、国民政府統治区から延安に飛び込んできた、王実味のような進歩的青年を一網打尽にした。捕まえては拷問をして自供させ、そしてまた捕まえる〔そのやり方は前章を参照〕。こうして芋づる式に、延安にいた三万数千人の幹部の中から「特務スパイ」を摘み出したのである。

幹部三万人から「特務スパイ分子」一万五千人とは何のことか。革命の聖地はもはや特務の巣窟、反革命の大本営と化したのではないか。まったく話にならない。鋤奸運動をべらぼうに広げていったから、延安のすべての窰洞《ヤオトン》〔黄土高原にある山崖に掘った洞穴の住居〕を牢屋にして逮捕者を詰め込んでも人があふれ出る。そこで毛沢東の登場となる。少々ひどすぎたと言い、康生はやりすぎたと語り、逮捕した者を出獄させ、名誉を回復してやり、大会を開いてはこの人たちに謝罪したりした。拷問でひどく痛めつけられた人びとは、晴れて出獄できたことから、毛沢東を命の恩人だと思い、感激の涙に咽んだのである。

●王実味、処刑される

しかし、王実味など数百人は本物の「スパイ」だと決めつけられ、獄につながれつづけた。毛沢東は決して王実味を許さなかった。王はずっと暗い牢屋に入れられていた。

一九四七年三月、国民党の胡宗南《こそうなん》が大軍を率いて延安を攻め落とす前夜、中共中央機関は延安を撤退するが、康生の社会情報部と周興《しゅうこう》の辺区保安処はなお、国民党特務と反徒、トロツキスト分子という罪名の囚人、六百人を牢に入れていた。中共中央はそのうちの五百数十人を東北〔満州〕と華北の戦場に送り込み、彼らを「身に罪名を背負いながら手柄を立てた新たな人間」とならせようとした。

王実味を含めた残りの六十数人の重罪の囚人は康生が自ら護送し、黄河を渡って山西の解放区へ向かった。ところが黄河の岸辺に着くと、康生は賀龍《がりゅう》に「撤退する行軍に、こんな大勢の悪い奴を連れてどうする。始末してしまえば」と提案し、賀龍は軽く頭を下げてうなずいた。康生はただちに、王を含めた全員をその場で銃殺し、死体を黄河に投げ捨て、魚の餌にした。

一年後、毛沢東が中央機関を率いて河北の阜平《ふへい》県西柏坡《せいはくは》村まで来たとき初めて王実味らの死を知ったとき、賀龍に向かって「王実味を返してくれ、彼にどんな罪があったのか」と、わざとらしく叫んだという。

革命作家にして、マルクス・レーニン原典の優秀な翻訳家は、毛沢東が自ら起こした延安整風の誣告・迫害の犠牲となって殺されたのである。毛沢東は賀龍に向かって泣いてみせたが、毛が一九七六年に死ぬまで、王実味は中共中央のあらゆる文書と党史教材で、「トロツキスト分子」「国民党特務」の罪名を着せられたままだった。一九八八年になって初めて、党中央が彼を「潔白、革命に忠誠」として名誉回復したのである。

●才気煥発の女性作家・丁玲

王実味より先に延安の暗黒面を批判した丁玲はどうなったか。

丁玲は本名蔣 氷之《しょうひょうし》。一九〇四年湖南《こなん》省臨澧《りんれい》県の読書人の家柄に生まれた。四歳で父を亡くし母の手で育てられ、母が教えていた学校の校内で育つ。一九二二年、上海に出て、陳独秀《ちんどくしゅう》〔六章参照〕や李《り》達《たつ》★9らの共産党員が創った平民女子学校に入学した。間もなく瞿秋白《くしゅうはく》★10の紹介で上海大学中文系〔国文学科〕に進学する。

一九二四年、北平《ペーピン》〔当時の北京の名称〕に行き、北京大学で文学課程を聴講した。翌二五年同郷の青年作家・

胡《こ》也《や》頻《ひん》と結婚する。一九二八年、上海の『小説月報』に小説『莎《ソ》菲《フイ》女史の日記』（若いインテリ女性の恋愛心理を大胆に描いた短編小説）など、新思潮に生きる新しい女性を描いた一連の作品を発表し、注目の女性作家となった。一九三〇年、結成された中国左翼作家聯盟（略称、左聯。七章参照）に加入する。一九三一年、夫の胡也頻が国民党政府に殺害されると、翌年中共に加入し、「左聯」の主要メンバーとなり、魯《ろ》迅《じん》の忠実な信徒となった。

一九三三年、国民党特務に拉致され、南京監獄に三年余り入れられる。獄中で国民党の手先と疑われていた男性と同居し（彼女はこの時期に転向したという噂があるが、本人は否定）、一女を産んだ。一九三六年九月、中共の地下組織の手引きで南京を脱出し、十一月に中共中央の所在地であった陝《せん》西《せい》省北の保《ほ》安《あん》県瓦《が》窰《よう》堡《ほ》に入り、紅軍領袖の毛沢東と初めて会った。同郷の二人は初対面から意気投合し、連日連夜、親密に過ごした。

丁玲の回顧によると、毛主席は瓦窰堡にいたときから、帝王のような好みをもっていたという。あるとき、毛は彼女の手を取って、瓦窰堡にいる女たち（紅軍女戦士や逃げ遅れた地主の妾をも含む）を一人一人、まるで皇帝の後宮の妃であるかのように指を折って数えてみせたという。毛は丁が好きだったし、丁も毛を紅軍の英雄として崇拝した。毛沢東は二人のしばしの情愛のために、詩『江《こう》仙《せん》に臨んで丁玲同志に与う　於一九三六年十二月』を贈った。

壁に掲げる赤旗が夕日に漂い、

西風に翻る孤城。
保安（県）の人物、暫《しば》し新しくなる。
洞の中で宴会を開き、
出獄者を招く。
細筆一本誰と似る。
三千のモーゼル銃精兵、
陣形図は隴山《ろうざん》の東に向かう。
昨日は文のお嬢さん、
今日は武の将軍！

一九三七年初め、中共中央機関は延安の城内に引っ越した。軍人としての経歴などあるはずのない「文章書きのお嬢さん」は毛沢東の寵愛を受け、破格の中央警衛団政治部副主任に任命され、紅軍の将兵たちをあっと言わせた。間もなく第二次国共合作が成立し、紅軍は南京政府の編成替えを受け入れて八路軍になると、丁玲は八路軍総司令部延安留守処主任に任命された。しかし、丁玲お嬢さんの文学好きは変わることなく、毛沢東の軍中妻になって軍隊内でのし上がっていくつもりはなかった。

一九三七年の暮れ、上海女優の藍蘋《らんぴん》が延安に現れた。彼女はこのとき二十二歳、艶っぽい美貌の持ち主で、間もなく毛沢東の窰洞に招かれると、彼女は凄腕の閨房術をもって、たちまち毛沢東を恍惚とさせた。毛の妻、賀子貞《がしてい》は病気治療のためソ連に行っており、不在であった。丁玲は容姿も艶やかさも藍蘋にはとてもかなわず、間もなく毛沢東の寵愛を失った。

一九三八年のある日、毛沢東は自分の住む窰洞内で宴席を二卓設け、「藍蘋を江青に改名する」と宣言し、正式に同居した。丁玲も招待を受けたが、彼女は出席を断わった。毛沢東はもはや丁玲を必要とせず、彼女は辺区文芸協会副主任と『解放日報』の文芸面副編集長の職に替えられた。このころに彼女は前述の「三八節に思う」を発表したのである。

丁玲と王実味の文章は延安で大反響を呼び、大いに好評と賛同を受けたことから、毛沢東・江青夫婦の怒りを招いた。

一九四二年五月に毛沢東が『文芸講話』を発表したときに、丁も王も会議に参加したが、延安整風運動が始まると、丁、王ともに厳しい批判を受けた。王は牢獄に繋がれたが、丁は毛沢東と親密な関係があったためか、批判を受けたあとすぐに、彼女の秘書をしていた夫の陳明《ちんめい》、十四歳になる娘とともに延安を追放され、山西《さんせい》察哈爾《チャハル》河北《かほく》地区の太行山《たいこうざん》抗日根拠地に移され、そこで思想改造を受けた。

この時期に彼女は『一つの弾倉からまだ出ない鉄砲玉』『私が霞村にいたころ』〔心に深い傷を負ったヒロインの再起を描いた作品〕『太陽は桑乾河《さんかんが》を照らす』〔土地改革運動を描いた長編小説。邦訳あり〕などの長短編小説をあいついで発表した。

一九四九年、中共中央機関が北京に移ると、毛沢東の丁玲に対する情愛はまだ残っていたとみえ、党中央の推薦により、彼女の『太陽は桑乾河を照らす』は周立波《しゅうりつは》の長編小説『暴風驟雨』と同時に、一九五〇年度のスターリン文学賞を受賞した。

丁玲は幸運の波に乗り、党中宣部文芸処処長、中華全国文学芸術界聯合会〔略称、文聯。一九五三年に中国文学芸術聯合会と改称。中共指導下にある文学芸術団体の全国的な連合組織〕副主席、作家協会副主席、文聯の機関誌『文芸報』編集長、中央文学講習所所長などのポストに任命された。そして彼女が派手に振るまったことから、毛沢東、とりわけ江青の機嫌をそこねた。これが丁玲の命取りとなった。

一九五六年、毛沢東は「丁玲、陳企霞《ちんきか》★11反党集団」を調べよと命じた。丁玲は過去をほじくられ、反党分子と決めつけられ、公安部長羅瑞卿《らずいけい》大将が丁玲の逮捕状に署名した。そのときは釈放されたが、それで終わらなかった。

翌年、毛沢東は「丁玲、羅烽《らほう》再批判」〔羅は十一章の脚注参照〕で丁玲を極右分子と断罪した。彼女は北大荒〔東北最果ての黒龍江（こくりゅうこう）省嫩江（どんこう）流域一帯の未墾地帯〕に労働改造のために送られた。

彼女はそこで鶏を飼う生活を送るが、地元の子供たちですら彼女を見ると「北京から来た悪い右派」と罵っては石や土塊を投げつけたり殴ったりした。彼女は「親愛なる毛主席」宛に助けを請う手紙を二度も書いたが、なしのつぶてだった。のちに、当時農墾部長だった王震《おうしん》★12将軍が彼女を哀れんで、小学校で教えるよう手配し、かろうじて一命を保った。

しかし文革の嵐がやってくると、王震将軍も彼女をかばうことはできず、彼女は獄中生活を送ることになった。毛の死後一年たった一九七七年、丁玲は出獄し北京に帰った。二十数年のひどい災難にみまわれた丁玲はその作家生命を葬り去られ、頭に霜をいただく憔悴した老女となっていたのである〔彼女は一九八六年まで生きた〕。

★1　整風の「風」とは、態度や習慣を意味する。整風とは、それを整頓・矯正すること。整風運動は党員の思想や活動のあり方を点検し是正する一種の粛清運動。延安整風運動は一九四二～四五年に展開。政権獲得後の一九五七年ごろからは反右派闘争という大規模な整風運動が繰り返される。三風は一般に、学風〈主観主義の学習態度〉、党風〈党セクト主義の活動姿勢〉、文風〈形式主義の言論・宣伝活動のあり方〉とされているが、著者はもっと簡明に見ている。要するに、毛沢東思想の教義体系を確立するために、イデオロギー闘争でコミンテルン派を排除し、知識人たちを思想統制したのである。

★2　胡耀邦＝一九一五～八九年。三三年中共入党。長征参加。建国後、共青団書記。文革中迫害を受ける。七七年中央党校副校長、中央組織部長。八〇年中央総書記。八六年政治改革をとる立場から保守派から攻撃を受け、八七年総書記を辞任。

★3　老舎＝一八九九～一九六六年。北京生まれの満州族。北京庶民の人情と生活を描く小説家。六六年紅衛兵にリンチされて水死。

★4　趙樹理＝一九〇六～七〇年。農民作家。三七年中共入党。文革中反徒とされ、つるし上げられて死亡。

★5　聞捷＝一九二三～七一年。詩人。三八年中共入党。文革中批判され妻は自殺、一家離散し上海で自殺。

★6　郭小川＝一九一九～七六年。詩人。三七年中共入党。延安整風運動を体験。文革中迫害される。

★7　張聞天＝一九〇〇～七六年。二〇～二四年東京とサンフランシスコで苦学。二五年中共入党後、ソ連留学。三一年帰国。最古参のボリシェビキ派だが、遵義会議で毛沢東の王明路線批判を支持。五一年駐ソ大使。五九年廬山会議で彭徳懐を支持して失脚。文革中迫害を受ける。

★8　康生＝一八九八～一九七五年。二五年中共入党。情報特務工作専門で多数の党員を迫害。延安と文革で活躍。八〇年党除名。

★9　李達＝一八九〇～一九六六年。日本留学。中共の創立に加わる。離党後四七年復党。哲学者、教育者でマルクス主義理論家。五八年、大躍進を批判。六六年「毛主席に狂気じみて反対」の罪名で党除名。迫害水死。

★10　瞿秋白＝一八九九～一九三五年。早期の中共指導者の一人。文芸評論家・マルクス主義理論家。国民党軍に銃殺される。

★11　陳企霞＝一九一三～八八年。左聯に参加した文学者。このときは『文芸報』副編集長。

★12　王震＝一九〇八～九三年。二七年中共入党。黄埔軍校出の軍人。文革で批判され六八年復活。八八年国家副主席。

〈三〉 親日・媚日　明日の内戦にそなえる

一九三七年七月、日本は中国と戦いをはじめて、一九三八年の末までには、華《か》北《ほく》平野、揚子江中流、下流の流域、そして華南の珠江《しゅこう》下流周辺を占領した。国民政府は西南地域に追い込まれ、その力も威信も弱まった。中国共産党はどうかといえば、一九三七年には、人口百五十万の不毛の地域を支配するだけだった。ところが、日本軍の進撃が中共にとって、大きな幸運となった。国民政府の軍隊を抗日戦争に縛りつけ、中共に対する攻撃を放棄させることになったばかりか、中共自身は前進する日本軍の後方、守備隊を置かない広大な農村地帯を効果的に支配してしまった。一九四三年末には、五千万の人口の根拠地を持つようになり、さらに四千万の人口のある遊撃戦区を持ち、一九四五年はじめには九十万の軍隊を持ち、日本敗北後の国民党との戦いにそなえることになった。

●中国政府こそ歴史の教訓を銘記すべし

毛沢東は、日本の中国侵略がなかったら新中国は成立しなかったと公言してはばからなかったが、汪精衛《おうせいえい》★1が恩師だったことは隠し通した。そして中国共産党政権はこれらの史実をすべて抹殺した。

二〇〇五年四月、国内で「反日の高波」が出現し、数万の人びとが自発的に街頭に繰りだした。深圳《しんせん》では日本商店、杭州《こうしゅう》では日本レストランを壊し、北京では日本の在外公館の窓ガラスを壊した。上海のデモの群衆はなかなか意味深長な行動に出た。彼らは警官隊に八つ当たりし、警官たちがかぶっていたヘルメットの徽章をはぎ取り、なかには政府を売国奴だと罵倒する者もいた。

『ヴォイス・オブ・アメリカ』やＢＢＣなどの外国放送によると、日本政府は、中国民衆が突如として起こした反日デモは中国政府当局が扇動したものだと疑い、中国政府に対して、これに謝罪し、経済的損失を賠償するよう強硬な抗議をしたそうだ。

私たちのような北京っ子から見ると、今回ばかりは日本政府はわが中華人民共和国中央政府に対して、間違ったことを言っているように思う。

言うまでもなく、一九七二年に正式に国交を樹立して以来、日本政府からどれほど無償援助や低利借款のたぐいの経済的実益を受けたことか。日本はずっと援助国であり、中国はずっと被援助国なのである。おもしろいことを言う者がいた。

「もしも許されたらの話だが、全国に十万二十万といる副省長・副部長クラス〔通常、正は対外の顔。副は対内で党書記やトップの事務官僚がつき、しばしば正以上の権力をもつので副は実質的に正と同クラス〕以上の高官を対象に、一度家庭調査をしてみるといい。彼らの本宅、妾宅を含め、ソニーの大型カラーテレビ、東芝の観音開きの冷蔵庫、シャープの電子レンジ、パイオニアの音響機器、ニコンのデジタルカメラ、松下の電気洗濯機、日立のエアコン、ヤマハのピアノ、こういうものを揃えていない家は、おそらく一軒もないはずだ。高官の家はどこも日本製家電の展示会場だ。どうです、信じますか」

だから私は言うのだ。わが中国政府高官はときとして、日本政府は歴史の教訓を忘れるなと言う。だが、見なさい。「日本政府は歴史の教訓を忘れている」と批判するときでも、われらが高官の声は力がなく言葉には真剣さがない。これは当然すぎることなのだ。

われわれ中国民衆は、心のなかでは別のことを考えている。役人たちはつねに、日本政府に向かって歴史の教訓をくみとれとか、歴史を鑑《かがみ》にせよと言っている。それなら、党自身はなぜ歴史を鑑にしないのか。きみたち中共は、あの凄まじい数の自分たちの「偉業」を風化させ、集団忘却させようとして、手をかえ品をかえ苦心惨憺しているではないか。

少なくともここ十五年来、党中央・国務院の肝煎りで作成された各種の輝かしい文献、赤色経典〔共産主義のドグマティズムを教える書物〕式の政府顕彰用のテレビドラマ、映画、史書等々は、一九五五年の反胡《こ》風《ふう》闘争、一九五七年の反右派闘争、一九五八年の大躍進運動、一九五九年の反右傾運動、一九六〇年から六一年に何千万もの人間を無惨にも餓死させた大飢饉、そして一九六六年から七六年までに「非正常死〔政治的迫害による死〕二千万人」を引き起こした文化大革命の十年間に犯した数々の誤りを取り繕い、ひた隠しにするだけでなく、おくびにも出さずにいる。あたかも、新中国には悪いことやひどいことなど金輪際起きなかった、共産党の五十六年間の指導は英明偉大であり、光栄に満ちかつ正しいものであったかのごとくである。

しかし、党中央が、二十数年におよんだ空前絶後の歴史の大災難を民衆に忘れさせようとしても忘れられるものではない。田舎でも都会でもいい、年配の人たちに聞くがいい。あなたがたのおじいさん、お父さんはどのようにして死んだかと。その半数はきっとこう答える。「じいさんは三年間も辛い日々を送ったあげくに死んだ。父さんは十年の大動乱で死んだ」と。

われわれ民衆から見ると、まったく反省することなく、自らの醜い歴史を美化し、ひたすら歴史教科書を改竄《かいざん》することに長《た》けているのは、ほかならぬ中国の執政者である中国共産党である。日本政界の右派人士はせいぜい二番手だ。中国共産党と政府が師であり、日本の自民党と政府は弟子なのだ。だとしたら、日本政府はどうして腹を立てるのか。あなたがたは儒教を尊重しているのではなかったのか。儒教では師を敬うことを最も重視している。弟子が師に向かって謝れと要求するのはよくないことだ。

●火のついた薪の山の上に座っている中国政府

日本政府を俎上に載せるのはこれぐらいにしておく。じつは都市の民衆の自発的デモにいちばん狼狽し、緊張しているのはわが人民政府ではないだろうか。人民政府が恐れているのは、人民が言うことを聞かないこと、締めつけにおとなしくしていないことだ。数千人数万人が街頭に出てデモをする、事前の呼びかけもなく組織もない、これはもはや突発的な「無政府状態」なのである。悪《ワル》の親玉を捕まえたくとも捕まえようがない。そして、わが人民政府にも言うに言えない苦しみがある。反日デモで騒いでいる輩《やから》は、実際は人民政府がとがめることのできない公明正大なスローガンを口にして、不満や積もる怒りを発散していることを人民政府は承知しているのだ。

貧富の格差は天と地ほどにも開き、汚職をしない官吏はいない。役人の横暴が横行し、人の命が虫けらのようにあつかわれるデタラメな世の中だ。天の怒りに人の恨みが加わっている情況なのである。いまや燃える薪が国中に積み上げられている。人民政府が最も恐れる、毛沢東が革命をやっていたときのあの名言「小さな火花も広野を焼き尽くす」情況になっている。人民政府はいつ爆発してもおかしくない火山口の上に座っているようなものだ。日本政府よ、日本の学生よ、師中国の身になってその苦しみを察してやってほしい。

●毛沢東は最大の親日派であり媚日派だ

隠し立てすることはない。われわれ中国人のなかには親日、媚日《びにち》〔日本に媚びる〕がいくらでもいる。気づいていない人もいるかもしれないが、わが中国の党と政府内において、最大の親日・媚日派はほかでもない、その肖像がなおも天安門城郭に高々と掲げられ、その遺体がなおも天安門南端の記念堂に横たわる偉大なる領袖、毛沢東その人である。

毛沢東が現代中国最大の親日・媚日派だと言うのは史実にもとづいてのことだ。しかも毛沢東が媚びていたのは日本の人民ではなく、日本の軍国主義に対してである。毛沢東の人生の大半は親日本軍国主義であり、媚日本軍国主義であった。この点を毛沢東自身は一度も隠したことはないのだ。なぜきみや私のごとき平民があの方のために隠さねばならないのだ。

ここでまず、毛沢東の偉大なる人格を傷つけないために断っておくが、毛氏が日本軍国主義に「親日・媚日」するのは、彼自身の私利ではなく、党の生き残りのため、党の革命事業のためだったということだ。

一九三五年十月のことを考えてみたらいい。中央紅軍〔赤軍。人民解放軍の前身〕が丸一年かけて行ない、九死に一生を得た大逃亡は、負け戦の連続、軍崩れて軍をなさずだった。江西《こうせい》省の中央ソビエト区〔当時中共が実効支配していた地域〕から出発した三十万人が陝西《せんせい》省北部に到着したときには二万五千人に激減していた。「悲惨」の一語につきた。

「長征して北上、抗日」。この美辞麗句は数年後に飾りつけたものである。中央紅軍の大撤退時の第一の目標地は、賀龍《がりゅう》のいた湖南《こなん》・湖北《こほく》西界の根拠地なのである。どこの日本軍に抗するというのか。恥ずかしい話だ。ところがその西の根拠地にはすでに国民党政府が大軍を敷いて取り囲んでいたので、進路をかえて貴州《きしゅう》へ向かい、雲南《うんなん》・貴州のあたりに根拠地をつくろうとしたが、そこにも居着けず、しかたなく瀘定《ろてい》の橋を奪って大渡河横断を強行し、四川《しせん》の西に入り、雪山を登り草地を通って、張国燾《ちょうこくとう》の紅軍第四方面軍と合流して、四川・甘粛《かんしゅく》・陝西三省の境界地区に根拠地をつくろうとした。

しかし、この張も一筋縄ではいかぬ男だった。自分の軍隊のほうが強大だからと、周恩来、毛沢東と党軍のナンバーワンを争う始末である。毛沢東は張に食われることから逃れるため、部隊の大部分を捨て、わずか千五百人の北上分隊を率いて甘粛南部に逃げのびた。『周恩来年譜』によれば、中央紅軍がもし陝西・甘粛・寧夏《ねいか》に身を置くことができなければ、毛沢東の最後の目標は、さらに北上をつづけ、内モンゴルと外モンゴルの大砂漠、大草原をつきぬけて兄貴分ソ連の国境内に逃げ込んで亡命政府を組織することだったという。これがいわゆる「紅軍長征北上抗日」の現実だ。「抗日」など微塵《みじん》もない。つまりウソっぱちだということである。

●日本軍の侵入が共産党の命を救う

めくらめっぽうに逃げ回る中央紅軍にとって、西北の形勢は厳しかった。劉志丹《りゅうしたん》★2や高崗《こうこう》★3の陝北《せんほく》紅軍ゲリラ隊が受け入れてくれたとしても、蒋介石は何十万もの大軍を敷いて「共匪《きょうひ》〔共産党〕残党が仕掛けたワナに落ちる」のを待ち構えていたのだ。

この生死分かれ目のときに、まさに青天の霹靂のように、内外を驚愕させた西安《せいあん》事件が発生した。逆に蒋介石が追い込まれて内戦を停止し、第二次国共合作が成立して共同で抗日する、となった。天は紅軍を滅ぼさずである。

中共紅軍は編成替えをさっさと受け入れると、国民党軍の制服に着替え、国民党軍のメシを食いロクをはみ、非合法の匪賊《ひぞく》から一躍合法の軍隊に変わった。毛沢東は心底わかったのだ。「もしも日本軍国主義が大挙華北に攻め込まなければ、中共はこの死中に活の一息を入れる好機を得られなかった。それこそ早々にソ連国内に逃げ込んで亡命政府とやらをつくるのが関の山だった」と。以来、中共は再び「中華ソビエト共和国中央政府」〔一九三一年、各地のソビエト区政権を糾合して樹立したソ連をモデルとする〝国家〟〕と自称して二つ目の中国として振るまうのをやめた。そして「中華民国陝甘寧辺区政府」〔陝西、甘粛、寧夏にまたがる辺境区の政府。中華民国特区政府とも呼ばれ、その支配地域を辺区とも呼んでいた〕と改称し、中華民国統轄下の地方政権となった。日本軍国主義に感謝せずにいられようか。

この時期の毛沢東や周恩来たちは、もはや江西ソビエト区時代のような華々しい勢力拡張はできなくなった。自分たちはもはや国民党の相手でもなければ、ましてや日本人の相手でもないことがよくわかったのだ。ここはひとつ十年ぐらい、春秋戦国の越《えつ》王・勾践《こうせん》の故事に倣って力を貯えていればよかろう。その間、日本軍によって国民党軍を消耗させ、双方が互いにへとへとになるまで戦わせればいい。編成替えののちは韜晦《とうかい》しつつ辛抱して強くなればいい、どうせ日本軍は侵入者だから遅かれ早かれ出ていってしまう、そうなったら最後の天下争奪はやはり国共の争いだ。こういう天下の形勢を見通した毛沢東は、だからこそ「日」「我」「蒋」という新三国が『三国志』を再演すると称したのである。

●日本軍国主義に感謝せよ

一九三七年八月下旬、共産党政治局は陝西の北の洛川《らくせん》で拡大会議を開き、抗戦期間中における政治路線と軍事方針を確定した。会議に出席した軍指導者の朱徳《しゅとく》、周恩来、彭徳懐《ほうとくかい》、張国燾、劉伯《りゅうはく》承《しょう》、賀龍、林彪《りんぴょう》★4らは民族の大義から、国難が眼前にせまる抗戦救国のときに、国民党軍と合作し共同で日本侵略軍を攻撃すべきだと主張した。

ところが毛沢東は長期的視野に立った党の利益から出発し、こう主張した。

「中共が指揮する八路《はちろ》軍、新四《しんし》軍やそのゲリラ部隊は冷静に考えよ。国民党の反動の本質は決して抗戦によって変わるものではない。中共は決して国民党に迎合し本気で合作するなどと夢見てはならない。自らの政治上の独立、軍事上の独立を必ず保持せよ。情況が許し、あるいは必要が生じれば、国民党と対決すればよい。やつらを親日の投降者と決めつけ、民主党派たちとうまく提携し、世論への宣伝は大いにやれ」

対日作戦についてはこう主張した。

「自分の力を出すな。爪を研ぎつつも爪を隠すことを覚えておくのだ。小規模の山地ゲリラ戦、側面戦だけをやり、日本軍の大部隊と正面衝突する展開はよくない。まずは実力を温存し大きくすることだ。国民党の食糧・費用と装備で八路軍と新四軍を養い太らせ、国民党軍と日本軍が数年戦って共倒れになったころあいを見はからって、わが軍が出ていって局面を収拾するのだ」

ところが、洛川会議に参加した党の指導者や将軍らは全員、毛沢東のこの傑出した才知と方略を支持することを拒んだ。彼らは「すでに国民党と合作して抗日すると決めたからには、憎悪を日本鬼子〔日本侵略者。鬼子は鬼。外国人や侵略者に対する罵語〕に向けて集中しよう、全民抗戦をぐらつかせるべきでない」と考えた。

毛沢東は孤立したが、自らの主張に間違いはなく、将来を正しく見通すものだと確信していた。およそ国民党と本気で合作を主張する連中は大馬鹿野郎だ。日本軍が華北に攻め込んでこなかったら、共産党は命ひとつも長らえることができなかったくせに、抗戦するのしないの、と何をぬかしているのか。この私、毛沢東は日本の侵略に感謝しているのだ。

一カ月後の九月二十一日、朱徳、彭徳懐、劉伯承たちは八路軍本隊を率いて山西《さんせい》の太原《たいげん》に到着した。毛沢東は朱、彭らが戦いに勇み立つのを恐れ、延安《えんあん》から再三にわたって「大所高所から考えよ」との訓戒を与える電報を打った。

「現在の紅軍は決戦にはなんら決定的な作用を及ぼさないが、ある種のお家芸は持っている。このお家芸の中から必ずや影響を及ぼす作用ができる。それが本当の自主独立の山地ゲリラ戦争なのだ。根拠地を建設し、群衆動員を主とする。兵力を集中する戦争であってはならず、兵力は分散を主とする……。現在、集中戦争をしても結果は少しも得られない」

毛沢東は彭徳懐らに、日本軍と戦うな、とくに正面戦は決してするな、根拠地を建設し、群衆を動員して自らを強大にすることを第一要務とせよと、くどいほど繰り返し言い聞かせた。

翌一九三八年五月、毛沢東は延安抗日戦争研究会で「持久戦論」を講演した。

「抗日戦争は長引けば長引くほどよい。八年、十年と長引かせれば、共産党にはより有利になる。もし対日作戦が早く終わってしまうことになったときには、国民党は銃口を共産党消滅のために向けてくる。同志たちよ、日本軍がわれわれの敵となるのは一時的だが、国民党軍がわれわれの敵となるのは長いということを決して忘れてはならない。まさしく日本軍国主義の大規模侵入があって、全民抗戦が勃発してこそ、わが党わが軍は新しいチャンスをつかみ、もう一度発展し、強大になるチャンスがあるのだ。

このような意味からして、われわれは日本軍国主義に感謝するべきだ。そして日本軍国主義のほかに張学良《ちょうがくりょう》★5、楊虎城《ようこじょう》★6〔二人が西安事件を起こした主役〕が、わが党わが軍の命を救ったと言える。愛国とは何か。愛国であるためにはまず先に愛党がなければならない。共産党はもはや存在しないとなったら、どういう国を愛せよというのか。われわれを包囲攻撃し、われわれを大量虐殺してきたあの中華民国を愛せよというのか。

現在の形勢を全体から見ると、三つの国家からなる。『日』『蔣』『我』の新三国だ。同志たちはもっと知恵をめぐらし、この道理をわかってほしい。すなわち、日本人が占領する土地が多く広いほど、われわれにとってはより有利になる。これがいちばん愛国になるということだ。なぜか。日本が占領した土地は彼らが撤退するのを待って、われわれが行って接収するなり、奪い取ればいい。反対に、蔣介石が占領する土地が多く国民党の統治区が大きいほど、わが党わが軍はますます受け身となる。そこを奪おうとすると、これすなわち内戦をやれということになってしまう……」

しかし毛沢東の高説のこのさわりの部分は、あまりにも本音にすぎ、あまりにもみっともないということで、その後、公《おおやけ》に刊行された各種版の『持久戦論』ではきれいに削除されたのである。

●彭徳懐が命に逆らって「百団大戦」を発動

毛沢東は故郷湘潭《しょうたん》の幼なじみ、彭徳懐と井崗山《せいこうざん》の根拠地にいたときに義兄弟の契《ちぎ》りを結んだ（毛沢東は陝北に行くと高崗とも義兄弟の契りを結んでいる）。毛と彭の二人はかつて小さな狭い家に暮らし、袋布団を共有し（『彭徳懐自述』を見よ）、生死をともにした友である。では毛、彭はどうしてその後、仲違いしたのか。それは彭が毛の談話や訓戒を何度も無視したからである。

一九四〇年八月、彭は軍人のプライドがあり、自信があったから、華北の戦場で「百団大戦《ひゃくだんたいせん》」という、日本軍に対する正面攻撃（これが共産軍の最初で最後の大会戦でもあった）を引き起こした。これがどれくらいの大規模な戦いだったかについては、史料はつぎのように記している。

> 百団大戦は、八月二十日から十二月中旬に終結するまで三カ月半のあいだ、八路軍とゲリラ隊合わせて百五個団〔団は連隊〕の兵力を投入し、のべ二〇〇〇キロの戦線上で大小一八〇〇回以上の戦闘を行ない、日本軍の死傷者二万六〇〇余名、偽軍〔南京政府軍のこと〕の死者五一〇〇余名、捕らえた捕虜は日本軍二八一名、偽軍一八〇〇余名。各種銃器五〇〇〇数丁、大砲六〇門、飛行機六機、その他大量の機動車、自動車、タンク、装甲車、モーターボートなどを鹵獲《ろかく》。日本軍占領区の鉄道のべ四七四キロ、公路一五〇〇数キロ、橋梁、駅、トンネル合わせて二〇〇数カ所を破壊〔著者はこの戦果に八路軍側の損害、死傷者数を出して

いない〕。

百団大戦は一九三七年八月の平型関《へいけいかん》会戦〔林彪がこの戦役に参加したことで、毛沢東の批判を受ける〕や、一九三八年春の台児荘《たいじそう》会戦などの重要戦役と同様、大いに民族の士気をあげ、日本軍には勝てないとの神話を打ち破り、日本軍国主義の威風を失墜させ、日本軍の主力を華北戦線にクギづけにした。

華北の勝報が重慶《じゅうけい》にとどくと、民衆は歓呼の声をあげ、蒋介石は朱徳と彭徳懐両将軍を褒賞し、重慶から謁見の招請電報を打った。一方、勝報が延安にとどくと、軍民をあげて夜通し勝利を祝った。毛沢東ひとりは憤慨した。彭徳懐らに大会戦をやるな、八路軍の実力を早くから暴露してはならない、そして蒋介石の国民党を助けてはならないと再三の訓戒を与えたにもかかわらず、彭徳懐は言うことを聞かず、勝手に百団大戦を始め、しかも勝った。毛沢東はハエを呑み込んだかのように腹を立てたが、不本意ながらも祝賀電報を打った。

二年後、毛沢東は劉少奇《りゅうしょうき》★7らの推戴により延安の中共中央・政・軍の権力を完全に掌握すると、言うことを聞かない者を一掃しようと延安整風《せいふう》運動を大々的に行なった。毛はすぐさま「華北整風会議」を開くと、劉少奇、彭真《ほうしん》★8、康生《こうせい》に指図し、彼らとともに、彭徳懐が中央の命令を無視して勝手に百団大戦を指揮してわが軍の実力を暴露し、国民党反動派を助けたとして、その「政治的誤謬」を批判した。★9

彭徳懐はむろん承服しなかった。彼は軍人として、八路軍を率いて日本侵略軍を攻めるのは間違ってはいないと信じていた。このとき、林彪、高崗、劉伯承ら軍の幹部も毛沢東に賛同しなかったので、三カ月間も開かれた会議はうやむやのうちに終わった。

毛沢東はこのときから、幼なじみの彭徳懐を恨み、根に持つようになった。あの戦いは彭の個人的な英雄主義が蒋介石を助けたのだと、延安からのちには北京で、そして、北京から廬山《ろざん》（一九五九年夏の廬山会議）で批判しつづけた。とうとう文化大革命を引き起こして、彭徳懐に決着をつけたわけである。一九七四年に彭徳懐が獄中で惨死するまで、彼には「百団大戦を勝手に発動した」との罪名がついてまわったのである。

●毛沢東、潘漢年に汪精衛接触を指示

もう一人、毛沢東の「親日・媚日」のために長期間監禁され、死にいたった中共の幹部に潘漢年《はんかんねん》がいる。潘漢年とはいったいどのような人物か。彼は中共党史における伝説的英雄であり、革命の陰に隠れた戦線上の忠誠衛士、情報工作の核心の指導者、新中国初の上海市常務副市長と赫々《かくかく》たる功績をもつ背後の大立者であった。

一九三九年、スターリンがナチス・ドイツによる侵略の戦火を西ヨーロッパやイギリスに向けるために、ヒトラーと「友好互助条約」（独ソ不可侵条約）を結ぶと、モスクワのコミンテルン執行委員会はただちに、偉大なるスターリンのこの重要政策を延安の中共指導者に知らせた。そして「日本軍配下の南京汪精衛政権（親日の国民政府政権。中国では日本の傀儡政権と見なし、偽政権として呼ぶ）とも接触し、内部情報を手に入れ、必要なら連汪反蒋（実際は連日反蒋）をやってもよい」の意を授けた。

毛沢東はマルクス・レーニン主義の応用、解釈の融通自在さを以心伝心で呑み込むと、同年十月、とびきり有能な情報部内の頭領・潘漢年を起用し、上海に潜入させて新しい情報拠点をつくらせた。潘は日本語に精通した妙齢の美人作家・関露《かんろ》を、特殊な関係を通して日本の上海特務機関「岩井公館」★10に出入りさせた。彼女は岩井をはじめ日本の外務省、陸軍の特務の幹部らと昵懇《じっこん》となり、極秘情報を盗みとった。関露から得られた情報のおかげで、江蘇《こうそ》・安徽《あんき》の境界内にいた新四軍は日本軍の掃蕩を何度もまぬかれた。

同じ時期、潘漢年は部下を南京に派遣し、汪政権の特別工作本部長・李《り》士《し》群《ぐん》★11の邸に出入りさせた。李はかつては中共の地下党員だったが捕らえられて転向した人物である。まもなく潘漢年が自ら李と会って秘密の連携を保った。

中共の地下工作の方法は昔から秘密保持と安全のために、指定された者との連絡をとるのみで、他者とはまったく関係を持たない。毛沢東は潘漢年に任務を直接に与え、他の指導者には関与させなかった。毛の命令を受けた潘漢年は上海で彼の下の者に任務を伝える、という具合だった。

第一次国共合作から一年後の一九二五年〔広州国民政府の時代、汪精衛が政府主席〕、毛沢東は広州《こうしゅう》にいて国民党に加入し、汪精衛の秘書となっていた。汪は毛をかわいがって抜擢し、毛を自分の代わりに国民党中央宣伝部部長代理に推薦した。毛も汪精衛を「恩師」として尊敬していた。そのような因縁があったことから、一九三九年十月、毛は潘漢年に向かって上海、南京に行ったらなんとかして汪と連絡をとり、彼に「よろしく」と伝えるようにとことづけた。

本来、地下情報工作という仕事は、手段はどうでもよかった。目的あるのみで、目的のためには手段を選ばなくていい。汪に会って昔のよしみを結ぶよう毛が潘に頼んだのも、革命に有利な新情報をもらうためであって、どうということではないはずだった。

潘漢年はのちに、一九四二年九月になって、李士群の手引きで南京で汪精衛と会い、二回会談した。毛沢東からの「よろしく」も伝えた。翌年、李は汪政権内部の軋轢《あつれき》のなかで殺された。一九四五年に日本が敗戦した。毛の恩師・汪精衛は前年に亡くなっていた。潘漢年は関露など手柄をたてた部員をつれて新四軍本部に引き揚げ、革命陣営にもどった。新中国成立後、潘漢年はそのキャリアと貢献度により、上海市党委第二書記、上海市政府常務副市長につき、陳毅《ちんき》の右腕となった。

一九五五年三月、わずか四十九歳にして革命元老となった潘漢年は、中共上海代表団を率いて北京で開催された党全国代表大会に参加し、北京飯店に泊まった。大会では毛沢東が、党の高級幹部は自らの問題〔過去の行状、とくに自ら犯したミスや過ち〕を自主的に自白するようにと、呼びかけた。どんな問題でも、きちんと説明さえすれば党組織は寛大に扱うというのだった。党中央は高崗・饒漱石《じょうそうせき》事件★12を処理したばかりの緊張がみなぎっていたときであり、潘についてもいくつかの噂が流れていたから、彼の胸中は穏やかではなかった。

というのは、彼が一九四二年に南京で汪精衛と会った一件は偉大なる領袖の毛主席しか知らなかったが、上海監獄に収監されていた汪政権の関係者が会見の事実をあばいていたからだ。

潘は熟慮の末、やはり直属の陳毅同志に話しておいたほうがいいと判断した。陳毅は潘漢年が語るのを聞いたあと、「安心したまえ、誰もきみの革命に対する忠誠を疑う人はいないから」と慰め、中南海《ちゅうなんかい》の菊香書屋にいる毛主席に、彼に代わって説明に行ってこようと言い、「毛主席が口をきいてくれれば、公安部もこの件を追及調査することはない」と語った。

ところが、潘漢年はその晩逮捕された[★13]。毛沢東が自ら下した命令だった。殺さなくてもいいが、無期刑にせよ、死ぬまで牢屋に入れておけ、と。つまり口封じである。潘漢年に永久に過去の一件をしゃべらせないためだった。潘漢年は結局、一九七七年まで牢屋に入れられ、毛沢東が死んで半年後に湖南茶陵《さりょう》県の労働改造所の茶畑で死んだ。

さて、一九六四年七月、当時の日本社会党の佐々木更三、黒田寿男らの訪中団が毛沢東と会見し、日中戦争について謝罪しようとしたのに対し、毛沢東は「日本は謝る必要はない」とさえぎり、つぎのように正直に語った。

「われわれ中国共産党はあなたがた日本軍国主義に感謝しなくてはなりません。日本軍がもし中国に侵略していなかったら、共産党の勝利はなかったし、新中国の成立もなかったからです」

★1　汪精衛＝一八八三～一九四四年。留日中に中国同盟会の結成に参加。孫文の側近。初代の国民政府主席。国民党の元老、理論家。軍隊を持つ蒋介石と対立。満州事変で三二年に汪・蒋合作政権を樹立、汪が政治、蒋が軍事を分担。抗日戦争で日本との和平を求め、四〇年に南京国民政府を樹立、蒋介石のライバルとなる。名古屋で病死。

★2　劉志丹＝一九〇三〜三六年。二五年中共入党。陝西・甘粛ソ区創立者。黄埔軍校出。三五年右派反革命首領として高崗とともに下獄。その粛清で土着幹部二百人が殺害される。釈放後翌年、国民党軍と交戦、戦死。

★3　高崗＝一九〇二〜五四年。二六年中共入党。陝西・甘粛・寧夏境地区で長くゲリラ。四五年から東北へ派遣、東北人民政府主席などで東北の実権を掌握、東北のボスとなる。五〇年ごろから、饒漱石と反党連盟を結成したとされる高崗・饒漱石事件で自殺。

★4　林彪＝一九〇六〜七一年。後述する林彪事件を起こす。

★5　張学良＝一九〇一〜二〇〇一年。満州軍閥張作霖の長男。父が日本軍に爆殺されてから反日、易幟事件を起こして国民党に服従。東北軍を率いて蔣介石に従うが、満州事変により満州を追われ、ついに三六年十二月十二日に蔣介石を監禁する西安事件を起こし、内戦停止、一致抗日を蔣に承諾させ、第二次国共合作を成立させ、中共を生き返らせた。本人はその後蔣介石に台湾に連れられ、蔣が死ぬまで軟禁される。

★6　楊虎城＝一八九三〜一九四九年。国民党軍の将軍。二四年国民党入党。張学良と共同で西安事件を起こしたのち、十二年間軟禁され、重慶で暗殺される。

★7　劉少奇＝一八九八〜一九六九年。二一年モスクワ東方大学入学。二七年中共中央委。三四年長征参加。白区の党組織を再建。四九年中央人民政府副主席。五六年党中央委副主席。五九年毛沢東に代わり国家主席、鄧小平と共に大躍進の後始末として自由市場、自留地、農業請負制の調整政策で生産回復に努めるが、階級闘争を重視する毛沢東と対立。文革で迫害致死。

★8　彭真＝一九〇二〜九七年。二三年中共入党。ずっと党幹部。五一〜六六年北京市長。文革開始で失脚。七九年復活後、全人代委員長。八八年引退まで強い影響力を保持。

★9　毛沢東がその作戦敢行を非難したのは正しかったともいえる。百団大戦は日本軍の反撃を招き、八路軍の戦力は半減し、解放区の人口も縮小し、延安は危機的状況となった。力の回復は避戦に努めた一九四三年からである。

★10　岩井公館。上海同文書院十八期生の上海副領事・岩井英一は、中国の進歩的文化人とのつき合いが多く、上海で外務省直属の情報機関・岩井公館を設立する。

★11　李上群＝一九〇五～四三年。早期の中共党員。モスクワ東方大学留学。二八年帰国後地下工作。三二年国民党特務に逮捕されて転向。三八年香港に逃亡、日本側の情報工作をし、三九年汪政権に入る。

★12　高崗・饒漱石事件。饒漱石（一九〇三～七五年）は華東軍政委員会主席と党組織部長を歴任した華東地区の軍・党の大ボス。五三年に東北地区の大ボスの高崗と連盟を結んで、党と国家の指導権を奪おうとしたとされる事件。五四年に摘発されて失脚。

★13　潘漢年に関する公式史料では、部下の上海市公安局長・楊帆《ようはん》とともに国民党への内通容疑で逮捕された「潘漢年・楊帆反革命事件」という反革命の冤罪事件とされている。真相は、潘の場合は毛沢東の密命のためであり、楊の場合は毛夫人の江青《こうせい》の旧知で、彼女がかつて国民党に逮捕され、獄中で転向書を書かされて釈放された過去を、一九三八年に延安に報告したことが江青に恨まれた。つまり二人とも口封じのためだったということである。五章参照。

〈四〉朝鮮戦争への介入　毛沢東、スターリン、金日成

毛沢東は、日本との戦いのあいだ、自分の先見性豊かな指導があってこそ、最終的に中国の統一に成功したのだと説く。だが、延安《えんあん》に毛沢東の存在がなかったとしても、中国共産党は国民政府の軍隊と日本軍との戦いのあいだに、華北《かほく》から華中《かちゅう》にかけて広大な根拠地をつくったにちがいない。そして日本が敗北したあと、満州へ党の工作員と小編成の部隊を大量に送り込み、満州の全農村をたちまち自分たちの支配地に変え、国共内戦の勝利の基礎をつくることになったであろう。

だが、一九四九年に、中国共産党の新政権との国交の樹立を望むアメリカの期待を鼻で嗤《わら》い、ソ連の陣営に投じると宣言し、米中関係が悪化するのをそのままにして、翌一九五〇年には朝鮮の戦いに介入したのは、毛沢東の決意、決断があってこそのことだったのである。

●朝鮮戦争の真相は中国ではいまだ知らされず

金日成《キムイルソン》はスターリンに南朝鮮〔韓国〕進攻の支援を、そして毛沢東は台湾進攻の支援を求めた。スターリンはいずれにも支援を約束したが、ソ連の利益に鑑みて、戦争は朝鮮を先とし、中国を朝鮮戦争に介入させた。毛沢東は台湾をあきらめ朝鮮戦争に参戦した。

三聯《さんれん》書店から出版された『フルシチョフ回顧録』を読んだ。そのなかで、一九四九年春、北朝鮮のリーダー金日成が数回にわたってモスクワを秘密訪問し、スターリンが彼の南朝鮮出兵に同意してくれるよう説得したということに簡単に触れていた。

金日成はこう言って、スターリンを説得したのだという。

「南は気候温和、土地肥沃、水稲栽培に適しているうえ、発達した漁業がある。北には豊富な鉱産資源があるから、南北統一後、両方の優勢な資源を相結合させれば、きわめて早期に繁栄富強の社会主義国家を建設できる。南の李《イ》承晩《スンマン》政権は脆弱だ。われわれはすでに南に強大な地下党組織をつくっているから、北の人民軍が攻め込めば、南全体で広範な人民蜂起が発生し、一挙に〝大韓民国〟と名乗る偽政権を覆し、国家統一を成就することができる」

朝鮮戦争が勃発したとき、フルシチョフはウクライナからモスクワ市委第一書記に転任して間もないから、そのころの内情を深くは知らないはずだ。彼自身、「ウクライナ共和国第一書記にいたとき、政治局の秘密文書はほとんど見ることができなかった」と書いている。モスクワに来てから、スターリンが彼に秘密文書の閲覧を許可したから、朝鮮戦争に関してのこの秘密文書を読み、簡単に触れたのであろう。

近年、国内にこの戦争に関するいくつかの回顧録や著作物が出版されて、その内幕がちらほらと漏れてきている。だが、当然のことながら、政府筋の見解はなおも「米国を頭とする西方帝国主義の軍隊が朝鮮に侵入し、戦端を開いた。金日成を頭とする北朝鮮労働党とその人民軍は、苦しい反侵略戦争を進めた。新中国は彭徳懐《ほうとくかい》を司令員とする中国人民志願軍を朝鮮に派遣して参戦したのは、万やむをえない義挙であった……」といった主張を堅持している。

第二次世界大戦後の東西関係、なかんずく極東各国人民の命運に甚大な影響をおよぼしたこの戦争について、こんにちにいたるまで一連の真っ赤な大ウソをついている。いったい誰が戦おうとしたのか、誰が戦端を開いたのか、中国内の民衆は何が何やらわからない。党のあの紋切り型の教育と宣伝を、なおも信じている人がいるのである。

●「三八度線」とヤルタ協定

北緯三八度線は朝鮮半島を三百余キロ横断しているが、もとは一本の地理上の区分けであり、半島をほぼ等分に南北に分けており、軍事上、経済上、政治上の意義はなかったのである。

三八度線が軍事的、政治的目的に利用されたのは、第二次大戦後のことであり、ソ連軍が三八度線以北、米軍が以南をそれぞれ占領した。本来は地理上の緯度線が、なぜか朝鮮の分裂、民族苦の鎖、血が流れる深い溝のようになってしまい、もはや永遠に断ち切ることも、埋めることもできなくなった。

一九四五年二月八日、米国大統領のルーズベルト、ソ連首脳のスターリンと英国首相のチャーチルはヤルタで、同盟国軍がナチス・ドイツを占領したあと、ソ連赤軍は東進して満州に出兵し、関東軍を殲滅して朝鮮半島の北半分を解放する、米軍は日本本土を攻略し、朝鮮半島の南半分を解放すると規定した、いわゆるヤルタ協定に調印した。同協定はさらに、日本統治下の台湾と澎湖《ぼうこ》諸島の主権を中華民国に帰するとしたカイロ宣言は履行されるべきと記した。

同年八月下旬、ソ連赤軍が満州の関東軍を一掃したあと、朝鮮半島の北半分を占領すると、金日成をリーダーとする朝鮮民主主義人民共和国を設立した。やや遅れて朝鮮半島の南半分を占領した米軍も、李承晩を大統領とする大韓民国を設立した。双方は三八度線を境に互いに侵犯しないとした。

一九四八年、米ソ双方はヤルタ協定にもとづいて朝鮮半島から軍隊を撤退し、朝鮮人が自ら国家統一の問題を解決することに任せた。むろん軍の撤退に際しては、米ソとも軽重武器の相当数をそれぞれの傀儡《かいらい》政権に残した。その結果、金日成も李承晩も四六時中、相手を出し抜き、攻め入ってやろうと考えるようになった。

●金日成は南進を急ぐ

だが、李の大韓民国にはたった六個師団しかなかった。それも慌ただしく募集した兵士ばかりで、厳しい軍事訓練をしたことはなく、作戦経験は問題外で、戦闘力は薄弱だった。金日成はこれが李政権の致命的弱点だと考えた。

一方、北の人民軍は十数万を擁し、中堅将兵はいずれも東北（満州）の抗日戦争の生え抜きか、ソ連赤軍極東軍区で訓練された者たちで、豊富な実戦経験を積んでいた。しかしながら、金日成が「解放南方、統一祖国」の大業を完成させるには、家長のスターリンの同意と支援を求める必要があった。

一九四八年十二月と翌年一月、金日成は二度にわたってソ連に軍事同盟的性格をもつ朝ソ友好相互条約の締結を提案し、武器援助の拡大を要求した。スターリンは、米国がこれを口実にして南朝鮮に再び軍隊を駐屯させることを恐れて、締結には同意しなかった。しかし北朝鮮への軍事援助計画の実施には同意した。

一九四九年三月、金日成は党・政代表団を率いて訪ソし、スターリンに南進計画を自ら説明し、ソ連側に対して五月末までに、北朝鮮軍の陸軍機械化の実現支援と航空機とその技術の譲渡をも要求した。しかしスターリンは金日成の南進計画に確信がもてず、返答は曖昧なものだった。そして金日成に向かって、中国共産党のリーダー毛沢東に会い、李承晩の軍隊の北侵を阻止するため、北朝鮮軍の戦闘力増強の問題を話し合ったらどうかと指示した。しかしその際、南進計画を持ちだしてはならないと念を押した。

●「朝鮮より台湾が先」と毛沢東は考えた

一九四九年五月、金日成はスターリンの指示にもとづき、中共中央の所在地となった北平《ペーピン》〔北京〕に秘密裡に特使を派遣し、金日成の親書を毛沢東に手渡した。書簡では、北朝鮮軍の南進計画には一言も触れず、完全な米式装備をもつ火力強大な南朝鮮の軍隊が三八度線一帯に集結して軍事演習を行なっており、いつでも大挙北に侵犯できる、北朝鮮はいま深刻な脅威に直面していると述べ、南北朝鮮が併存することは困難で、早晩戦争という手段で解決しなければならなくなると強調した。

毛沢東は金日成の見方に同意はしたものの、武力解決に踏みだすのは時期尚早だと考えた。そこで返書に、次のように書いたのである。

「ソ連と中国があなた方の側に立っているから、南朝鮮軍の北侵を恐れることはない。北朝鮮の兄弟を支援する誠意を示すために、必要なら、東北地区に防備のために配置している朝鮮族の二個師団をすぐにも北朝鮮人民軍に編入させてもいい。そして中共が全中国を統一した暁には、人民解放軍にいる残りの朝鮮族将兵をあなた方に送り、北朝鮮人民軍に編入させてもいい。そのときには、あなた方は南朝鮮を解放して、国家統一できる」

毛沢東のスケジュールはきわめて明確だった。われわれが台湾を含む中国の全国土を解放したのち、あなた方の南進を支援するということである。

●中国共産党は北朝鮮に借りがあった

金日成は、一九一二年平壌《ピョンヤン》生まれ。一九二五年、十三歳のとき、親とともに中国吉林《きつりん》省撫松《ぶしょう》県に移住した。つづいての彼の経歴は、のちに北朝鮮では「抗日パルチザンの英雄」「百戦百勝の将軍」と讃えられているが、実際には東北で小さなゲリラ活動をしたあと、一九四〇年にソ連領に逃げ、ハバロフスクのソ連極東軍の中国人、朝鮮人から構成された一旅団に配属され、歩兵学校で学んだ彼は大隊長となった。金聖柱《キムソンジュ》大尉である。東北に潜入したことはあるが、匪賊団と戦った記録があるにすぎない。一九四五年九月、ソ連軍とともに北朝鮮の元山《ウオンサン》にソ連の駆逐艦で上陸した。金聖柱大尉が「金日成将軍」として平壌の運動場の大衆の前に現れたのは十月のことだった。そして金将軍は北朝鮮の党・政・軍の最高リーダーとなっていく。

一九四六年、四七年、国民党と共産党の軍隊が東北地区で戦っていたころ、林彪《りんぴょう》率いる共産軍は敗退をつづけ（そのころの林彪は逃げの将軍と謗《そし》られる）、その逃げ場はきまって北朝鮮内だった。国民党軍は国境で引き返さざるをえなかった。

金日成は、東北の中共軍を殲滅から救い、力を温存させてくれた大恩人というわけである。北朝鮮に緊急避難した中共の軍の幹部たちは口々に、この先北朝鮮の兄弟に困難があったら、われわれは必ず借りを返す、と感謝を表明していたものだった。こうしたわけで、金日成は毛沢東に支援を要請することができたのである。

●中朝両党とも同時にソ連に支援を頼む

一九四九年七月、中共中央は劉少奇《りゅうしょうき》訪ソ団をモスクワに秘密派遣し、スターリンと六回にわたって会談を行なった。会談の重要な項目の一つは、ソ連が空軍と海軍の軍事支援を提供して中共の台湾解放に協力してほしいということだった。スターリンは慎重だった。中共が自身で空海の軍事力を築き上げるべきだと説き、台湾進攻をするために三億米ドルの低利借款と技術援助の提供をひとまず承諾した。これで一、二年費やせば、解放軍が台湾進攻を行なうための技術的な準備はととのうはずだと示唆した。

北朝鮮は一歩先んじた。同年九月には、各種のソ連製の重量兵器が北朝鮮に運び込まれ、人民軍の陸軍機械化は急速に実現された。金日成はモスクワに向けて催促し始めた。スターリン大元帥が一言「よろしい」と言ってくれれば、北朝鮮人民軍はただちに南に向かって電撃作戦を開始し、二週間以内に南朝鮮全体を占領でき、南にある地下党が広範な人民蜂起を発動し、李承晩政権を覆して国家の統一を完成させるのだと説いた。

同年十月一日に共産主義中国が正式に創設され、二カ月のちに毛沢東はモスクワ入りした。十二月十六日、毛沢東はスターリンと会談した。毛沢東は単刀直入に、解放軍の台湾出兵のためにソ連の空・海軍の支援を切り出した。スターリンは歯切れが悪く、武器装備の提供、指揮人員と軍事教官の派遣を承諾しただけだった。

東方の二つの兄弟党が、同時にソ連の兄貴にお願いにあがったのである。一方は南朝鮮に進軍して国家の統一を完成させたい、もう一方は台湾を攻略して中国を統一したいというのであった。スターリンは、米国との直接的な軍事衝突となるのを恐れ、いずれに対しても武器装備と技術援助だけの提供にとどめた。

だが、しばらくすると情勢が変化し、転機を迎える。

●トルーマン、台湾の不干渉を声明

一九五〇年一月五日、米国大統領トルーマンは新中国にオリーブの枝〔平和のしるし〕を差し出した。米国は当面、台湾で特別な利益や特権を獲得するつもりはなく、台湾に軍事基地を設ける意向もなく、米国の極東における安全線は台湾を含まないとの公式談話を明らかにしたのである。一月十二日、国務長官アチソンは外交声明を発表し、米国政府の極東政策をさらにはっきり述べた。

「米国の極東における安全線は、台湾を含まないし南朝鮮も含まない。米国はこれらには、直接的軍事行動をとらない」

すなわちアチソン声明は、米国の極東防衛線は日本の四つの島、琉球列島とフィリピン群島からなる弧状線に限定することを具体的に指摘したことにほかならなかった。

米国政府のこの公式声明は、スターリンを勇気づけただけでなく、毛沢東と金日成をも勇気づけた。毛沢東はただちに台湾解放を一九五〇年の第一任務とし、第三野戦軍（華東野戦軍）がこれを実行すると下達し、第八、第九、第十の兵団十二個軍、四十数万は浙江《せっこう》、福建《ふっけん》の沿海で演習を強化せよとの命令を下し、軍艦の代わりにおびただしい数の漁船を使う海上の人民戦争を準備した。

●スターリンは朝鮮の南進を優先

長いあいだモスクワとのあいだにわだかまりがあった毛沢東に比べると、金日成らはいずれもソ連極東軍区の兵営で相当期間過ごしていた。スターリンは民族主義が濃厚な毛沢東が「東方のチトー」になることを心配していたが、金日成については幼い弟と見ていた。金日成はスターリンに対して弟子の礼をとってきたし、なんでもよく聞き入れ、ひたすらその指示にしたがってきた。ソ連中央は朝鮮労働党のほうが親しかったし、扱いやすいと考えていた。

ソ連の戦略から考慮すれば、北朝鮮の南朝鮮統一を優先し支持したほうが、新中国の台湾解放を支持するよりも重要であった。ソ連は日本を仇敵としてきたし、日本は東方の最重要の敵手である。金日成が南を倒して朝鮮半島全体を支配したら、社会主義陣営の前哨を日本海峡にまで一気に押し出し、日本本土を狙うことができるのである。なんとすばらしいことか。

一方、台湾は、ソ連の利益からすれば、はるかに遠く、どうでもよかった。スターリンは内心ではむしろ、中共が台湾を取るのが少し遅れたほうが喜ばしい。国共両党が海を挟んで対峙する局面が維持されれば、その間中共はソ連共産党に頭を下げて頼み込んでくる。中共が台湾を取ってしまえば、この先、中ソ関係がどう展開するか予想もつかなかった。ユーゴスラビアにチトーという男が出てきただけで、スターリンには頭痛のタネになっていたのだ。

スターリンの結論は、金日成の南進を支持するが、ソ連赤軍は動くことなく、座してその成果を見るというものであった。もしも毛沢東の台湾出兵を支持するとなれば、ソ連は空軍と海軍の支援をしなければならず、米軍との大規模な軍事衝突に発展して第三次世界大戦を引き起こしかねないと考えた。

●毛沢東、つんぼ桟敷に置かれる

トルーマンの朝鮮半島不介入表明の三日後、一九五〇年一月八日、スターリンは北朝鮮駐在ソ連大使に一通の電報を打った。

「私は金日成同志の不満を理解している。しかし、南朝鮮に関してのこのような大仕事に着手するには周到な準備が必要だとわかってほしい。リスクを大きくしないようにしなければならない。もしも彼がこの件で私と話し合いたいなら、私はいつでも彼と会って話をする用意がある。このことを金日成同志に伝え、さらに私がこの件で彼を援助する用意があることを告げよ」

ここで強調したいのは、スターリンがその電報を打ったとき、毛沢東はモスクワを訪問中だったことだ。ソ連も北朝鮮も毛沢東にはこのことを漏らさず秘密を厳守したのである。スターリンは毛沢東との会談で、現在、北朝鮮は南朝鮮の軍事的脅威に直面しており、金日成には大きな困難があるといった話をしただけだった。

毛沢東はスターリンに「中共中央は私が昨年四月、北京で出した金日成への承諾を実践しよう。すでに朝鮮族の二個師団を渡したほか、解放軍の中から一万二千の朝鮮族将兵と装備武器をすべて引き渡した。中国軍はすでに作戦能力に富んだ四個師団の精鋭を北朝鮮の兄弟に渡している」と話したうえで、「しかし、いまはまだ北朝鮮がいかに南朝鮮に進攻するかの問題ではなく、より現実的なのは中国の台湾に対する戦いを行なうことだ。中国解放軍が台湾を取ったのち、踵《きびす》を返して北朝鮮軍を支援すれば、金日成の統一国家の願いは十分確実となろう」と表明したのである。

毛沢東と周恩来の一行は、一九五〇年二月十七日にソ連訪問を終えて帰国したが、彼らがモスクワに滞在中、ソ連は北朝鮮と重大な秘密取引をまとめた。すなわち、九トンの金、四十トンの白金、一千五百トンのその他の鉱石と引き換えに、陸軍機械化師団を三個師団分新しく装備するに足る、一億四千万ルーブル相当のソ連製の武器弾薬を供給する取り決めだった。金日成の要求により、ソ連はそのほかに軍費支払いのために七千万ルーブルの借款を提供することにした。スターリンは、毛沢東のように朝鮮族四個師団にすべて装備をつけたまま、金日成にタダで進呈するような気前のよさはもっていなかったのである。

ここにいたって、金日成は南進するために、毛沢東は台湾に出兵するために、緊迫した戦争準備に入った。スターリンは、中朝双方の軍事情況を了解し支配することのできる唯一の人間だった。事がここまで進むと、スターリンは金日成をして直接、南進に関する戦争計画を毛沢東に告げさせねばならないと思った。そこで、スターリンは金日成の訪ソに同意したときに、北朝鮮駐在大使に金日成への指示を託した。

「金日成同志は南進事業について、事前に毛沢東の意見を求めるべく北京に行って、毛沢東同志と会う準備を忘れないように。金日成同志がモスクワ訪問のあとに北京を訪ねるのがよい」

●金日成、モスクワを秘密訪問

一九五〇年三月三十日、金日成は軍事代表団を率いてモスクワを秘密訪問し、四月二十五日まで滞在した。金日成はスターリンと会談したほか、多くの時間を割いて、ソ連赤軍統帥部の将軍たちとともに南進の作戦案を研究した。電撃戦の戦術、装甲歩兵混成の作戦方法、大砲の配置と使用、後方物資の輸送と補給の方法を教わった。金日成はスターリンと会談したとき、ソ連の援助によって南朝鮮軍に対して軍事面では絶対的優勢となった、朝鮮の統一を実現できる力をもてたと語った。

このとき、ソ連の情報組織は、日本の進駐軍総司令官のマッカーサー将軍がワシントンへ宛てた秘密報告書を入手していた。マッカーサー将軍は、米国は南北朝鮮間で起こる衝突には干渉しないほうがいいと主張し、韓国の部隊は北の武力の脅威に対抗する能力があると信じる、との内容だった。これでスターリンも朝鮮半島の情勢に自信をもった。いまや金日成の南進を支持する一大好機だと考えた。

スターリンは金日成に噛んで含めるように説いた。

南進計画は一年前なら同意しなかったが、いまは同意する。現在人民軍はすでに十分な準備を終えたし、米国も南北朝鮮間の内部衝突に直接干渉しない方針だからだ。そうであっても、北は作戦の前に南に対して平和攻勢の手はずをととのえておくべきだ。

たとえば、李承晩政権に、数日以内に南北統一のための和平談判に応じる要求を突きつける。李政権はこれに応じないで三八度線に躍起になって兵力を集結するであろう。そうなったら、きみは南が和平を拒絶し、戦争を挑発したと言うことができる。きみの南進は自衛反撃から始めた、反攻だと。わかったか。きみたち東方人は「先礼後兵」〔礼を尽くしてから出兵する〕と言うではないか。

もう一つ重要な点は、きみたちの南進計画は、必ず北京の毛沢東同志に知らせておかなければならないということである。毛沢東同志の認可のもとで、初めてソ連統帥部はこの計画の実施に同意する。

スターリンは命令調でこのように言った。金日成は困惑した。スターリンはそれまでに一度も毛沢東に同意を求めよと言ったことはなかった。もしも毛沢東が同意せず、台湾進攻を先にやることに固執したらどうするのですかとスターリンに尋ねた。

スターリンは笑った。

「われわれが仕事をするには、毛沢東同志の面子《メンツ》を立て、中国の兄弟の感情を尊重しなければならない。北朝鮮と中国は同時に、国家統一の実現の支援を要求してきた。きみたち双方ともに大規模な軍事準備をしてきた。ソ連は先に北朝鮮の南進を支援する決定をし、中国の台湾進攻は後回しにしたことになる。

だから、最善の方法は、きみらが北京に顔を出して毛沢東同志の同意と支持を求め、彼を慰めることだ。それに、朝鮮半島の情勢不安は中国に最も直接的に影響をおよぼす。いったん予想外の事態が起きたら、たとえば米国が考えを変えて出兵し、干渉してきたら、中国の態度はさらに重要になる。われわれソ連の態度以上に重要とも言える。このように考えると、毛沢東同志がきみたちの南進計画に反対したら、きみたちのいかなる進攻行動も冒険主義となるのだ」

スターリンのこの説明は「ソ連が北朝鮮に与える支援は武器装備と人員の養成訓練に限定し、一兵一卒も出さない。もし朝鮮の戦局にひとたび逆転があった場合――このような可能性は非常に少ないとしても――、北朝鮮に人的支援ができるのは中国軍なのだ」という示唆であった。

●金日成、毛沢東を説得する

金日成は四月末にモスクワから平壌に帰った。そして五月十三日、秘密裏に北京で毛沢東と会談した。金日成はまずスターリンとの会談結果を知らせた。双方とも今まさに朝鮮統一の最良のチャンスだと認識し、北朝鮮軍の南進計画は適切で実行に移す準備もできている。ただスターリン同志からは、朝鮮統一の問題の最終決定は、毛沢東同志の同意と支持が得られなければ冒険主義となると再三言われていると語った。

毛沢東は金日成の南進計画を早くから知ってはいたが、スターリンのこの態度決定にびっくりした。というのは、スターリンは中国の台湾進攻の軍事準備に同意し、年末か翌年初めに台湾に進軍できる手はずになっていた。彼はスターリン同志が突然考えを変え、先に北朝鮮の南進に同意を与えることには、考えがおよばなかったのである。

金日成は、たたみかけた。

「ソ連はすでにわれわれを支援して進軍の準備を終えたし、スターリン同志も同意してくれた。今は中国の同意さえもらえばそれでいいのです。それ以外に、われわれはいかなる支援もいりません」

●毛沢東、金日成の南進に同意を強いられる

「ソ連はこのことについて一度も中国政府に説明したことはない。北京のソ連大使に依頼し、スターリン本人に確かめてみる必要がある」

今度は金日成が怒った。だが、毛沢東は会談を中止し、ソ連大使を呼び出すと、スターリン同志に至急、電報を打ち、金日成の話が錦の御旗を立てて人を騙すものであるか否かを確かめてほしいと頼んだ。

翌十四日の晩、大使はスターリンの返電を携えてきた。

「毛沢東同志

朝鮮の同志との会談の中で、フィリッポフ（スターリンの変名）と彼の同僚たちは、次のとおり

意見を示した。

国際情勢に変化が起きたことから、彼らは朝鮮の同志が着手している新たな統一計画に同意した。しかしそれには付帯条件がついている。すなわち、最終的には中国の同志と朝鮮の同志が共同で決定することである。もしも中国の同志に異なる意見があるならば、問題の解決は新たな討論を進めるまで延ばすべきである。会談の詳細は、朝鮮の同志があなたに伝えるであろう」

大使が出て行くと、毛沢東はその電報を机の上に投げつけ、スターリンを罵った。

「古狸め、娘一人を二人の男に嫁がせると約束した。そのあげく、オレをたぶらかそうとする。この電報は、われわれの統一を後回しにして、他人の統一を先に支持せよと強制するもので、われわれへの最後通牒だ！」

●毛沢東、金日成と南進計画を協議

だが、毛沢東は我慢するしかなかった。兄貴ソ連のやり方に強い反感を抱いても、スターリンは社会主義陣営の最高統帥だ。金日成同志は内戦でわれわれを支持してくれた。今、金日成がわざわざ自ら出向いて頼みにきたからには、彼の南進を支持せざるをえない。

翌十五日、毛沢東は再度金日成と会った。毛沢東は金日成の顔を見るなり、「モスクワがあなた方の南進案に同意したからには、われわれもむろん同意する。あなた方のほうが解決してから、われわれのほうを解決する」と言った。

そのあと、金日成は人民軍の三段階作戦案を詳しく説明した。

第一段階は三八度線北側に軍隊の集結を完成する。第二段階は南に公開和平統一宣言を提出する。第三段階は、和平統一宣言が南の拒絶を受けたあと、人民軍はただちに南に向かって電撃攻撃を実施する。必ず二週間以内に南朝鮮の全域を占領して、統一の朝鮮民主主義人民共和国の誕生を宣言する。

毛沢東はその作戦案を是認し、大部隊の行動は迅速に猛攻し、敵軍には分割包囲を実施し、敵の戦闘力の消滅を主とし、決して都市占領で兵力を分散して時機をはずすことをしてはならない、兵力を集中して殲滅戦をやり、機動戦の中で敵軍を殲滅せよと言った。

しかし、毛沢東はなおも米国が日本の軍隊を使うか、直接介入する可能性を心配していた。

金日成は意気軒昂だった。

「米国が二、三万の日本兵を派遣したところで、旧い恨みに新しい仇だ、われらが人民軍はさらに奮起して戦うし、日本兵も李承晩政権の命を救うために一所懸命戦わないだろう」

●朝鮮の戦局、不幸にも毛沢東の予測的中

一九五〇年六月十日、北朝鮮軍の前線部隊は予定の進攻地点に入った。翌十一日、北朝鮮が提出した和平統一案は南朝鮮当局から拒絶された。ソ連のシリイエフ中将とソ連軍事顧問団が協同で制定した電撃式攻撃作戦によれば、北朝鮮軍は三週間から四週間以内に三段階で南朝鮮全域を占領す

ることになっていた。

六月十九日、作戦計画の下に三八度線に各部隊が到着した。そして二十五日早朝、北朝鮮人民軍七個機械化師団は大挙三八度線を越え、二十七日深夜に南朝鮮の首都漢城〔ソウル〕を占領した。攻勢は破竹の勢いだった。

同じ六月二十七日、トルーマン大統領は強烈な反応を示した。

「米国はすぐに南朝鮮に出兵し、共産党軍の侵犯に断固として反撃を加える。第七艦隊に台湾海峡の封鎖を命じ、台湾と台湾海峡の中立化を確保し、戦争の蔓延を防止する」

●毛沢東は北朝鮮王朝を維持しただけ

こうして中国は台湾攻略のチャンスを逸することになった。そればかりか、毛沢東は朝鮮戦争は「抗美援朝」であると称し、あいついで百万人以上の部隊を投入して、あの原始的人海戦術をやらかしたのだ。毛沢東もわが党も、この朝鮮戦争について、わが党わが軍は偉大な勝利をおさめ、アメリカ帝国主義を打ち破ったと揚言しつづけてきている。

三年の戦争中、死傷したわが志願軍の将兵は六十九万に達した（中国政府の発表）。戦争から十数年後、中国人民は、当時の中朝側と米韓側の死傷者の比率は七対一、戦争捕虜の比率は十四対一だったと、海外の関連文献によって初めて知ったのである。これは米軍捕虜十四名がわが志願兵捕虜一名と交換できることを示している。この死傷者と捕虜交換の比率は、この戦争は誰が勝ち、誰が負けたかを歴然と示しているではないか。

毛沢東は金日成を助けるために、党内政治局のメンバー多数の反対を押し切り、無法にも「中国人民志願軍」を朝鮮に派遣して戦わせたのだ。それは国連軍と直接戦った戦いであり、果たして正義の戦いと言えるのか。「抗美援朝」戦争は結果として、われらが新中国のおめでたさ加減を丸出しにするものとなった。スターリンのお先棒を担ぎ、身代わりとなったのだ。中国の党は人も出し、戦力も出した。ソ連の党は武器装備を出しただけだが、戦いが終わると、わが中国にその武器装備の請求書をきっちり回してきたのである。

毛沢東の「抗美援朝」戦争の「功績」とは結局のところ何だったのか。それは、世界で最も貧苦な、最も遅れ、最も独裁的で、そのうえ毎年飢饉にあえぐ国、すなわち金日成・金正日《キムジョンイル》の世襲の暗黒政治を維持しただけにすぎなかったではないか。

〈五〉秘密警察の国　密告制から特務まで

共産主義国の独裁者は「階級敵」「人民の敵」をつくる。そして、この残存する敵、忍び寄る敵からの攻撃に備え、厳重な警戒を強めなければならない。しかし、それだけではすまない。独裁者はつねに、彼の機嫌をうかがっている政治局員、書記局員をも警戒する。独裁者の身辺には、ボディガードの隊長から昇進して、彼の個人秘書となり、おもだった党幹部の身上調書を管理する人物がいる。それだけではまだ終わらない。独裁者には、いつかその異常な性格に気づいて、そばに置くことになるべつの手トがいる。さまざまな方法で人をいじめるのを無上の楽しみとする男である。毛沢東にとっては、そのような人物は、最初が瑞金《ずいきん》時代の李韶九《りしようきゆう》、つづいては康生《こうせい》だった。延安《えんあん》時代の「整風」運動を指揮して、全党員に恐怖をたたき込んだのが康だった。中国共産党が中国を支配して、土地革命を展開したとき、平穏に終わるはずの運動を血なまぐさい革命のお祭りに変えたのが彼だった。文革をはじめれば、当然ながら彼の独壇場となった。

●毛沢東の特務政治を探究する若い研究者

毛沢東は、空前の規模に緻密さを加えた特務組織を編みだし、鬼神も泣き叫ぶ冷酷さで特務政治を党の内外に進めた。「告発摘発箱」にはじまり全民総密告制度、警護制度、秘書制度、服務員制度、特捜班制度、医療拷問制度により、上は劉少奇《りゅうしょうき》から下は一庶民にいたるまで、その毛式特務政治から逃れられた者はいなかった。

最近の若い研究者の考え方は、われわれのような年輩者よりも独立思考に富んでいる。私と関係がある党史研究討論会においても、平気で異なった視点を示したり、史料にもとづいて重大事件やリーダーの人物評について臆せず質問を発したりする。

ある研究会で、私が毛沢東同志の『十大関係論』〔七章参照〕がわが国社会主義建設におよぼした理論的貢献についての論文を型どおり読み終わると、ある若い学者が怒って立ち上がった。

「それは厳粛な史学の態度と言えますか。それでは歴史的事実と完全に背理し、毛沢東同志の過ちを粉飾している」

「毛沢東同志の過ちと、われらが党の光り輝く歴史を代替することはできない。党にはほかに劉少奇、周恩来、陳雲《ちんうん》★1、鄧小平などのような有能な為政者がいる。毛沢東は毛沢東、中国共産党は中国共産党だ、両者を同列に扱い、同日に論じてはいけない」

私が反駁すると、満座の大笑いを引き起こした。先の若い学者が立ち上がって再び反論した。

「少なくとも一九四九年から七六年までの二十八年間は、毛沢東は中国共産党、中国共産党は毛沢東だ。そうでないと、一連の政治的災難は解釈しようがないし、次の代にも申し開きができない。われわれ党史研究者の任務は、提灯持ちや美辞麗句による隠蔽を二度とやるべきではないということだ。歴史の真実を正視し、党史を元の姿に戻すべきだ。時間の試練に堪えられないような歴史の捏造《ねつぞう》はもうやめよう」

いやはや、彼のこの発言が、二十年前、三十年前なら、反革命と決めつけられ、極刑にされなかったならおかしい。たしかに時代は変わった。彼の苗字は金といい、みなから金教授と呼ばれている。これをきっかけに彼と親しくなり、私たちは友人になった。

金教授が同僚の李博士を連れて、わが家を訪ねてきた。そのとき、李博士が最近書いた論文を読んでほしいと言われた。『毛沢東の統治術——特務政治を平易に分析する』のタイトルを見て仰天した。なかをひろげると、完全に公式路線からはずれた異端の内容であり、さらにびっくりした。この論文はとても刊行物とすることはできない。学術刊行物にも掲載は許されない。お節介焼きの手で外部に伝わったら、トラブルを招き、公安当局に告発されること請け合いだ。

さらに精読してみると、証拠をあげて立論し、条理も明晰、立証も確実で、誰も触れたことがない党史のタブー、歴史の死角に探究のメスを入れたものであることは間違いない。

●毛は独裁にどういう手段を使ったか

この論文はまず、熟考を要する問題を提起している。

毛沢東は一九四九年の北京入城から七六年の病死までの二十八年間において、党と国を治める大政策・方針のうえで民族全体に禍をおよぼす大きな過ちを何度も犯し、それが乱行、悪事と無法のかぎりを尽くす狂気じみた段階にいたっても、彼の最高リーダーの地位が不動のままであったのはなぜだったのか。

新中国の初代指導者、たとえば劉少奇、周恩来、朱徳《しゅとく》、彭徳懐《ほうとくかい》、鄧子《とうし》恢《かい》、陳雲、鄧小平、彭真《ほうしん》等々、いずれもきわめて才幹に富んだ為政者ぞろいなのに、なぜ彼らは一人、また一人と毛沢東の手にかかり、非業の死を遂げたのか。あるいは臣下として従順に服し、悪事に加担してしまうことになったのはなぜなのか。

一九六五年一月、毛沢東は国家主席の劉少奇に対して、なぜ公然と「お前など大したことはない。おれが指一本動かせば、お前を倒せる」と脅かすことができたのか。

また文革中期、毛沢東が自ら選んだ後継者の林彪《りんぴょう》が愚かにも軍事政変の発動を企み、毛沢東暗殺を密謀したが、やはり失敗に終わったのはなぜか。

以上の問いに対して、一般の歴史学者はその理由をつぎのように答えるだろう。

①毛沢東は中国人の忠君思想を利用し、正統の名分を占有した。②彼は「毛沢東思想」という現

代の周礼〔周の周公が制定した礼楽制度。中国人の礼儀規範にされた〕を利用して、全国の党・政・軍・民を彼の命令に服従させた。③彼はしっかりと軍隊を支配し、銃によって党を指揮した。④彼は領袖崇拝の活動を巧みにつづけ、彼自身が全党、全軍、全国の上に立つという絶対権威を樹立した。

●二種類の方式がある毛式特務政治

論文では、以上の四つの理由に賛同したうえで、歴史家にはあまり関心をもたれていない一つの問題を重点的に探究している。毛沢東は古代の帝王に見ならった。具体的にあげれば、明《みん》の太祖《たいそ》朱《しゅ》元璋《げんしょう》と明《みん》の成祖《せいそ》朱棣《しゅてい》（永楽帝）に見ならい、きわめて厳密な、およばぬところのない、そしてスキさえあれば乗ずるという特務政治を推し進めたのである。

明の特務政治は非常に高度に発達したものと言えるが、それは主として東廠《とうしょう》、西廠《せいしょう》と錦衣衛《きんいえい》の三大系列組織によるものだった。毛沢東も三大系列組織をつくった。謝富治《しゃふじ》★2を頭とする中央政治保衛部、康生《こうせい》を頭とする中央政法委員会と中央軍委総参謀部第三部、この三つだ。

特務政治の浸透の度合い、効率のよさから見れば、毛沢東は師匠の朱元璋をはるかに超えている。

彼は、特務政治を基層と高層の二つに大きく分けた。基層のものは一般民衆と県以下の党・政幹部に対して用いた。高層のものは省、軍クラス以上の党・政・軍の高級幹部、とくに党中央の幹部に対して用いた。この論文に書かれていることを利用させてもらい、私が承知していることを加え、毛の特務政治について記そう。

●基層特務政治のさまざまな方法

・全国津々浦々に「告発摘発箱」を置く

毛沢東が指導した各種の政治運動が年々繰り返されていたとき、全国の都市、鎮《ちん》、郷《ごう》、村にある各機関の単位、そして大通りから横町まで、どこにも「告発摘発箱」という名の、郵便箱のような鍵付きの投書箱が置いてあった。どんな人でもその箱に無記名で投書し、何ら責任は負わなくてよい。自分の所属上司を含むどのような人でも密告することができる。隣近所、同僚、上下級、はては兄弟、親子、夫妻であれ、いずれもこれを利用して互いに秘密告発することができるのである。

密告者は安全だ。密告者の氏名が告発された側に知られることはまずない。だが、自分が誰かに密告される恐れがつねにある。だから、わが中国大地に生きてきた四十五歳以上の者で、字が書ける人（代書も含む）なら、あの「告発摘発箱」に他人の秘密を無記名で投書しなかったという人はいないはずだ。ほとんどの人は他人の秘密を告発したし、他人に秘密を密告された。そうでもしなかったら、何度も繰り返された「社会主義改造の関門」を通り抜けられなかったからだ。

・相互密告する組織

そのほかにもう一つ「背靠背《ペイカオペイ》」〔背中合わせ。こっそりの意味〕と呼ぶ相互密告方式がある。毛式の政治運動が起こるたびに、上級部門は工作組〔作業チーム〕を派遣して所属の下級単位にやって来て運動を指導する。

チームはあらかじめ隠密のうちに内情を探り、最初にグループ分けする。すなわち、頼りになる対象、要するに、団結できる対象、教育して引き入れる対象、そして少数の、重点的に打撃を加える敵としてしまう対象に分けるのである。

「しっかり、狙いを定め、容赦なく」これら少数の対象に打撃を加えるために、対象となる人の友人、親族、同僚（事情を知る人）とそれぞれ、個別の面談をする。そして秘密裏にその対象の種々の「犯罪行為と見られる態度」を話してくれと要求する。その材料は口頭でも文字でもいい、材料は絶対に被告発者には見せないと言う。

　これは人間の弱点を最もうまく利用した陰湿なやり方だ。誰でも自分自身の潔白を主張するため、自分と家族を保護するため、否応なく工作組に他人のことを密告し、他人を災難の生き地獄に突き落としてしまうのだ。人の道も人情も良心もかなぐり捨てた、中国有史以来最も広範囲かつ組織性のある間諜運動と言えよう。

・大字報のテロ

　以上の二つの社会全体の密告活動は、のちに公開の大字《だいじ》報《ほう》、小字報《しょうじほう》運動となり、大鳴、大放、大字報、大弁論の「四大」〔九章参照〕と言われるようになった。毛沢東の文化大革命のあいだ、大半の機関単位、工場、学校、都市農村は大字報の洪水となった。誰でも忌憚なく、他人の私生活、嗜好、出身家庭、祖先の悪行、男女間の問題、外国との関係、経歴等々、つまり人には見せられない各種の「ネタ」を、当てにならない噂で味付けし、あるいはマンガに描いて壁に貼り出すことができ、その当事者は人身攻撃に曝され、人格を辱《はずかし》められる。

多くの被害者は、密告を耐え忍ぶことはできても、大字報に公開で誣告《ぶこく》されて貶《おとし》められ、辱められると、言葉では弁解しにくく、事実無根でも申し開きのしようがなく、ついには身内の前でも頭が上げられず、身を持することができず、最後は自殺の道を選ぶことになる。二十八年のあいだに何度も繰り返された運動の中で、いったいどれぐらいの人が「非正常死亡」となったか、恐らく永遠に歴史の闇となろう。

以上が基層特務政治の概略だが、論文では探究の重点を、毛沢東が中央高層の同僚たちのあいだで推し進めた一連の「特殊制度」に置いている。

●警護制度

・警護制度、首長警護員の二重任務

一九四九年、北京に入城すると、毛沢東主席は中央の幹部たちが私設警護員をつけることを許さなかった。指導者の警護員は全員、中央警衛局〔警護局〕から派遣し、統一指導し、定期交代する。警護員はすべて党中央主席の毛沢東に忠誠を尽くす。彼らは二重の任務をもって警護する。すなわち、中央幹部たちを警護しながら、彼らの行動を監視するのだ。

のちに、高崗《こうこう》、饒漱石《じょうそうせき》、劉少奇、彭徳懐、賀龍《がりゅう》、彭真、羅瑞卿《らずいけい》、黄克誠《こうこくせい》、楊尚昆《ようしょうこん》、★3陸定一《りくていいち》、陶《とう》

鋳《ちゅう》らのように迫害致死となり、もしくは長期監禁された中央の幹部は、ほとんどが彼らの警護に責任をもつ中央警衛局のメンバーが、逮捕や監禁の任務を執行したのである。一九七六年十月六日のいわゆる「四人組一挙粉砕」も実際上は、中央警衛局が党中央副主席・王洪文《おうこうぶん》、中央常務委・張《ちょう》春橋《しゅんきょう》★4、政治局委員・江青《こうせい》と姚文元《ようぶんげん》★5に対して実施した逮捕の一つにすぎなかったのである。

・張国燾の警護員

わが党のこの警護方針には歴史がある。一九三八年四月、元紅四方面軍司令員で紅軍総政委・張《ちょう》国燾《こくとう》は、黄帝陵《こうていりょう》を祭祀するとの口実を設けて延安から脱出した。彼の警護員はすぐさま延安党中央に報告すると、張の尾行を命じられ、西安《せいあん》、洛陽《らくよう》から武漢《ぶかん》まで、あとをつけた。当時、国共合作による抗日の大局を考慮して、警護員に「革命規律」執行の最終指示（殺すこと）を与えなかったから、張は命を失わずに党から離脱できたのである〔張が毛沢東との主導権争いに敗れ、脱党した事件〕。党の警護任務を忠実に執行した警護員は武漢から延安に戻った。

・蕭克将軍の警護員

蕭克《しょうこく》将軍は江西ソビエト区時代から、彭徳懐や林彪などと同クラスの軍団級指揮員だった。一九四四年の対日戦争の最中、晋察冀〔山西・チャハル・河北〕軍区司令員だった彼は重病にかかり、担架に乗せられ、彼の警護兵士がこれを運んで重囲突破した。その際、警護長には、将軍が日本軍の手に落ちれば軍事機密が漏れるから、いざというときは始末せよとの「最高使命」が与えられていた。幸いにも、重囲を突破できたから、蕭克将軍は命拾いし、のちに大手柄を立てることができたのである。

・国家主席の警護員

文革中には突出した事例が出現した。国家主席の劉少奇を警護していた者は職務を変更され、牢獄に変えられた中南海福禄居の劉少奇の住居の看守となった。看守は四六時中、劉少奇を監視し、つるし上げた。三年に近い日々、劉少奇はあらゆる凌辱を受け、脚を折られ、肋骨を折られた。三日に一度の食事を、劉少奇は犬のように地面に伏して舐めて食した。洗面、風呂、理髪をさせず、ときには四肢を床柱に縛り付けた。劉少奇が死ぬとき、頭髪も髭もぼうぼうだった。毛沢東は劉少奇の処置について指令しか与えず、具体的な細かいやり方は警護員に任せていたという。

・毛遠新、最信任の警護員に逮捕される

一九七六年十月六日の夜、すなわち毛沢東主席死去から二十七日目、葉剣英《ようけんえい》★6、華国鋒《かこくほう》、汪東興《おうとうこう》★7は、中央警衛局の人員を動かして四人組を一斉に逮捕した。これと同時に、毛沢東の甥で瀋陽《しんよう》軍区政治委・毛遠新《もうえんしん》★8を逮捕する「特殊任務」が、生前の毛沢東に最も忠実な警護員の李某に与えられた。李某は平素、毛遠新にきわめて従順であり、彼を神のように敬い、「私は以前は毛沢東主席を警護したが、これからは全身全霊、あなたを警護します」と誓っていたのである。

●秘書制度

・中央幹部の秘書は毛主席にのみ責任を負う

国務院副総理または全人代以上のクラスの党と政府の中央幹部には、多くの秘書が配置されている。警護秘書は中央警衛局から、機要〔機密〕秘書は中央機要局から派遣されるが、政治秘書、文書秘書、生活秘書はいずれも中央弁公庁秘書局から派遣される。

警護人員と同じく、これらの秘書たちも自分たちが仕える幹部には直接忠誠を尽くさず、党の最高指導者の毛主席に忠誠を尽くす。彼らの言行が毛の考えからはずれ、毛主席の絶対統治の権威を損ねると思えば、秘書らは上に報告する責任がある。情況が深刻であれば、直接毛主席に報告し、毛主席は自ら相応の措置を決める。

・林彪家は新秘書の受け入れを断わったが

一九六七年、毛沢東主席と彼が自ら指名した革命後継者・林彪副主席の政治的蜜月時代、林副統帥が中央弁公庁秘書局から派遣された秘書の受け入れを拒むという気まずい事件が発生した。表向きの理由は、彼の秘書グループはすでに十分いるから、新しい秘書は必要ないとのことだった。林彪と夫人の葉群《ようぐん》★9は当然のことながら、秘書派遣の深い意味を知っていたから、毛沢東の耳目となる男を住まいの毛家《もうけ》湾《わん》一号屋敷に入れたくはなかったのである。だからといって、中央が派遣したせっかくの秘書をそのまま戻らせることはできないので、この「秘書」は副統帥府の向かいの建物に「出勤」させ、邸内外の動静を報告させることにした。

・林立果、美人計にはまる

後世の教訓となる話がある。一九七一年の七月、八月、毛沢東と林彪の権力闘争が最高潮に達したとき、林彪集団は賭けに出た。毛沢東が杭州《こうしゅう》と上海を巡視している期間を狙って、刺殺を密謀したのである。その最高指揮官が林副統帥の長男・林立果《りんりつか》★10だった。ところが彼は肝心要の九月十日、十一日の二日間、北京西郊の軍用飛行場の「政変前線指揮所」内で、美人秘書に夢中になり、彼女を抱いて寝てしまったのだ。十二日の朝、目覚めた彼は、毛主席が南方での刺殺から逃れて無事北京に戻ったという青天霹靂のニュースを聞くことになった。妙齢のこの秘書は毛の側から派遣されていたのである。どのようにして彼女が身分を隠し、林立果がどのようなクスリを飲まされたかといったことは、中央のファイルにしまわれているのであろう。

・逃亡車中から飛び出した秘書

同じく林彪の政変の話だが、最後に林彪一家（娘の林豆豆《りんとうとう》を除く）が防弾をほどこした紅旗《こうき》に乗って脱出し、山海関《さんかいかん》飛行場に向かう途中、車中の「腹心の秘書」はついに身分を暴露し、自動車から飛び降りて、「組織」に戻った〔六章参照〕。林彪夫妻はふだんから警戒心が強く、防備も抜かりはなかったが、それでも腹心の秘書が長く潜伏していた間諜とは気がつかなかった。彼らが一家で策謀していたことは、とっくに中央の関係部門に掌握されていたのだ。

●生活服務員制度

・李先念、家の中では泣くこともできない

中央幹部の邸にいるあらゆる服務人員は、メイドにはじまって、コック、管理員、看護婦、運転手、すべて中央弁公庁生活服務局から派遣され、統一管理される。この人員たちはいずれも厳格な政治審査と訓練を受けたのちに幹部の邸に配属される。彼らは通常のサービスのほかに、特殊の「政治任務」がある。定期的に各自の「組織」に見聞きしたことを報告するという任務だ。

文革がはじまって、多くの老幹部が迫害された。当時の国務院副総理の李《り》先念《せんねん》★11は「私は今泣きたくても泣くところがない。家の中でも泣けないのだ。家には保母、服務員たちがいて……」と嘆いたという。彼らは外に出るとつるし上げられ、家にいれば服務人員の監視を受けていたのだ。

●特捜事件制度

・特捜審査は実際は秘密尋問

この制度は実際には、長期にわたって党内紛争を解決するために利用されてきた秘密審査制度である。一九四二年から始まった延安整風運動〔二章参照〕のときが最初の山場だった。

当時の整風運動の本来の狙いは、張国燾と王明《おうめい》の二大派閥の党内残存勢力を徹底排除し、毛沢東と毛沢東思想の指導的地位を正式に確立することだった。ところがその過程で、康生らが国民党の間諜が延安の革命組織に浸透していると疑いだしたため、一九三七年から続々と延安に身を投じた知識青年に対して「搶救《そうきゅう》」〔応急処置をとる〕と称する運動を進めた。この運動は実際には、多くの青年を逮捕して窰洞《ヤオトン》に閉じ込め、一人一人、専案小組〔特捜班〕が残酷な拷問を加えて尋問し、自供させるものであり、それが専案〔特捜事件〕制度の始まりであった〔二章参照〕。

・特捜事件審査の効用と恐ろしさ

このような恐怖の秘密尋問制度はずっとつづいてきた[★12]。党の最高指導者からすれば、専案制度の利点はじつに多い。誰それが執権者の統治に不利な言行をしているのを見つけるや（または疑うだけでも）、ただちに「専案小組」を任命し、すばやくその人物とその仲間を「隔離」し、秘密収監することができるからだ。この場合、逮捕を公表する必要はないし、公開の法手続きを踏まなくてもいい。

特捜班は一般に五名から七名のメンバーからなり、それ以外に中央警衛局または公安部門から選ばれた人間が加わる。彼らはいずれも毛沢東に忠誠を尽くし、手加減することなど決してない冷血漢として振るまわねばならない。

審査される側は、過去の資格や地位がどれほど高くても、功労がどれほど大きくても、いったん特捜班の手に落ちたら最後、完全に外界と隔絶され、家族とも会えず、いかなる情報も得られない。もちろん、自己弁護の権利も剥奪され、「白状し、正直に自分の罪を認める」しかない。特捜班に押しつけられた罪名を完全に認めるか、それとも「畏罪自殺」〔制裁を恐れて自殺〕するかのいずれかとなる。

・高崗・饒漱石反党連盟事件

新中国成立から文革までの十七年間の中で、最も有名な「中共中央専案審査小組」〔中共中央特捜審査班〕の事例には、つぎのものがある。

一九五四、五五年の「中共中央の高・饒反党連盟に関する専案審査小組」は、組長鄧小平、副組長李《り》富春《ふしゅん》、康生、陳毅、譚震林《たんしんりん》★13であった。この班は実際には、二つの陣容からなる。一つは、周恩来、李富春と康生が担当して、中央人民政府副主席兼東北人民政府主席・高崗を尋問した。高の態度が頑なだったため、拷問を受け、高は二度も自殺を企て、ついに死亡した。

もう一つは、鄧小平、陳毅、譚震林が担当して、華東局第一書記・中央組織部長・饒漱石を尋問した。陳と譚はともに饒の華東局の仇敵であり、尋問の苛烈さは推して知るべしであった。鄧小平は比較的感情をまじえなかったことから、饒は殴られないですんだ。また実際に証拠もあまり出てこなかったので、一九六五年まで引き延ばされ、華東の土地革命のとき、ある開明的な地主を保護したといった罪名で、十一年の有期徒刑を判決されたが釈放されず、文革期に獄中で死んだ。

・潘漢年・楊帆反革命事件

高・饒事件のあと、党中央は一九五五年に「中共中央の潘漢年《はんかんねん》・楊帆《ようはん》反革命案に関する専案小組」をつくった。組長は羅瑞卿、副組長は康生。潘と楊はともに党の地下工作者で忠実な古参党員だったが、潘は毛沢東の秘密を知ったために、その妻ともども「党の最高機密が漏洩する」恐れがあるとして、死ぬまで収監された〔三章参照〕。

そのときに公安部長であった羅は、楊帆が冤罪だと知っており、内心同情していた。しかし、事件は毛主席夫妻の「御欽定」であったため、彼は命令を執行する以外何もできなかった。羅は単独審査の機会を利用して、「私にはどうにもできない。私ができるのは公安部長として、きみが獄中でひどい扱いをされずにすむようにすることだけだ」と、楊をこっそり慰めた。

楊帆の問題とは、一九三五年前後に上海で映画スター藍蘋《らんぴん》〔のちの江青〕を取材しているうちに、彼女が一九三三年に国民政府に捕らえられ、獄中転向を書かされて出獄したと知ってしまったことだ。一九三九年、楊帆が新四《しんし》軍軍部の政治秘書をしていたとき、軍政委の項英《こうえい》の命令により、延安の党中央に一通の秘密電報を打った。藍蘋には問題があり、毛沢東同志の伴侶としてはふさわしくないとの内容だった。電報は延安の中央社会情報部長で、藍蘋の師だった康生の手に入ったから、藍蘋本人の手に入ったのも同然だった。

潘・楊事件は、毛沢東夫妻が一手に仕上げた口封じの大事件だった。

・胡風反革命集団事件

一九五五年にはもう一つ「胡風《こふう》反革命集団専案審査小組」があった。組長は陸定一。詳しくは七章参照。この事件は全国で十数万人が連座し、数千人が投獄された。新中国初の「文字の大獄」となった。

・習仲勲反党小集団事件

一九六三年、「中共中央の習仲勲《しゅうちゅうくん》反党小集団に関する専案小組」ができた。組長は康生、副組長は謝富治。当時の西北局書記・西北軍区政委・国務院副総理・習仲勲の罪名は「小説を利用して反党を行ない、高崗の復権を図った」というものだが、実際は毛沢東による先制攻撃であり、党内に広く存在していた彭徳懐の名誉回復の声を、これを見せしめに抑え込む狙いがあった〔十一章参照〕。この事件にかかわった人びとも数千人に達し、胡風事件につぐ規模だった。

・文化大革命、「専案」大狂乱

因果応報と言うべきか、めぐりめぐって、文化大革命の第一号専案は、一九六六年二月の「中共中央の羅瑞卿反党問題に関する専案審査小組」だった。組長は彭真。

第二号専案は同年三月の「中共中央の『三家村《さんかそん》』反党問題に関する専案審査小組」で、組長は陳《ちん》伯達《はくたつ》★14、康生。

第三号専案は同年四月末の「中共中央の彭真・羅瑞卿・陸定一・楊尚昆反革命修正主義陰謀集団に関する専案審査小組」で、組長は劉少奇。

めぐる時間の順序からすると、第四号専案は国家主席の劉少奇に回ってくるはずで、そのとおり、同年十一月に「中共中央の劉少奇・王光美《おうこうび》★15叛特問題に関する専案審査小組」〔叛特は叛徒・特務の略、つまり反徒・スパイのこと〕ができた。組長は周恩来、副組長は康生と江青。

そのとき、劉少奇はまだ党中央政治局常務委、国家主席の職を罷免されていなかった。毛沢東主席と周恩来総理は劉本人には秘密裏に、その専案小組をつくったのである。副総理の李富春は周恩来に向かって、「こんなことをしていたら、死んだら地獄行きだ」と忠告したが、周総理は「自分が地獄に行かなければ誰が行く」と答えたという話がある。

・文革中につづいた重大な中央専案

「中共中央の薄一波《はくいっぱ》・安子文《あんしぶん》等六十一人反徒集団に関する専案審査小組」

「中共中央の鄧小平三反問題に関する専案審査小組」

「中共中央の賀龍反党兵変問題に関する専案審査小組」

「中共中央の彭徳懐反党復権問題に関する専案審査小組」

「中共中央の王力《おうりき》・関鋒《かんほう》・戚本禹《せきほんう》反党乱軍問題に関する専案審査小組」

「中共中央の楊成武《ようせいぶ》・傅崇碧《ふそうへき》・余立金《よりつきん》反党問題に関する専案審査小組」

「中共中央の陳伯達の反徒とトロツキスト問題に関する専案審査小組」
「中共中央の林彪反革命政変陰謀集団に関する専案審査小組」
「中共中央の王洪文・張春橋・江青・姚文元四人組簒党奪権に関する専案審査小組」

一九七六年末まで、右に列挙した一連の中央重大専案を主宰した人物のうち、毛沢東、周恩来、謝富治、康生の四人が病没したほかはすべて、他人の専案を主宰したあとは自分も一人ずつ専案の中に陥って苛酷な党内秘密尋問を受け、その大半が「非正常死亡」となったのである。

これはいったい、なんという仕掛けマシーンなのか。なんという歴史なのか。

●医療保健制度、医療服従専案

・毛沢東はスターリンに卓越していた

わが党の高級幹部の医療保健制度は、名称から判断すれば、優秀な医療工作従事者によって、党の高級幹部に完璧な保健サービスが提供されるというものであるはずだった。ところが悲しいことに、文革前およびその期間中は、老幹部を迫害するのに有効な措置に成り下がっていた。治療手段をもって人を治療致死させ、これを「病死」と宣告すればいいのだ。死刑を宣告して銃殺に処さないから、多くのトラブルを避けることができるし、歴史上悪名を背負わなくてすむのである。この点がまさに、毛沢東主席がスターリン元帥に卓越しているところである。

「医療服従専案」は、文革の期間中、江青、康生、謝富治らが毛沢東主席の意図を酌み、老幹部の命を終結させるために利用したのだが、この方法でいったいどれくらいの人命が始末されたかは、こんにちにいたるまで、あえて調査、統計をやる人は恐らくいないはずだ。たとえ、今後の歴史研究者が文革の資料をすべて見せてもらい、調査できたとしても、毛沢東主席がある人間の生命を始末したという記録は、絶対に見つからないのである。

・羅瑞卿、脚を鋸で切断される

「医療服従専案」のいくつかの実例をあげよう。

一九六六年六月十八日の深夜、羅瑞卿は凌虐に耐えられず、飛び降り自殺したが死ねず、右足のかかとの骨折だけですんだ。専案組所属の医者が手術したが、抜糸が終わらないうちに、羅は再び批判闘争のつるし上げに引きずり出されたため、傷口が化膿した。数カ月後、医者は彼に二度目の手術を行なったが、無傷のほうの足骨まで鋸で切断してしまい、あとで義足がつけられなかった。そして手術二日目に、羅は専案組のメンバーによって竹籠に押し込まれて担ぎ出され、清華《せいか》大学の二十万人批判闘争大会に引っぱり出された〔羅瑞卿はしぶとく文革を生き抜き、一九七八年に西ドイツで三たび手術をしたが急死した〕。

・賀龍元帥は治療致死

一九六七年初め、賀龍元帥は専案班に隔離審査され、北京西山《せいざん》の自宅に拘禁された。毎日の食事は小さな饅頭二つ、またはとうもろこし饅頭しか与えられなかった。空腹でたまらず、賀龍は毎日書かされていた反省調書の紙を噛み、呑み込んで腹の足しにした。彼は糖尿病を患っていたが、専案班の医者は毎日、ブドウ糖液を注射し、一日に二杯の水しか与えなかった。このような「念入りな治療」をしばらく続けた結果、賀龍は「病気により死去」と発表された。夫人の回想によると、死後、その腹部は鉄のように固かったという。呑み込んだ紙が詰まって排泄されなかったからだ。

・陶鋳、開腹手術で死ぬ

一九六七年、六八年の二年間、ガンを患っていた党中央常務委の陶鋳は、中南海の自宅に監禁された。ベッドには三百ワットの電球がつけられ、四六時中、強烈な光に照らされる彼に、専案人員が交代で自白を迫った。一九六九年、末期ガンと診断された彼を安徽《あんき》合肥《ごうひ》にある兵営の独房に放り込んで死期を早めさせた。最後は彼に開腹手術を施したが、大量の出血にもかかわらず輸血しなかった。医院内に血漿がなかったという。数日後、陶鋳は「治療の甲斐なく死亡」と発表され、ただちに火葬場へ送られた。死者の氏名は「王河《おうが》」と記録され、死因は「急性伝染病」とされた。

・劉少奇に対する残酷な迫害の悲惨な結末

一九六七年、劉少奇は中南海の福禄居の自宅を牢獄に改装され、監禁された。専案医者は彼を診るとき、まず「打倒中国のフルシチョフ」「劉少奇が投降しないなら消えろ」等のスローガンを叫び、聴診器で彼の胸部を叩き、彼の身体に注射針をむやみに突き刺した。

劉少奇は「きみたちは私を診察しにきたのではなく、診察を口実に私を痛めつけている」と何度も抗議したが、相手にされなかった。何カ月かのあいだ、専案班は彼の四肢を寝台の枠に縛りつけ、彼が話すことも動くこともできない状態にした。一九六九年、瀕死の劉少奇は河南《かなん》省開封《かいふう》に送られて独房に入れられ、それから二十七日目に専案班が医者にクスリを止めるよう命令し、彼は死亡した。すぐに火葬され、死者の氏名は「劉衛黄《りゅうえいおう》」、職業は「無職」と記録された（劉少奇に関する公式資料はすべて「病死」）。

・彭徳懐に対する残酷無比の迫害

彭徳懐元帥は文革中、最も多くそして長く痛めつけられた。紅衛兵に何度も痛めつけられた結果、肋骨が二本折れ、左半身不随になり、そのうえ直腸ガンを患い、失禁と大量の血便でベッドから下りられなくなった。あるとき激痛に耐えられず、医者に痛み止めの注射を頼んだが断わられた。彼の監禁病室の窓はすべて新聞紙が貼られていた。彼は最期の日に、何年も空を見ていないから窓を少し開けて空を見させてくれと看守に頼んだが、拒否された。彭徳懐は一九七四年十一月二十九日、「治療の甲斐なく死亡」（つまり病死）と発表された。彼の遺体はすぐに火葬され、氏名は「王川《おうせん》」、戸籍は「四《し》川成都《せんせいと》」（彼は毛沢東と同郷、湖南湘潭）、職業は「無職」と登記された。

中華人民共和国主席・劉少奇と、三軍元帥・彭徳懐の二人は、死ぬまで迫害され、骨壺の姓名まで変えられ、職業も「無職遊民」とされてしまったのだ。

★1　陳雲＝一九〇五～九六年。二五年中共入党。長征参加。中共の財政・経済政策の権威。文革中失脚。

★2　謝富治＝一九〇九～七二年。三〇年紅軍参加、翌年中共入党。長征参加。五五年上将。五九年公安部長。六五年副総理。六七年毛沢東・林彪に楯突く容疑があれば検挙するとした「公安六条」を制定し、恐れられる。文革期に大活躍。七二年病死。八〇年党除名。

★3　楊尚昆＝一九〇七～九八年。二六年中共入党。留ソのボリシェビキ派。鄧小平と密接な軍人、政治家。七八年復活後、軍事委副主席、国家主席を歴任。

★4　張春橋＝一九一七～九四年。三八年中共入党。上海『解放日報』社長兼編集長歴任。筆の立つ理論宣伝の専門家。文革で活躍、江青と迫害に加わる。八一年死刑判決。

★5　姚文元＝一九三二年生まれ。四八年入党。五〇年代の反右派闘争に文筆で加担。文革で活躍、四人組の一人。八一年二十年の有期判決。

★6　葉剣英＝一八九七～一九八六年。二四年黄埔軍校教官。二七年中共入党。翌年留ソ。三一年中央ソ区に入る。三六年西安事件に周恩来らと共に蒋介石と談判。五五年元帥。七六年に四人組を打倒する。

★7　汪東興＝一九一六年生まれ。三二年中共入党。三四年長征参加。建国後長く公安、警衛、特務の職務に従事。文革期に台頭し、八三四一警衛兵部隊司令員。

★8　毛遠新＝一九四一年生まれ。毛沢東の甥。文革中東北で実権、のちに毛の連絡員。七六年失脚。

★9　葉群＝一九一七～七一年。林彪夫人。六七年から軍文革小組副組長。七一年、夫とともにモンゴルで墜落死。

★10　林立果＝一九四五～七一年。林彪の長男。林彪事件のときは空軍作戦部副部長、毛沢東暗殺計画の中心人物。七一年、林彪、葉群とともに墜落死。

★11　李先念＝一九〇九～九二年。二七年中共入党。長征参加。財政部長を長期担当。文革中は副総理として周総理の側で経済活動。八三年国家主席。

★12　秘密尋問制度は現在もつづいている。毛沢東のように、党内路線・政策をめぐって高層幹部を「専案小組」にかけることは少なくなったが、党内の高級幹部の不正、汚職事件には頻繁に使われている。党中央紀律検査委員会単独または公安部との合同によるのが多い。現在俗に「双軌」と呼ばれているのがその一つと思われる。これによる立件と処罰決定が済んでから裁判所に回される。司直は正式公布するだけの役割。やり方は、秘密逮捕、隔離拘禁、拷問自白と、基本的にまったく変わらない。

★13　譚震林＝一九〇二～八三年。二六年中共入党。五〇年代の農業政策で大躍進を批判。文革中迫害される。

★14　陳伯達＝一九〇四～八九年。二七年中共入党。延安時代から毛沢東の側近で、中共の指導的理論家。文革で数万人を迫害、七〇年に失脚。

★15　王光美＝一九二一年生まれ。四八年中共入党後結婚。文革中は江青に睨まれ、さんざん迫害され、六七年スパイ罪で投獄される。七八年釈放。

〈六〉党と軍　先に鉄砲を手にした者が勝つ

「鉄砲から政権が生まれる」と語ったのは毛沢東である。ところで、中国の軍隊は国の軍隊ではなく、党の軍隊である。

ところが、この章で著者が説くのは、党が軍を支配するのではなく、個人が軍を支配しているというはっきりした事実だ。著者は、文化大革命から天安門事件のときに、独裁者がどのように行動したのかを明らかにする。

●プラスの数字ばかりを並べる建国五十周年

一九九九年は新中国建国五十周年にあたり、十月一日の祝日のために、党と政府は年初から莫大な人力、財力と物力を費やして祝典の各種イベントを準備した。天安門城郭と天安門広場の改築工事や東西の長安《ちょうあん》大道の補修だけで数十億人民元かかったという。

メディアでは連日、わが中国共産党の五十年来の英明なる指導のもと、わが国の鉄道と道路は何万キロ延びたか、長江《ちょうこう》や黄河にいくつ大橋をかけたか、そのほかダムや発電所、内外の航空路線、国民総生産や輸出入貿易額、各種産業の生産高が何倍に増えたと賑やかに報道していたが、並べたてるのは、どれもプラス面の数字ばかりであった。五十年来、党指導者の政治路線と政策方針のミスによって、どれくらいの天災、人災、環境破壊が起き、三年大飢饉や十年文化大革命によってどれほど膨大な人間が受難し、死亡したか、こうしたマイナス面の数字は、何一つ報道されなかった。あたかもこの五十年、マイナスなどこれっぽっちもなかったかのようである。

●軍史専門家と議論する

私と仲間たちは引退するまで、長いこと政府機構に勤めていたせいか、具体的な事実に即してものを見るというより、抽象的な政策・理論ばかり議論する悪いクセがある。同じく引退した軍史専門家と、「五十年来のわが国の政治体制では、党が銃を、すなわち軍を指揮してきたのか、それとも銃つまり軍が党を指導してきたのか」の問題について議論を交わしたのがそのいい例だろう。

名前は略すことにするが、汪という苗字のその専門家は、軍史研究では独特の見解をもつ「軍事至上主義者」である。しかも彼はそれが自慢で「党史と軍史はシャム双生児と同じ。切り放せないものである」が口癖だった。

汪氏の見解には、もちろん軽々には賛同できなかった。ニワトリが先かタマゴが先かの議論と同じようではあるが、党が紅軍を創ったのか、紅軍が党を創ったかの答えは、前者が正解であることに疑いをさしはさむ余地はないはずだ。ところが、汪氏は強情を張り、私と論争するのである。

「あなたのいう党は陳独秀《ちんどくしゅう》★1の党であって、周恩来や毛沢東の党ではない。毛主席は井崗山《せいこうざん》にいたときから言っている。『鉄砲から政権が生まれる。鉄砲があってすべてがある』。当然のことながら、ここには武装闘争のなかで各クラスの党組織を発展させ、強大にすることも含まれる」

どうも彼の話は、かつての高崗《こうこう》の「軍党論★2」を蒸し返しているように思えるが、そういうレッテルを貼れば気を悪くするだろうと思い、私は自説を堅持するにとどめた。

「われわれの党は結党以来、むろん建国五十年を含むが、ずっと党が軍を指揮している。軍が党を指導するなど、そんなことはない。党が軍を指揮するのは、根本の原則であり、基本的な歴史常識だ」

ところが彼は大笑いした。

「教授、あなたは大学で党史を教えていたというのに……。本ばかり読んでいると、しばしば常識問題を逆さに見てしまう。受け売りをしていると、見た目は同じようでも大違いだとわからない」

「何が大違いなんです」

私はむっとして聞き返した。

●軍の主導権は遵義会議から始まる

汪氏は答えた。

「わかった、わかった。ではまず、歴史の常識から話を始めましょう。初期の武装闘争はたしかに党組織が起こしたことだと認める。江西のソビエト区〔一章参照〕時代の紅軍もたしかに党が指揮した。当時、中央紅軍の上には博古《はくこ》、李徳《りとく》★3と周恩来からなる『三人団』が全責任をもって指揮していた。博古が最高指導者だった。一九三五年の長征中に開かれた遵義《じゅんぎ》会議は、実際には紅軍の軍事将官たちの権力奪取会議だった。この見方には同意しますか」

私は首を横に振った。彼の説くところは、党がこれまで遵義会議に与えてきた位置づけとは全然違っていたからだ。

汪氏は話をつづけた。

「党史のあの教条はひとまず脇に置いて、基礎的な歴史の事実を見ましょう。

遵義会議は、長征の大撤退中、負け戦ばかりの党中央と中央紅軍をどうにかしようとして開かれた。紅軍第一方面軍政治委員・毛沢東、紅軍政治部主任・王稼祥《おうかしょう》、紅軍総司令・朱徳《しゅとく》、紅軍総参謀長・劉伯承《りゅうはくしょう》★4が、紅軍第一軍団司令員・林彪《りんぴょう》、政治委員・聶栄臻《じょうえいしん》★5、紅軍第三軍団司令員・彭徳懐《ほうとくかい》、政治委員・楊尚昆《ようしょうこん》など一群の紅軍将官たちに連絡し、周恩来を説得して博古の党指導権を一挙に奪い取り、『三人団』を解散させて、毛沢東の軍事指揮権を回復させた。

その政治局拡大会議に出席した政治局委員は過半数に満たなかったこと、これはあなたも承認しないわけにはいかないでしょう。しかも、王稼祥、劉伯承、彭徳懐、林彪、聶栄臻、楊尚昆らは、中央委員の資格さえなかったのだ。それでもなお、遵義会議がわが党わが軍の歴史上、軍が党を指導することに成功し★6、党を変えさせたとは言えないというのでしょうか」

私は彼の話に驚き、口をつぐんだ。

●延安時代、軍委主席がすべてを指揮

汪氏は話をつづけた。

「一九三五年の八月、九月のあいだ、長征の紅軍が陝西《せんせい》北部に到着して間もなく、毛沢東同志は周恩来に代わって中央軍事委員会主席となった★7。その後十年間（一九三五〜四五年）にわたり、中共中央のナンバーワンである総書記は張聞天《ちょうぶんてん》同志であるから、党内の地位では毛沢東同志は張聞天同志の下であったはずだが、張同志は軍事に暗く、マルクス・レーニン主義を研究する一介の書生であり、人柄も謙虚で、領袖になろうといった野心は薄かった。したがって、延安の党中央では、軍委主席の一存で事が決まる場面が出現することになった。

最初は三七年、党の白区〔国民党支配下の地区〕における活動会議を開いたとき、党総書記の張と白区の活動担当の劉少奇《りゅうしょうき》のあいだで意見が衝突した。張の意見は代表の多数の支持を得、劉の意見には少数の同意しかなかった。ところが、軍委主席・毛沢東が劉を支持する発言をしたとたん、少数が多数に変わった。

張総書記はしかたなく意見を撤回し、毛と劉が主宰する『党の若干の歴史問題に関する決議』の起草を、彼らの思うとおりにやらせることになり、毛を紅区の正統路線の代表、劉を白区の正統路

線の代表としてそれぞれ認定した。毛と劉が初めて手を組む歴史的な出来事となったのです。

一九四〇年以降、軍委主席・毛沢東同志は張聞天同志の同意を得て、総書記の下に、毛沢東、劉少奇、朱徳と任弼時《じんひつじ》の四名からなる中央書記処〔文献では、周恩来を加えた五人書記〕を成立させた。名義上、書記処は総書記の指導下で中央の日常活動を主管することになっていたが、実際は総書記を完全に骨抜きにしたのです。

一九四三年、軍委主席・毛沢東同志はさらに『中央書記処主席』となる。このポストは、中央の委託を受けて重大問題には最終決定権をもつと規定した。一九四五年の党の第七回大会と七期一中全会には、軍委主席・毛沢東はほかに党中央主席、中央政治局主席、中央書記処主席のポストにもつく。総書記はただの一政治局委員に成り下がった。

どうです、これは党が軍を指揮したのか、それとも軍が党を指導したのか。私はわれらが軍隊がこのような光栄ある伝統をもつことを自慢しているのです。だから、私がわからないのは、長征以来、党の上から下まで、どうしてこの事実を隠すのかということです」

●軍旗の下、軍歌の中で建国を準備

それでも私は江氏の主張を承服できず、こう質問した。

「では、一九四九年の北京入城のあとはどうです。毛沢東同志は名実ともに党・政・軍のナンバーワン、最高領袖となってもなお〝軍が党を指導する〟と言えますか」

汪氏は笑いながら答えた。

「私は一度も〃軍が党を指導する〃を悪い意味に受け取ったことはない。むしろ軍隊は、光栄ある伝統と自信をもって名を正すべきだと思っている。一九四九年の八月、九月のあいだ、開国大典と中央人民政府成立の準備のために開いた新政治協商会議の第一回会議では、主席壇上に掲げてある二本の旗幟《きし》は党旗と軍旗、開会式で演奏されたのは中国人民解放軍の軍歌だった。

そして当時、全国は六大行政区に分けられていたが、見なさい。東北人民政府主席には東北軍区司令員・高崗が、西北行政区主席には西北軍区司令員・彭徳懐が、華北行政区主席には華北軍区司令員・聶栄臻が、華東行政区主席には華東軍区政治委員・饒漱石《じょうそうせき》が、中南行政区主席には中南軍区司令員・林彪が、西南行政区主席には西南軍区司令員・賀龍《がりゅう》がそれぞれ就いていた。

どうです。党が軍を指揮なのか、それとも軍が党・政を指導なのか。〃鉄砲から政権が生まれる〃こそ、わが軍わが党の革命の規律と真理なのです」

●毛沢東の警護隊が彭と黄を服従させた

汪氏の話はつづく。

「内部情報を少し話しましょう。毛主席は生前、自分が出席する党内の重要会議、たとえば上海会議だろうが、広州《こうしゅう》会議、杭州《こうしゅう》会議、南寧《なんねい》会議、成都《せいと》会議、武昌《ぶしょう》会議、二度の鄭州《ていしゅう》会議、二度の廬山《ろざん》会議、何度もあった北戴河《ほくたいが》会議等々、そのいずれの開催地でも、毛主席の警護隊である中央警衛局第一中隊に彼を厳重に守らせていた。これは毛主席の秘密兵器でもあり、この部隊がいたからこそ、その他の幹部は勝手な言動ができなかったのです。

その典型的な例が、一九五九年七月、八月に開かれた廬山会議です。会議の主題はもともと左派反対、左派糾弾だったのだが、彭徳懐元帥が「人民を代表して請願」する書簡〔毛の大躍進政策を批判、政策転換を求めた〕を提出したために、毛沢東主席は突如、一八〇度転換して右派反対、右派批判に切り替えた。どうして彼にそれができたのか。

彼個人の威望、一群の左派追随者があっただけでなく、なんといっても抑止力が利く彼の警護隊が廬山頂上の牯嶺《これい》をがっちり守り、いかに兵権を握っている国防部長・彭徳懐や総参謀長・黄克誠《こうこくせい》といえども檻の中の虎同然で、手には一兵卒もなかったから、自己批判を迫られ、右傾機会主義反党集団の主将と副将でありましたと、頭を下げさせられたわけだ。われらが毛主席は、彼の警護隊という銃で、党の中央委員や政治局委員たちをやすやすと服従させたのです。

文化大革命の最中にはさらに傑出した出来事がありました」

●「二月クーデター」はたしかにあった

汪氏は話をつづけた。

「世間では、毛沢東主席が一九六六年に文化大革命を発動したのは、姚文元《ようぶんげん》が書いた『新編歴史劇「海瑞罷《かいずいひ》官《かん》」を評す』〔一九六五年十一月十日、上海『文匯報（ぶんわいほう）』に発表。八章参照〕の助けを借りたと言われているが、これはまったくの誤解で、いわば見せかけの看板です」

私は「それは間違いだ。内外で出版されている文革の本は、みな姚文元の論文が文革の口火を切ったと認めている」と反論した。

汪氏は「またまた、書生の意見ですね。それでは、一九六六年初めの〝二月クーデター〟を起こしたのは誰か、言ってごらんなさい」と聞くので、私は「あれは康生《こうせい》、江青《こうせい》といった連中が、賀龍元帥と彭真《ほうしん》同志がクーデターを企んでいると誣告《ぶこく》したのであって、のちにでっち上げだとわかった、★8まったくの政治的迫害です」と答えた。

汪氏は、そうではないときっぱり否定し、二月クーデターはたしかにあったと、あたかも証言をするかのように語りだした。

「二月クーデターはあったが、賀龍や彭真が発動したのではなく、軍委主席・毛沢東と軍委第一副主席・林彪の二人が発動した。二人は二月、山海関《さんかいかん》の関外錦州《きんしゅう》地区に駐屯していた〝万歳軍〟第三八集団軍に密命してひそかに華北に入れ、すばやく首都北京を軍事包囲し終えた。三月、四月ごろに三八軍は北京に入城し、まず北京衛戍区《えいじゅ》、新華社、中央人民広播電台〔放送局〕を接収管理し、つづいて北京市委、市政府、それから中共中央の組織部、宣伝部、調査部、公安部、人民日報社など重要部門をつぎつぎと軍事管理してしまった。

五月に入ると、劉少奇、鄧小平や彭真など、党と国家の指導者たちは甕の中の亀となり、身動きできなくなった。五月十八日、林彪元帥は政治局拡大会議で重要講話を発表し、この事実を明らかにした。年初来、偉大なる領袖毛主席は秘密裏に軍隊を移動し、迅速に首都北京地区に対する軍事占領と接収管理を終了し、軍事手段で反革命政変の発生を成功裏に防止したと率直に認めたのです。どうです、一九六六年春に軍委主席と副主席が大軍を派遣して首都を包囲し、北京市と党中央機関を接収管理したことは、典型的な〝軍が党を指導〟と言えませんか」

●中南海を軍事管制する

汪氏は再び私に聞いた。

「あなたは引退するまで、党中央の直属機関に勤めていたのでしょう。一九六七年初めから六九年末のあいだに、党中央と国務院の所在地、中南海《ちゅうなんかい》で何らかの異常事態が発生したことを知っていますか」

私は彼が具体的に何を指しているのか、よくわからなかった。あの二、三年、中南海内で起きた大きい事件はいくつもあった。たとえば、政治局常委会秘書・田家英《でんかえい》★9が永福堂で自殺、弁公庁造反派が朱徳総司令と董必武《とうひつぶ》★10国家副主席ら革命元老を家宅捜査、「三総四帥」が懐仁堂《かいじんどう》〔党・政の重要会議に使う場所〕で大騒ぎしたこと、★11国家主席・劉少奇が住まいの福禄居内で拘禁されたこと、中南海造反隊が総書記・鄧小平をつるし上げたこと、警衛局が中央常委・陶鋳《とうちゅう》を幽閉したこと、中南海には殺気がみなぎり、異常な事件が連続して起きた。

汪氏は私が要領を得ないでいるのを見て、自ら語りだした。

「中南海も軍事管制されました。林彪の腹心である広州軍区司令員の黄永勝《こうえいしよう》★12上将が上京し、中南海軍事管制委員会主任となった。この、葉群《ようぐん》の情夫が、二年余りも中南海の『帝王』となり、生殺与奪の大権を握ったのです」

ああ、汪氏はそのことを言っているのか。私はそのときに中央直属機関の一つの普通幹部だったが、たしかに黄上将の「集団訓話」を聞いたことがある。うろ覚えだが、あのとき彼は人民服を着て登壇した。表情は凶悪なものでなく、むしろ温和上品な人柄に見え、語気も穏やかで、われわれのような職員に向かって自らの新しい職務を説明し、中央軍委毛主席と林副主席の任命により中南海の歩哨に立ち、巡邏しているだけだと語った。

汪氏は首を横に振りながら言った。

「中南海が二年余りも軍事管理下に置かれたのだから、軍が党を管制したことになるでしょう。最低限の事実も認めようとしないあなたたちは、学問をすればするほどおかしくなる。われらが偉大なる人民解放軍がなければ、党も政治も、とっくにおしまいです」

●林家の将は毛家の銃にかなわない

私は汪氏に質問した。

「それでは、その後の毛沢東と林彪の矛盾、それから一九七一年の〝九・一三事件〟〔林彪の毛沢東暗殺が未遂に終わり、九月十三日、林彪一家が専用機で国外脱出しモンゴルで墜落死〕をどう理解したらいいのですか。毛と林は正真正銘、銃と銃との争いですか」

「そうです。毛と林との争いはたしかに銃と銃との争いだ。違うところは、毛は銃で指導権の地位を保とうとしたが、林のほうは自らの銃で、党を指導するという最終目的を実現したいがために、愚かにもクーデター方式による権力奪取を企んだことだ」

私は意見を述べた。

「当時、革命の継承者である林彪副統帥はたしかに軍隊を押さえていた。『人民解放軍は、偉大なる領袖毛主席が一手に作り上げたものであり、毛主席の親密な戦友の林副主席が自ら指揮する革命武装力である』という言葉は、広く党の内外、全国に受け入れられていた。軍事の指揮系統では、軍委弁事組組長は林彪夫人葉群、総参謀長は黄永勝、空軍司令は呉法憲《ごほうけん》、海軍司令は李作鵬《りさくほう》、総後勤部〔総兵站部〕部長は邱会作《きゅうかいさく》。すべて林彪一色の一統だった。このことは、当時、林副主席がすでに軍委主席の毛沢東を有名無実化していたと言える。

情勢はそうとう険悪になっていた。毛主席が思いもよらなかったのは、彼が革命の継承者として自ら選んだ林彪が、彼の手中から最高権力を奪取するために、真剣勝負に出て彼と〝武闘〟したことだ。暗殺しようとした」

汪氏は「必ずしもそうとは言えない」と言って、つづけた。

「あなたのは一面的な見方です。林彪グループは軍委弁事組と三軍本部を支配したが、毛主席は早くから自分のために二、三の決め手を残していた。彼の命令がなければ、林副統帥は一個営の部隊たりとも動かせなかったのだ。中南海警衛師団は、偉大なる統帥毛主席にしか忠誠を尽くさない。中央情報系統も毛主席の指揮にしか服さないのだ。毛沢東主席の英明さ、偉大さを褒めたたえるのは絶対に空論ではないのです。

　毛主席は、ほかのどの権力も他に渡してかまわない。全国政協主席も、全人代委員長も、いや、党や国家の主席にさえならなくていい。党主席など二度も劉少奇に代理してもらった。一度目は一九四五年、彼が重慶《じゅうけい》へ談判しにいったとき。二度目は一九六一年に全国が大飢饉となったとき。だが、三つの権力、すなわち中央軍委主席の軍隊動員権、中南海警衛師団の支配権、そして中央情報系統の指揮権だけは、彼は死ぬまで手放さなかった」

　汪氏の話はつづく。

「当時、毛主席の手下の何人かが林副統帥の系統内に潜り込んでいた。林彪の身辺の機密を扱う秘書はすべて毛主席側の人間であることに林彪は気づいていなかった。クーデターについては手に取るようにわかっていたはずだ。だから、当然のことながら、偉大なる領袖は南方で幾重にも重なり合った謀殺から逃れることができた。

　一九七一年九月十二日午後、毛沢東が突如北京に戻ったとき、林彪グループは浮き足だった。この政変をまとめた中央文書の一カ所を覚えていますか。十三日早朝、林彪、葉群や林立果《りんりつか》らが防弾をほどこした『紅旗《こうき》』に乗り、北戴河の別荘から逃げ出したとき、中央警衛部隊の兵士が車を制止しようと、彼らの車に向かって発砲したとか、林彪らと同乗している機密秘書がドアを開けて飛び降りたとか」

私は、そのとおりだと相槌を打ち、言った。

「所詮は年期が違う。林家の将は毛家の銃にはかなわなかったということだ。最後はやはり毛家の銃がものをいった」

●華国鋒は銃で「四人組」を制圧した

汪氏はうれしそうに「そのとおり、そのとおり。あなたも結局私の見方に同意してくれたようだ。実際、毛主席は早くからわれわれに教えていた。人民の軍隊が一隊もないなら、人民の一切もない」と。そう言ってから、「この〝一切〟には当然われわれの党の各クラスの組織をも含んでいる」と、彼は言った。

われわれは、順を追って話をつづけた。

一九七六年十月六日夜の「生け捕り四人組」という痛快なニュースについて、私と汪氏には大して意見の相違はなかった。偉大なる領袖毛主席が亡くなって一カ月足らず、毛夫人江青を頭とする「四人組」〔毛沢東の文革を推進、協力した文革派四首脳の江青、張春橋、姚文元、王洪文〕と華《か》国鋒《こくほう》を頭とする「党中央」とが繰り広げた、生死をかけた銃と銃の対決は、党と軍隊の最高指導権をめぐる争奪戦だった。しかし、これに関する回顧録や著作はどれも、一つの客観的事実、すなわち「四人組」集団の背後にも強大な銃が控えていたという事実を、故意か無意識にか見落としている。

北京地区で言うと、江青が掌握していた銃すなわち軍隊は、華国鋒と汪東興《おうとうこう》が掌握していた中南海警衛部隊よりも強かった。当時の北京衛戍区司令員呉忠《ごちゅう》は江青の腹心だった。一九七六年十月初め、衛戍区の一個戦車団がすでに永定門《えいていもん》外に集結しており、いつでも南面から天安門広場に肉薄して中南海に迫る準備ができていた。衛戍区将兵に変装した三千名の「首都武装民兵」はひそかに中南海東南側の中山《ちゅうざん》公園に進駐しており、紅牆《こうしょう》〔中南海を囲む赤い土壁〕を押し倒して突入し、中南海をただちに占領できる態勢にあった。

「四人組」集団が毛主席の死去から一カ月後の十月十日に動く準備をしていたことは、いろいろな形跡から裏づけられている。たとえば、「四人組」の古巣である上海市内では酒と爆竹が商店から売り切れていた。十月十日の勝利を慶祝するとの噂が流れていたという。一方、華国鋒と汪東興の二人は早々に軍の元老、葉剣英《ようけんえい》らと連絡をとり、中南海警衛部隊を動かして決着をつけようと、ひそかに謀議していた。中央警衛局局長の汪東興は決死隊を結成した。結局、華、汪と葉は相手より四日早く事を起こした。政治局会議を開くとの名目で、十月六日の夜に「四人組」と彼らの中核分子を一網打尽にした。銃一発撃たず兵一人の血も流さなかった。汪氏によれば、これはわが軍の歴史上において、銃が党を指導したもう一つの成功例ということになる。

●鄧小平は一晩で中南海の警護隊を入れ替える

汪氏は、英明領袖の華国鋒主席がどのようにして政権から離れたかを語った。鄧小平同志が三度目に、党中央副主席、国務院副総理と軍委副主席兼総参謀長などの要職につくと、ただちに胡耀邦《こようほう》同志と手を組んで、「真理の基準」大討論[★13]を行ない、毛沢東同志の文化大革命に対する全面的な否定を進めた。たとえば、右派の烙印を押されていた人びとを解放し、地主・富農のレッテルを剥がす。無実、ウソや間違いの案件の犠牲者たちの名誉回復、階級闘争の廃止等々。

鄧や胡はこうして全党と全国人民の支持を得ながら、中央政治局内で華国鋒や汪東興といった毛支持派（「凡是派」）を追い詰め、自己批判させて過ちを認めさせていった。

鄧小平同志の華国鋒に与えた致命的な一撃は、彼が軍委員副主席兼総参謀長の名義で、ある晩に突如として、中南海警衛部隊を自分に忠誠を誓う人員に入れ替えたことにあった。これを見た華国鋒、汪東興らはおとなしく辞表を提出するよりほかなかった。党の十一期五中全会で、華国鋒と汪東興の辞表が認められると、鄧小平は胡耀邦を党主席（間もなく総書記に変えた）に推薦し、自分は最も重要な中央軍委主席におさまった。これもまた銃一発撃たず兵一人の血も流さずに、中央指導部を替えさせたのである。ということは、中央軍委主席の権力は党中央主席より高かったことになる。

●軍委主席が総書記を辞職させる

一九八六年末から八七年初めにかけて、党中央総書記・胡耀邦が辞職させられた事件についても、銃が党を指導し、銃が最も発言権があることを示していると汪氏は語った。あのころは、じつにぴりぴりした毎日でしたね、と私は述懐した。

党中央機関紙『人民日報』の社内では、「北京はすでに三十万野戦軍に包囲された。某集団の軍司令員がある日、軍委主席・鄧小平に会いに行ったら、鄧小平はいきなり、お前は何しに北京に来たかと聞いた。司令員は、ハイ、総書記胡耀邦に辞職していただくために参りました」というような恐ろしい噂が流れたそうだ。

汪氏は笑いながら言った。

「そういうたぐいの噂は信じないほうがいいですよ。ただ、胡耀邦同志を引き下ろす手はずを決める前は、軍委主席が京畿〔国都とその付近〕に、手違いが起こらないようあらかじめ防衛策を講じることが必要だった。覚えていますか。あの年の一月初め、総書記の同郷〔湖南・瀏陽（りゅうよう）人〕で親友の楊得志《ようとくし》三軍総参謀長は軍事代表団を率いて外国を訪問していたが、これが偶然の一致だとは信じがたいことだ。

そのころ、私はある話を聞いた。ちょうど中央政治局生活拡大会議の前、鄧主席は中央警衛局局長・楊徳中《ようとくちゅう》を自宅に呼びつけて、中南海警衛部隊の仕事は私だけに責任を負い、他のいかなる同志の命令にも従うなと申し渡した。それから胡耀邦同志を辞職させる仕事に着手した。当時、北京は零下十数度の厳寒でした。戒厳の布告なしに戒厳を実施して、毎晩数万の軍警が街頭に立っていた。どうです、軍がエライか、それとも党ですか」

●大軍が入城し、天安門は流血で染まる

汪氏は話をつづけた。

「軍権と党権が最も激烈に衝突をしたのは、一九八九年の『天安門広場の騒ぎ』の期間中でした。三千名の学生が政治改革を要求して広場でハンガー・ストライキをしていた。党中央総書記・趙紫《ちょうし》陽《よう》★14は理性と対話方式で問題を解決すると主張していた。しかし、軍委主席・鄧小平は文革中の紅衛兵造反の不快な記憶を思いだし、非常手段で制止するよう指令を出した。ところが、彼のこの指令は趙総書記らに公然と無視された」

私は口をはさんだ。

「汪さん、そうはいきませんでしたよ。一つ重要な問題があります。趙紫陽は党の第十三回大会の選挙で選ばれた党中央総書記という最高指導者だったが、中央軍事委員会では第一副主席の職務しか担っていなかった。鄧同志は第十三回大会のときから党中央委員をやめて、一介の普通党員の身分でありながら、中央軍事委員会主席の任についていた。

そうなると、われわれの党の歴史にいまだかつてない奇異なる現象が現れたことになる。すなわち、この〝普通党員〟の実質的な地位は党中央総書記より高くなったということだ。どれほど高いかというと、平の党員がなんと党総書記を罷免したり、三十数万の大軍を動かして北京に進駐させ、ついにはあの世界を驚かせた〝天安門事件〟という大流血事件を演出したのです」

汪さんは笑いだした。「そのとおりです。だから、この討論も事実にもとづいて真理を求めることにして、党と軍隊との関係は、党が軍を指揮するのか、それとも軍が党を指導するのかという本来のテーマに戻りましょう。あなたはもう負けを認めなさい」と言った。

最後に私は話を締めくくった。

「汪さん、あなたに負けたと認めます。党史の愛好家は軍史の専門家にはかなわない。党と軍の関係は、理論上、公文上、世論の宣伝上のそれと実際がまったく違う。これは、われわれの党の一貫した伝統、使い慣れた方式です。ものごとの是非、善悪をわざとあべこべにしてみせる手口だ。〝没有《ない》〟であればあるほど、ますます〝有《ある》〟と強調する手合いがそのいい例です」

★1　陳独秀＝一八七九〜一九四二年。中共創立者の一人。二九年トロツキスト派として除名される。

★2　高崗の「軍党論」。高崗は五三年に開かれた全国財経工作会議と全国組織工作会議において「党は軍隊が創った」と主張し、劉少奇と周恩来を攻撃したので、毛沢東は同年十二月二十四日の中央政治会議で警告を与え、高崗と饒漱石を調査し始め、やがて高崗・饒漱石連盟事件へ発展。

★3　李徳＝オットー・ブラウンという名のドイツ人の共産主義者。一九〇〇〜七四年。ソ連の陸軍大学を出て、一九三二年コミンテルンに派遣されて中共の軍事顧問となり、蒋介石の囲剿《いそう》作戦に対する紅軍の軍事作戦を指導するが、一九三四年の第五次囲剿作戦に失敗、十月に中共の中央ソビエト区は解体、紅軍は大敗走の長征を始める。

★4　劉伯承＝一八九二〜一九八六年。二六年中共入党。二七年ソ連軍校留学。長征軍、抗日戦を指揮。五五年元帥。

★5　聶栄臻＝一八九九～一九九二年。渡仏、二二年中共入党、二五年黄埔軍校教官。五五年に元帥。原爆開発を推進。

★6　遵義会議については現在でも不明な点が多い。当時の毛の地位、参加人数など諸説紛々としている。ここでは、毛とその他数人の地位、出席者には政治局委員が半数に満たなかったこと、中央委員の資格のない人物の名前をあげたこと、そして会議の結果、毛の指導権確立とはすなわち軍が初めて党を指導したことであると、いずれも断定的に述べている。遵義会議の解明に新たな光を当てる注目すべき史料である。

★7　遵義会議が開かれた一月からこのころまで、軍委主席が周恩来だったことも新史料である。

★8　一九六六年二月、北京衛戍区が、北京の一部大学に対して学生宿舎の空部屋を民兵兵舎に貸してほしいと打診した。七月、北京大学に、その打診は政変を企む陰謀だと非難する「大字《だいじ》報《ほう》」が出た。中央文化大革命小組顧問の康生は、北京大などにおいて北京市長・彭真が二月クーデターを企み、軍委副主席・賀龍がその黒幕だと中傷した。賀龍は迫害され、一九六九年に病死。一九八〇年、二月クーデターは康生がでっち上げた事件だと結論した。以上が公式史料である。

★9　田家英＝一九二二～六六年。毛沢東の秘書。毛沢東選集の編集担当。自殺と見せかけた殺害。八章参照。

★10　董必武＝一八八六～一九七五年。一四と一七年日本で法律を学ぶ。二一年中共創立に参加。ソ連留学、長征参加。五九～七五年国家副主席。

★11　「三総四帥」と「二月逆流」。一九六七年二月、文革で古参幹部がそうなめに批判されたことに業を煮やした、譚震林、陳毅、葉剣英、李富春、李先念、徐向前、聶栄臻の「三人の総理（副）

と四人の元帥」の老幹部らが中南海の懐仁堂に集まって、文革指導部にかみついた。文革派幹部はこれら老幹部らに対し、文革の流れに逆らう「二月逆流」だと非難・攻撃した。これより、党中央政治局と書記局は機能を停止し、中央文革小組が全権を掌握した。

★12　黄永勝＝一九一〇～八三年。六八年軍総参謀長。七一年林彪のクーデター事件に参画。

★13　「真理の基準」大討論＝一九七八年、華国鋒は毛沢東路線の正統な継承者として、「毛沢東の決定した凡《すべ》てと指示した凡ては守らなければならない」とした。この二つの凡て派＝凡是派に対して、鄧と胡ら実践派は「実践は真理を検証する唯一の基準」と批判した論争。その結果、実践派が勝ち、鄧小平路線が確立した。

★14　趙紫陽＝一九一九～二〇〇五年。三八年中共入党。六七年陶鋳の手先として批判され失脚。七五年から四川で業績をあげる。八七年胡耀邦の辞任を受けて総書記兼中央軍事委副主席に就任。八九年の天安門事件で失脚。

〈七〉文化人の迫害

胡風反革命集団事件の顛末

街を引き回され、「私はごろつきの反革命分子でございます」と叫ばされ、さまざまな屈辱を加えられた文化大革命の記憶を持つ学者や芸術家、専門家はいまや残り少ない。

毛沢東の中国が一九四九年に成立して、彼が学術分野から芸術分野までを自分の望むとおりにしようとした最初の粛清は、一九五五年に起きた。文化大革命の開始の十年前のことである。粛清されたのは、胡《こ》風《ふう》と彼の友人、知人たち、いわゆる胡風「集団」である。

●集団事件でも「集団」の使用は禁止する

毛沢東は『延安文芸講話』に背いたとして、詩人で文芸評論家の胡風を迫害し、その文筆活動を封じたが、それでも屈しなかった胡風とその支持者たちを「反革命集団」と決めつけて、党・国家に対する重大な謀反だと断罪し、粛清運動を全国的に展開した。

パソコンの普及につれて、インターネット文化が隆盛を迎えている。インターネットを開けば、天下の情報が流れ込む。天下の情勢を知りたければ、ネット上を旅行すればすむことになった。たしかに舌鋒鋭く辛辣な文章、雑談、喜怒哀楽や政治時評など、新聞雑誌にはない多彩な文章をネット画面で読むことができるようになった。

しかし、油断大敵だ。ネット上にも私服が張り込み、跡をつけ、監視している。そして突如、夜中か早朝に踏み込まれ、令状なしに人間とパソコンと関連ソフトともどもしょっぴかれることがある。各種の公開・半公開の情報によれば、全国各地の大小の都市で、多くのインターネット・ユーザーが「反乱の扇動」「反党、反政府」「国家安全に危害」といった恐ろしい罪名で逮捕されている。「犯罪容疑者」のなかには、幹部、会社員、市民、高校生、大学生から軍人まで含まれている。

二十一世紀に入って、中国では毛沢東時代のような言論封殺事件が復活する兆しを見せ、捲土重来といった様相を呈してきた。以前と違うのは、毛沢東時代はともすれば「集団」事件として「集団」の二字がよく使われたが、第三世代、第四世代のわが党指導者は、「集団」は使わず、代わりに逮捕と裁判は一律に個人の事件としていることだ。

たとえば北京市の党委、市政府、市人代〔人民代表大会〕、市政協〔人民政治協商会議〕の四大機構の主要責任者がかかわった「王宝森《おうほうしん》汚職事件」、首都鋼鉄公司にかかわる幹部の汚職事件、瀋陽《しんよう》市政府の局幹部二十数名がかかわった汚職事件等々、すべて「集団」の二字の使用が禁止された。福建《ふっけん》廈門《アモイ》における遠《えん》華《か》の大規模密輸事件では、中央から地方まで七百名余も役人を捕まえたにもかかわらず、「集団」という言葉を使わなかった。よく考えると、これにもわけがある。「集団」の二字を毛沢東のように使いだしてみよ、それこそわが「神州」〔中国〕の大地のいたるところに汚職という名の毒花が咲き乱れるように見え、体裁の悪いことおびただしい。だから、逮捕と裁判も「考えを一新し、時代とともに進歩し」〔中国政府の流行のスローガン〕なくてはならない、というわけである。

現在の「インターネット法違反」による取り締まりは見たところ、捕まえても数人、数十人だから、昔のように号令一下、数百人、数千人を一晩で捕まえてしまうのに比べればまだましだが、自分の考えを語っただけでひどい目にあうのは毛沢東時代と軌を一にしており、まるっきり同じである。

毛沢東のその時代、一九五五年前後に、偉大なる領袖、毛沢東が手ずからつくり出した新中国最初の言論封殺事件である「胡《こ》風《ふう》反革命集団事件」の顛末を振り返る。

●新中国初の言論封殺事件

新中国の文化史、思想史、文学史を語るとき、胡風の名をあげずにはすまされない。胡風はすでに亡くなったが、事件の膨大なファイルや資料はたとえ一部が廃棄されてもなお山ほどあり、当時かかわった人たちはまだ生きており、いずれも歴史の証人だ。

文革以後に生まれた、現在二十代、三十代の人たちは、胡風の名を知る人は何人もいないであろう。「集団忘却」式宣伝教育を受けたからだ。宣伝教育はたしかに著しい効果をあげている。流行《はや》りの言葉で言えば、「目標完全達成」だ。

胡風はどういう人か。本名は張光人《ちょうこうじん》、一九〇二年湖北《こほく》省蘄春《さんしゅん》県の読書人の家に生まれる。一九二三年、南京で中国共産主義青年団に加入する。一九二五年、北京大学に合格したが、一年後に清《せい》華《か》大学英文科に転学。二年後に退学して故郷の湖北に帰り、革命活動に従事した。正真正銘の高学歴党員であることがわかる。

一九二七年、中国共産党の蜂起〔八・一南昌蜂起など〕が失敗すると、党組織と連絡がとれなくなり（脱党の説もある）、魯迅《ろじん》★1の忠実な信徒となり、詩歌と文芸評論に没頭した。一九二九年、慶応大学英文科の留学試験に合格し、渡日。日本留学中、中国の革命文学を熱心に紹介し、中国左翼作家聯盟〔略称、左聯。一九三〇年三月上海で結成。周揚（しゅうよう）を中心とする中共の上海党員と魯迅ら両グループで運営。その後あいつぐ弾圧を受ける〕の東京支部を創設し活動した。一九三三年、留学生のあいだで抗日団体を組織したかどで日本政府に逮捕され、数カ月の留置後、国外追放される。

上海に帰った胡風は魯迅の指導下で左翼文芸運動に入り、左聯の宣伝部長と書記を務めた。彼は多くの青年作家と連携しながら、詩歌と文芸評論を発表し、著名な詩人、文芸評論家となった。一九三六年五月、胡風は魯迅を代表して「民族革命戦争の大衆文学」のスローガンを提出し、周揚《しゅうよう》★2が出した「国防文学」のスローガンと激烈な論争を展開した★3。

この「二つのスローガンをめぐる論争」が禍根となって、胡風は辛い後半生を送ることになる。

抗日戦争が始まると、彼は武漢《ぶかん》、桂林《けいりん》を転々としながら重慶《じゅうけい》にたどり着き、「中華全国文芸界抗敵協会」の責任者となり、復旦《ふくたん》大学教授を兼任した。上海と重慶時代、彼は『海燕』『七月』『希望』などの文芸雑誌を創刊し編集長となり、延安《えんあん》にいた作家を含む多くの進歩的作家の作品を掲載した。彼自身は著名な「七月派詩人」の領袖、代表であり、大後方〔抗日戦期、国民党支配下にあった西南、西北地区＝四川、雲南、陝西、甘粛の諸地域〕の青年たちに多大な影響を与えた。

●青年の教師、文壇の領袖

高名な文学理論家として、胡風の文芸思想は独特の魅力的な見方とスローガンを持っていた。たとえば、「いたるところに生活あり」「真実を書け」「主観なる戦闘精神」「一冊でもいい本を書く主義」等々のスローガン。彼は「芸術に忠実な作家が、最も純粋かつ生命力に満ち、彼が描こうとする生活内容を最大限に表現できる形式を、苦心惨憺しながら探し求める努力をするならば、たとえ生活の大波を経験しなくても、彼の作品は高度の芸術的真実に到達することができる」と考える。また「作家は一生の間に後世に残せるよい本を一冊は書くべきである」と主張している。そして彼は「真実のリアリズムの創作方法は、作家の経験不足と世界観の欠陥を補って余りある」とした〔胡風は文芸創作における作家の主体性を重んじる立場から、マルクス主義文芸理論の公式主義を一貫して批判した〕。

当時の重慶、成都《せいと》、昆明《こんめい》などの都会には、百万以上の青年学徒が全国各地から移ってきていた。胡風の講演はいつも大入り満員で、大勢の青年たちが押し寄せ、熱狂的な反応を引き起こした。各地にある中共のゲリラ根拠地にも少なからず思想追随者がいて、新聞では彼を青年の師、領袖、文芸思想の旗幟《きし》と称えた。重慶の中共駐在代表の周恩来は彼に敬意を払い、「老朋友」「文壇の俊傑」「魯迅の直弟子」と称えた。

●文学芸術の実用主義

だが、毛沢東は胡風が多くの年若い知識人に尊敬されていることが気にいらなかった。一九四二年五月、毛は『延安における文芸座談会上の講話』〔以下『文芸講話』と略す〕を発表した。それより前に毛は周揚、胡喬木《こきょうぼく》★4や陳伯達《ちんはくたつ》から、胡風のことを聞いていた。そして毛の『文芸講話』の主要論点のいくつかは、本当は胡風の文学理論を「詭弁邪学」だと攻撃するためのものだった。

『文芸講話』はこう主張した。

「われわれの文学は人民大衆のためにある。まず最初は工農兵〔労働者、農民、兵士〕のためだ。彼らのために創作し利用される。革命の文芸とは、人民大衆の生活が革命作家の頭脳の中に反映された産物だ。革命文学芸術家は、長期かつ無条件に、唯一、工農兵群衆のなかで最人かつ豊富な源泉に入り込み、あらゆる感動的な生活形式と闘争形式および、あらゆる文学と芸術の原始材料を観察し、体験し、研究し、分析してはじめて創作過程に進むことができる」

さらに「人性論」〔人間性論。人間の本性は、社会制度を超越し不変なものという考え方〕を批判し、「今でもまだエッセイ時代、魯迅の筆法が必要だ」というような「極端に間違った観点」を批判した。また「知識分子は思想改造し、工農と結合し、顔も脳も洗い、換骨奪胎し、真人間に立ち返るようにしなければならない」と強調した。

つづいて「文学芸術は、革命の功を称え、革命の徳を誉めなければならない。文学者や芸術家はそのような称賛派となるべきである」と指示し、「文芸作品の評論は政治基準が第一、芸術基準は第二」だと規定し、芸術作品は「人民を団結させ、人民を教育し、敵を打撃し、敵の有力な武器を消滅する」ものとなるよう要求したのである。

毛沢東のこの『文芸講話』は、マルクス・レーニン主義の名において、文学芸術の功能をかつてなく卑俗化し、実用化し、そして絶対化した。同時に共産党の政治思想活動と党の知識分子政策にキツイ枠をはめ、その後知識分子を次々に粛清し、迫害する政治運動の指導的思想と理論的根拠となった。そしてそれは文芸の範囲を超えて、全党の政治思想の指導方針と理論の準拠となったのである。

●胡風は『文芸講話』と共通認識をもたない

『文芸講話』がその年の秋に、重慶の中共事務所に伝わると、中共党寄りの人びとはただちに学習、討論会を開き、『文芸講話』は「創造性ある豊富さでマルクス・レーニン主義の文芸理論を発展させた」「思想活動の宝」「革命文芸の聖典」「方向、道筋、将来を明らかにした」「炬火であり、明るい灯火だ」と持ち上げる称賛、擁護の声をあげた。

ひとり胡風だけは軽々しく同意を表明しなかっただけでなく、毛沢東思想に背く自らの観点を撤回しなかった。「学術問題はみな平等だ、時間に結論を出させればいい。権勢におもねってはいけないし、ましてや権勢で抑えるのはもってのほかだ」という考えだった。

しかし、毛に追随する人たちは胡風を放っておかなかった。一九四二年には重慶で、解放直前の香港で、二度も胡風に対する批判の集まりを開き、彼が過ちを認め、『文芸講話』の旗幟の下に加わる共通認識をもつようにと促した。だが、胡風は「真理というものは、ときには少数の人たちのほうにある、いや、一個人の手の中にある場合すらある。私は学術の真理のために、孤軍奮闘してでもやる」と語った。

一九四九年七月二日、北京で行なわれた新中国第一回の中華全国文学芸術工作者代表大会〔中共の指導下で文学芸術界を組織化した連合会。略称、文代会〕には、毛沢東が出席した。茅盾《ぼうじゅん》★5が報告を行ない、そのなかで名指しはしないものの胡風の文芸思想を批判した。

一九五一年十一月二十三日、党中央宣伝部〔以下中宣部と略す〕は毛主席と党中央に、文芸幹部に関する整《せい》風《ふう》★6の書面報告を行ない、承認を得た。翌日、北京文芸界は学習動員大会を開いた。胡喬木、周揚と丁玲《ていれい》が報告を行ない、名指しで胡風とその文芸上の観点を批判したあと、「文芸活動のなかにある濃厚な小資産階級《プチブル》傾向を一掃する」と決議し、『文芸講話』を再度学習せよと説き、毛沢東思想の絶対的指導地位を確立せよと命じ、文芸作家全員の思想の改造を求めたのであった。

一九五二年五月二十三日は毛沢東の『文芸講話』十周年記念日だった。胡風の教え子で親友の舒《じょ》蕪《ぶ》は『長江日報』に、『文芸講話』を初めから学習したい、自らの文芸思想について深刻に反省したいという一文を載せた。胡風先生とは一線を画したいという意思表示だ。胡喬木はすぐにその一文を『人民日報』に転載させ、自らペンをとり、殺気だった調子で「編集者の言葉」を書き、「革命の実践と思想改造の意義を否認している」と胡風を批判した。

胡喬木は毛沢東の首席文章秘書だ。彼がわざわざ党中央機関紙の「編集者の言葉」に書いたということは、当然のことながら彼の主人の意向を代表したものだ。これが党中央の最初の「胡風を頭とする文芸小集団」の名指しの批判となった。

●胡風は重囲に陥ってもなお論争した

一九五二年七月、上海の自宅にいた胡風のもとに、北京で開かれる胡風の文芸思想に関する討論会に参加せよと通知が届いた。討論会では周揚が中宣部を代表し、胡風の文芸理論は「反党の路線」であると決めつけた。ここにおいて胡風に向けた容赦ない暴露と非難が始まった。中央の号令にしたがって、思想文化界が総動員された。「老朋友」だった巴金《ぱきん》★7、曹禺《そうぐう》★8、丁玲、謝冰心《しゃひょうしん》★9、馮雪《ひょうせつ》峰《ほう》らを含め、全員が彼を取り囲んで批判した。

翌五三年一月三十日、中宣部の林黙涵《りんもくかん》★10は『文芸報』で「胡風の反マルクス主義文芸思想」を発表し、翌日には全文が『人民日報』に転載された。二月十五日、『文芸報』は文学研究所所長・何其《かき》芳《ほう》★11の胡風に対する批判論文「リアリズムの道か、それとも反リアリズムの道か」を掲載した。

胡風は重囲に陥って、四面楚歌となった。それでも彼は頭を下げたり、手をあげて降参しなかった。一年余りかけて党中央に文芸活動に関する思想報告を書き、自らを弁護した。一九五四年七月、彼は友人たちの協力により、三十万字近い「解放以来の文芸実践情況に関する報告」を書き上げた。これが、のちに言われる『三十万言の書』である。この報告書は、文教工作を担当していた国務院秘書長の習仲勲《しゅうちゅうくん》の手をへて党中央と毛主席に提出された。

このなかで彼は、周揚らが新中国創設以来彼に対して加えた迫害を詳しく記した。

つづいて党の文芸に関する干渉を厳しく批判した。

「作家が創作するにあたって、まず完全無欠の共産主義世界観を具備しなければ、社会主義、現実主義の創作方法は生まれてこない」という定義は作家たちの口を封じるものだと主張した。

「工農兵の生活だけが生活と言える」という原則を一笑に付した。

「政治思想を改造してはじめて創作ができる」ということならば、それでは『紅楼夢』の著者・曹《そう》雪芹《せっきん》やバルザックはどうだったのかと論駁した。

●愛弟子、舒蕪が背後から突き刺す

胡風はまことに何物をも恐れない理論戦士であった。彼は論争の矛先を直接偉大なる領袖に向け、毛沢東の光輝ある著作『文芸講話』に挑戦したのだ。毛主席は時間をかけて、『三十万言の書』を「研究」した。

一九五五年一月二十日、中宣部から中央に「胡風思想の批判展開に関する報告」が提出された。同月二十六日、中共中央から全党・全軍に向けて「通知」が発せられ、胡風を批判する運動を全国的に展開する手はずがととのえられた。偉大なる領袖が怒り狂った。前には胡風に服従を要求しただけだったが、いまや胡風を徹底的に叩き潰す。

一九五五年四月、全国の胡風批判が盛り上がっているさなか、愛弟子だった舒蕪は、胡風先生が四〇年代に彼宛てに書いた私信ひと束を進んで党組織に提出した。旧中国の社会では文人のあいだで交わされる書簡には、喜怒哀楽が吐露され、隠語や綽名が飛び交い、自分の一派と意見がくい違う党員作家や党外作家を、謗《そし》ったり風刺したりする〔魯迅あたりのエッセイが絶妙〕のはよくあることだった。

中宣部の林黙涵は鬼の首でもとったように喜んだ。いよいよやっつける材料が揃った。毛主席の許可をとると、公安部と中宣部と中国作家協会からなる「胡風特捜審査合同班」が結成された。林黙涵と劉伯羽《りゅうはくう》★12が中国作家協会を代表して「合同班」を公安部に移し、「胡風特捜本部」が創設された。舒蕪は先生の背後から致命の一太刀を見舞ったことになる。

●毛沢東は自筆で案件の性質を定めた

「胡風特捜本部」は、舒蕪が提出した書簡に、胡風の支持者たちの家宅捜査で押収した書簡と書類を加えて整理して三つの「反党材料」とし、これに「編集者の言葉」を付け加え、まず『文芸報』に掲載したあと『人民日報』に転載して、全国に胡風批判の新しいブームを巻き起こそうと準備した。中宣部部長・陸定一《りくていいち》★13と周揚は周恩来の承認を得たうえで、中国作家協会の党組メンバーに命じて会議を開かせ、『文芸報』執行編集委員の康濯《こうたく》★14を「三つの材料」に対する「編集者の言葉」の執筆者に指名した。

周総理の承認からこの段階までは、誰もが胡風問題は「反動文芸思想」の範囲内で処理すればすむと決めていた。周揚は康が書いた「編集者の言葉」を林黙涵、劉伯羽らに推敲させ、修正して決定稿にしてから「三つの材料」と合わせて周総理に提出した。周総理は日を通すと、最終裁決を仰ぐために毛主席に提出した。

翌日、偉大なる領袖の指示が下された。康の「編集者の言葉」は駄目だから、自ら書き直す。発表の順序も先に『人民日報』に出してから『文芸報』に転載する、と改めた。

毛主席が自ら書いた「編集者の言葉」が胡風批判担当幹部の周揚、林黙涵、劉伯羽、康濯らの手に渡された。読んでみて、みなが仰天した。これは大変なことになったと思った。自分たちの右傾思想と温情主義を反省し、自己点検を行なわねばならないと慌てふためいた。

毛沢東はまず、「三つの材料」の名称を『胡風小集団に関するいくつかの材料』から『胡風反革命集団に関するいくつかの材料』に変えた。そして「編集者の言葉」を四つの段落に書き直した。なかでも誰もが腰を抜かした肝心要のくだりはこうだ。

> 胡風反革命集団は決して小さくない集団だ。かつては小集団だと言われていたが、それは間違いだ。彼らの数は非常に多いのだ。以前は一握りの単純な文化人だといわれていたが、それは間違いだ。彼らは政治、軍事、経済、文化、教育の各部門に潜り込んでいるのだ。かつて彼らは暴

力で堂々と反抗した一握りの革命党のように言われていたが、それは間違いだ。彼らの大半はいずれも由々しき問題をもっている。彼らの基本組織には、帝国主義国民党の特務、もしくはトロツキスト分子、もしくは反動軍人将校、もしくは共産党の反徒がおり、これらの人々が骨幹となって、革命陣営に隠れて反革命派閥や地下の独立王国を組織している。この反革命派閥と地下王国は、中華人民共和国を倒し、帝国主義国民党の統治を取り戻すことを任務としている〔『毛沢東選集』第五巻一六三頁。人民出版社、一九七七年版〕。

●毛沢東は胡風は殺すべき罪があると言った

五月十三日、『人民日報』は「第一の材料」として、一九四三年から五〇年まで、胡風が舒蕪に宛てた三十四通の私信の内容の要約を公表した。

同月十七日早朝、胡風と夫人の梅志《ばいし》は公安に逮捕された。逮捕令には公安部長・羅《ら》瑞卿《ずいけい》の署名があった。胡風夫妻はともに全国人民代表〔国会議員〕だったので、全人代常務委員会が緊急会議を開いて二人の除名手続きをした。

同月二十四日、『人民日報』は「第二の材料」として、全国で一斉に逮捕した「胡風集団」メンバーの家宅捜査から押収した書簡と書類六十八通を要約して公表した。

六月十日、『人民日報』は「第三の材料」を公表した。五つの部分に分けられていたが、分類標題と注解のほかに、毛沢東が長文の批判を書き、「早くから国民党特務と連絡をとっている」胡風らは「帝国主義と蔣介石国民党の忠実な走狗《そうく》」だと断定したのである。

同月十五日、『人民日報』はこれら三つの材料を一冊に編集し、毛沢東自ら「序言」を入れて、七百六十万部を印刷、発行した。領袖の号令一下、胡風反革命集団の粛清闘争に変質した新中国の言論弾圧事件は、厳格かつ迅速に、全党・全軍・全国にわたって泣く子も黙る凄じさで進められた。

一九五六年四月二十五日、毛沢東は中共中央政治局拡大会議で『十大関係論』〔同年二月のスターリン批判の衝撃に対応した毛沢東の考え〕を講演するなかで「胡風、潘漢年《はんかんねん》、饒漱石《ぎょうそうせき》のような人間は殺さない。彼らを殺さないのは殺すべき罪がないのではなく、殺さないほうが都合がよいからだ」と語った。

●証拠がなくても重刑

ある統計によれば、胡風反革命集団の粛清運動の初期には、全党・全軍から「胡風分子」を全国で数十万人も摘まみ出した。上は七十代の大学教授、部隊将校、下は工員や十六歳の中学生まで、なかには胡風の詩集を一冊読んだことがあっただけ、胡風の講演を一度聞いたことがあっただけで「胡風反革命集団」のメンバーとされた者もいた。

しかし、全国津々浦々で事件処理に忙殺される担当者たちを困らせたのは、捕まえた「胡風分子」から「犯罪行為の材料」が見つからず、罪名を言い渡すことができないことだった。胡風本人を含めて連座したのべ数千人についても、十年の歳月をかけて調査を繰り返しても、偉大なる領袖が指示した「帝国主義の走狗」「国民党特務」「トロツキスト分子」「反党分子」「政府転覆分子」

等々の犯罪行為があったという証拠は出てこなかった。

　胡風はまるまる十年間収監された。一九六五年になって、最後には偉大なる領袖が癇癪を起こしたため、有期刑十四年、政治的権利剥奪六年を言い渡された。連座した「胡風反革命集団中核分子」の阿壠《あろう》、★15賈植芳《こしょくほう》にも有期刑十二年が言い渡された。胡夫人の梅志はなおのこと、何の罪もないにもかかわらず、十年ものあいだ収監された。★16一九六五年末、胡風はやっと仮釈放され、四川《しせん》の成都《せいと》に移され、そこに住まわされた。毛沢東が自ら指揮した嵐のような大言論封殺事件も竜頭蛇尾のうちに終息した。

　一九六六年の文化大革命が始まって間もなく、周揚は「反党修正主義」路線をとったと批判され打倒された。この機会に周揚を非難したらどうかと勧める人がいた。胡風は「私はとても拍手して快哉を叫ぶ心境にはない。周揚らをこのように大げさに批判するのは事実とまったくかけ離れていて承服しがたい」という態度をとった。

　しかし、胡風もついに文革の災難から逃れることはできなかった。江青《こうせい》と陳伯達はこぞって胡風を非難し、彼はもう一度入獄する。夫人は逮捕されなかったが、獄中の夫とともに過ごすと、自ら志願して入獄した。一九六九年、胡風は無期刑と政治的権利の終身剥奪を言い渡された。その判決を宣告できたことでようやく偉大なる領袖の御意に沿うことができたのである。

●胡風の冤罪、ついにそそがれる

胡風夫妻の獄中生活は二十四年間もの長きにわたったが、二人は生き延びた。まさに奇跡としか言いようがない。夫人の梅志は、迫害に苦しむ夫を支えつづけた二十世紀の偉大な女性と称えられることになった。毛が死に、江青が捕らわれてから二年後の一九七八年、胡風の無期刑は撤回され釈放された。翌七九年には北京居住を許された。

一九八〇年七月、公安部、最高人民法院と最高人民検察院は合同で一年余り再審した結果として、「胡風は反革命分子ではなく、また胡風を頭とする反革命集団も存在しなかった。これは誤審であるので名誉回復させるべきである」と党中央に報告した。当然のことながらその報告には、毛沢東が手ずからつくり出した事件の責任については一言も触れられていなかった。一九八五年、胡風は北京の自宅で没した。

★1　魯迅＝一八八一〜一九三六年。旧中国時代の代表的作家。日本で最も知られている中国人作家。

★2　周揚＝一九〇八〜八九年。中共党員の文芸理論家。中共の手先となって建国後も多数の文化人を迫害するが、自らも文革で失脚。十一章参照。

★3　「民族革命戦争の大衆文学」と「国防文学」の論争＝一九三五年十二月、周揚らはモスクワ滞在のコミンテルン中共代表・王明《おうめい》の指示により、左聯を一方的に解散し、一九三六年春に「中国文芸家協会」を結成して〝国防文学〟のスローガンを提唱し、広範な抗日民族統一戦線の結集を主張した。これに魯迅らは反発した。五月に魯迅と相談して胡風がまとめ、胡風の名で「人民大衆は文学に何を要求しているか」を発表し、「民族革命戦争の大衆文学」のスローガンを打ち出した。周揚らは、胡風たちを統一戦線の破壊者として糾弾し、激論が始まった。七月、魯迅らは、六月に創設された周揚ら百十名の「中国文芸家協会宣言」とは重複しないメンバー七十七名で「中国文芸工作者宣言」を発表した。論争自体は魯迅の死の直前の十月初め、両者による「文芸界同人の団結御侮（外からの侮りを防ぐために団結）と言論の自由のための宣言」によって終結する。

★4　胡喬木＝一九一二〜九二年。三二年中共入党。四一年以降、毛沢東の秘書。筆が立つ党保守派の指導的理論家。文革中迫害受ける。八一年「歴史決議」起草。

★5　茅盾＝一八九六〜一九八一年。三一年中共入党。中国の代表的小説家。

★6　作家たちの思想や作風を党の思想に合致するように整頓する。

★7　巴金＝一九〇四年生まれ。中国現代文学を代表する小説家。

★8　曹禺＝一九一〇〜九六年。劇作家。五六年入党。文革で批判される。

★9　謝氷心＝一九〇〇〜九九年。本名婉瑩。女流作家。四六年に来日し、東京で講演。

★10　林黙涵＝一九一三年生まれ。文芸評論家で中共の文芸官僚。

★11　何其芳＝一九一二〜七七年。詩人、文芸評論家。三八年延安で中共入党。

★12　劉伯羽＝一九一六年生まれ。解放軍系作家。三八年延安で中共入党。

★13　陸定一＝一九〇六〜九六年。二五年入党。中共の元老の一人。長征参加。宣伝が主。五六年、毛沢東の指示により「百花斉放・百家争鳴」を提唱。副総理になったが、文革で失脚。

★14　康濯＝一九二〇〜九一年。三八年入党。作家。中共の文芸活動の手先をつとめるが文革で失脚。

★15　阿壠＝一九〇七～六七年。作家、詩人。獄死。

★16　阿壠らのほかに、レッテルを貼られた人二千一百余人、逮捕者九十二人、隔離審査を受けた人六十二人、公職を除名された人が七十三人で、いずれも公安・検察部門で処理された。また摘発され、「制裁を恐れて自殺」した人は一千人余り。

〈八〉『海瑞罷官』を自在に使う　文革と権力闘争

一九六四年十月、ソ連共産党書記長だったニキータ・フルシチョフが突如として失脚した。フルシチョフと喧嘩をつづけ、非難を繰り返していた毛沢東は思いもかけない敵の親玉の失墜にびっくりした。ところが、毛はさらに大きな衝撃を受けることになった。その翌月のあるソ連幹部のつぎのような発言だった。十一月にモスクワを訪れた中国の代表団をクレムリンの晩餐会に迎えて、マリノフスキー国防相が言った。「われわれがフルシチョフを引きずり下ろしたように、きみたちは毛沢東を引きずり下ろせばよいではないか」

毛沢東は一九七〇年にエドガー・スノーに向かって、劉少奇《りゆうしようき》やほかの党幹部の粛清を決意したのは一九六五年一月のことだと言ったという。毛が部下の誰かから、マリノフスキーの発言を聞いてから一カ月ほどあとの決意だった。『海瑞罷官』の芝居を利用しようと毛は考え、慌てずに、ゆっくり計画を練ることにしたのである。

●歴史を忘却する民族

知識人呉晗《ごがん》は、自由主義思想をもつ恩師胡適《こてき》★1の薫陶を受けながら、あえて毛沢東思想の道具となることに甘んじ、新作京劇『海瑞罷官《かいずいひかん》』を書かされることになった。この作品はその後、毛沢東の権力闘争の道具に使われ、彼と他の知識人たちは虫けらのごとく生贄《いけにえ》にされ、文化大革命の口火が切られた。

二〇〇四年五月は文化大革命の三十八周年に当たる。大災厄の文革のあとに生まれた世代は、父や祖父が経験した『海瑞罷官』〔日本では『海瑞免官』とも言う〕という冤罪事件とは、いったいどのような出来事なのか、もはや理解しがたいであろう。毛沢東は自らこの事件をでっち上げ、これを使って彼の文化大革命の最初の砲声を轟かせた。

最近は文革を経験した世代ですら、災難の記憶は日々薄れ、あやふやになっている。しかも党側が提供する「革命回顧録」なる「史料」や「档案《だんあん》」〔ファイル〕では、毛沢東の『海瑞罷官』については通りいっぺんの記述か、隠してしまい、すべてを客観的に記していない。文革以降に生まれた世代にいたっては、その絶対多数は海瑞や呉晗がどのような人物か、もはや知らないであろう。ある青年作家など、親や親類からなにひとつ聞かされていなかったのか、公開文書で「文革の苦難は、あなたたちの世代が語るフィクションではないのですか」と質問する始末である。

そう考えると、鄧小平が出した「すべてに前向きになれ」や江沢民総書記が出した「安定が最優先」はなんと英明な政策決定、なんという知恵と遠見であったかがわかる。江総書記が鄧小平理論を成功裏に運用し、自分の「三つの代表思想」を発明したことによって、われらが国家は歴史を蔑視する国家となり、われらが民族は歴史を忘却する民族となった。そして、われらが共産党はついに名実ともに「すべて拝金主義たれ」の党と相成っているのである。

●「冤罪事件」の発端は一九五九年四月

さて、『海瑞罷官』冤罪事件の顛末を話そう。

一九五八年に毛沢東が発動した大躍進運動によって、大衆の生活は苦しく、飢餓がひろがり、恨みの声は満ちあふれる状況となった。毛沢東は彼の「持続的躍進」の看板はおろさなかったが、翌五九年春から政策をいくらか手直しせざるをえなかった。下の幹部に対して、嘘を並べてうわべを飾るな、農民の自留地を没収するな、農民を共産主義の共同生活に再び追い立てるな、再び家庭消滅を提唱したり共産風を吹かすな、と譲歩を認めることになった。

一九五九年の三月二十五日から四月一日まで、毛沢東は上海で中央政治局拡大会議を主宰し、つづけて八期七中全会を召集した。両会議とも、前年の大躍進の高い目標を適当に下げて、それでも各種産業の持続的躍進をつづけようとした。たとえば、鉄鋼生産二千万トン〔前年の倍〕、食糧生産は一兆五百億斤〔五億二千五百万トン〕を成就したい。こういう会議では決まって毛沢東の独り舞台であり、劉少奇、周恩来、鄧小平や彭真《ほうしん》らは拍手して賛意を表明するのがつねだった。だが、生米剛直の彭徳懐《ほうとくかい》元帥はひとり異を唱えた。

ある日の会議で、毛沢東は、前年は全国各地で第一書記が指導したから、仕事に少なからず間違いが生じたと語った。彭徳懐は我慢できず、「去年は毛沢東同志が自ら指導し、みなはあなたについて行ったのじゃなかったか」と口を挟んだ。毛はその場で怒りだした。彭は自分に恨みがある、深い恨みはなくてもいくつかの恨みがあるからだ、と激しく彭を非難した。彭徳懐も顔を真っ赤にしたが、それ以上は言わなかった。

党中央の重要会議の開催中は、昼間は会議、夜は芝居見物が慣例であった。全国各地から選りすぐった劇団が代わるがわる出演して幹部たちを楽しませる。ある晩、毛沢東の故郷の湘劇《しょうげき》〔湘は湖南省の略称〕が伝統の湘調歌いの演目『生死牌』を上演した。

明《みん》の時代、官吏一家の父親が冤罪を被った。三人の娘が一枚の死牌（死札）を争い、取れれば父の身代わりに刑を受けるという故事であった。ストーリーに曲折があり、観客の心に触れる芝居であった。クライマックスになると、正義の官・海瑞が舞台に現れ、凶暴を恐れず、無辜《むこ》の弱き者を助けるために官位を失うことも恐れず、全力を尽くし、ついに一家断絶になる冤罪事件の発生をくい止め、一件落着するという筋立てだ。

毛沢東は湖南省党委第一書記・周小舟《しゅうしょうしゅう》★2の付き添いで観劇したが、この湘劇を大いに賞賛した。そして、この海瑞という清廉な役人に興味を抱き、翌日に筆頭秘書の田家英《でんかえい》に、上海図書館から

『明史』を借り出させ、『海瑞伝』を詳しく読んだ。数日後、彼は会議中でも会議が終わってからでも、海瑞をしきりに話題にした。ところが悲しいかな、中央委員の面々は大半が軍隊出の無学ぞろいで、民間で流布する宋《そう》時代の「包青天」★3は知っていても、明時代にもう一人「海青天」がいるとは知らなかった。

そこで、毛沢東は彼らに歴史を講義した。

●明時代の清廉な役人、海瑞の伝記

海瑞（一五一五～八七年）は広東・瓊山《けいざん》〔海南島〕人。四歳のときに父を亡くし、苦学して明朝の嘉《か》靖帝《せいてい》〔在位一五二一～六六年の四十五年。明朝は繁栄から衰退に向かう〕の官僚に出世する。官は知県〔知事＝地方官〕が振り出しだった。生活は質素で、民情をよく察し、冤罪事件を再審査し、汚職賄賂を絶やしたので、政治的名声はしだいに高まり、官位も戸部雲南司主事まで上がった。今のポストで言うと中央政府の局級の幹部である。

当時、嘉靖皇帝はすでに四十三年も皇位に座り、朝政に飽きて西苑《せいえん》（こんにちの中南海）に引きこもり、道教・道術に心酔し、不老長寿の術に熱中し、天下や庶民の情況を顧みなかった。朝廷の官吏大臣といえば、嘉靖帝のデタラメな振るまいに迎合し、法螺吹きに胡麻すり、太平に浮かれるありさまだった。恐れることなく忠言し、諫めた大臣もいたが、その結果殺されたり牢屋に入れられたりしたため、上訴する人もいなくなった。

このときに海瑞が登場した。何ものをも恐れない中級官吏の海瑞は、勇敢にも嘉靖帝に直言する上訴を出したのである。海瑞の書は「陛下の過ち多々あり、加持祈禱……」と、皇帝のデタラメぶりを一通り並べたあとで、「陛下が改めず、このまま百姓を搾取するような官吏を任命しつづけると、天下は反乱を起こし、民は民でなくなります」と諫めたのである。これが歴史上有名な「海瑞上訴」である。

嘉靖帝はこれを読んで大いに怒り、すぐさま海瑞を捕らえよと命じた。ところが、黄錦《こうきん》という宦《かん》官《がん》が「海瑞はこの上訴を出す前に、すでに自分の棺桶を市場の入口に置き、妻子とも決別し、家中の使用人もすべて解雇してしまいました」と上奏すると、嘉靖帝は驚き、海瑞を死刑に処さず牢に入れた。海瑞は牢中で酷刑をなめ尽くすが、罪に服せず嘉靖を批判しつづけた。

海瑞にひそかに同情し、救いたいと考えていた大臣も少なくなく、嘉靖帝自身、内心では彼に敬服し、死なせたくなかったが、このとき帝は病気にかかり、余命いくばくもなかった。

ある日、看守が海瑞にご馳走を出した。海瑞はこれを彼の「告別宴」だと見て、残さず平らげてしまうと、看守が「嘉靖皇帝は崩御され、穆宗帝《ぼくそうてい》が即位して先帝の遺詔を宣布し、貫下を出獄させ、なおも任用することになるらしい」とこっそり告げた。海瑞はそれを聞いて号泣した。海瑞は、嘉靖に厳しい批判を加えはしたが、帝に忠誠だったのである。海瑞はその後も終生清貧に甘んじ、民のために冤罪事件を解決し、汚職官吏を捕まえたりしたことから、明朝の「海青天」の称号が与えられた。

●毛沢東、海瑞を見ならえと号令をかける

毛沢東主席の講義を聞いた中央委員は大いに感動した。それを見て、毛沢東は八期七中全会で、こう呼びかけた。

「党のすべての幹部は海瑞を宣伝せよ、海瑞を学習せよ。なかでも中高級幹部は海瑞をよく見ならって海瑞精神を発揚し、はばからずに忠言をもって諫め、人民のために請願せよ。海瑞精神とは、クビ切りを恐れず、降格を恐れず、党除籍を恐れず、離婚を恐れず、牢獄や死刑を恐れずの〝五つの恐れずの精神〟だ」

そして、秘書らに「海瑞を学習し、海瑞の〝五つの恐れずの精神〟を広める」文書をつくらせ、毛沢東主席の全党向けの重要指示として配布した。

会議の閉幕後、中央書記処候補書記で毛主席事務所主任の胡喬木《こきょうぼく》は北京に帰るとすぐさま『人民日報』や雑誌『紅旗』の責任者に党中央の「海瑞を学ぶ新精神」を伝達し、宣伝のためのチームをつくるように指示した。

一方で胡は毛主席の指示にしたがい、著名な明史学者であり北京副市長でもある呉晗を訪問し、海瑞の生涯の事蹟を紹介する文章を何編か書いて『人民日報』に発表してほしいと頼んだ。呉晗は喜んで引き受けた。彼は鄧小平や彭真ら要人ともブリッジや将棋の親しい仲間であった。まもなく『海瑞罵皇帝』〔海瑞、皇帝を叱る〕『論海瑞』『海瑞故事』等の論文を『人民日報』と『北京日報』に発表し、

読者からも好評を博した。

ここで、呉晗という、二十世紀の新旧中国における代表的知識人にして、『海瑞罷官』筆禍事件の悲劇の主人公を紹介しよう。

●胡適が一手に育てた明史研究者

呉晗、本名呉春晗《ごしゅんがん》、一九〇九年生まれの浙江《せっこう》省義烏《ぎう》出身。一九二七年杭州之江《こうしゅうしこう》大学に学んだのち、翌二八年、上海中国公学大学部に入り、史学を専攻した。一九三〇年、胡適に弟子入りし、北京大学歴史系に進んで研究を深めようとしたが、数学の成績が零点だったため、同大は入学を拒んだ。そこで胡適は、彼を清華《せいか》大学の史学系主任・蔣廷黻《しょうていふつ》★4に推薦して入学させた。この経歴から、当時の呉晗は「革命」に少しも興味を感じず、ひたすら古典を学び、思想的にはかなり右寄りだったとわかる。

清華大に入ると胡適の指導を受け、明史をテーマに研究方法を学んだ。胡適は「明史は材料が比較的多く、難しそうに見えるが、実際は整理しやすい。こまめに一歩一歩踏み込んでいけば労は報われる。どのような解釈を立てても、容易に実証できるから訓練方法として最適である」と言い、「まず『明史』を精読し、ノートをとれ。テーマを決めて小論文を書け。テーマは小さいほどよい。小テーマで研究を深めるべきで、最初から大きく取り組むようなことをしてはならない」と丁寧に教えた。呉晗は胡適の期待に応え、十年にわたって『明史』を研究し、何千枚もの読書カードと何百冊ものノートをもとに数々の論文を書いた。

●『朱元璋伝』が毛晩年の肖像画

呉晗は一九四〇年代に歴史伝記の大作、『朱元璋《しゅげんしょう》伝』を書きあげ、広く好評を博した。当時延安《えんあん》にいた毛沢東もこれを読んで賞賛し、一度彼に会いたいと思った。というのも、毛沢東が最も敬服していた帝王は漢の高祖《こうそ》劉邦《りゅうほう》と明の太祖《たいそ》朱元璋だったからである。ともに貧しい農家の出身で、性格もその行動も毛沢東と似ていたからである。

呉晗はこの本のなかで、東林党《とうりんとう》〔明朝は宦官が権勢を振るっていた。それに対抗する反宦官派を東林党と呼ぶ。官僚や知識人が中心〕の人びとに同情と敬意を払い、宦官が国に災いをもたらし、言論弾圧事件を起こしたことへの憎悪を示すことに大きくページを割いた。たとえば、洪武《こうぶ》帝《てい》朱元璋が、文人に対して凄惨な弾圧を加えるさまを文学的筆法で生き生きと描いている。

「網が張られた。包囲陣は徐々にこれを縮めていく。鷹は空で旋回し、猟犬は地上で追い込む。あたり一帯に角笛の声、叫び声、猟犬を呼ぶ声。網に入った文人は一人、また一人首をはねられ、腹を裂かれ、血の海で呻吟する。網の外にいる者たちは戦慄し、恐懼し、逃避し、姿を隠している」

歴史はなんと似ていよう。呉晗自身、この不吉な予言めいた描写が、十年後の新中国でつぎつぎと起きた血塗られた言論弾圧と重なることになるとは夢想だにしなかった。その最後の一節、「晩年の悲哀」のなかで、毛沢東が敬服したところの独裁者洪武帝をこう描写している。

「妻は死んだ。子供たちはまだ幼い。政権の基盤はいまだ安定せず、独り玉座の上から見渡すと、腹心は一人もいない。威厳たっぷりに振るまいながらも、だまし討ちをされまいと、つねに周囲を警戒してきた。まるで小舟を漕いでいるようだ。波は小舟を翻弄し、何十年たっても岸にたどり着かない。敵は波か岩礁か、いや空を飛ぶ鳥が敵かも知れぬ。誰もが彼を害し、彼を嘲笑し、彼を風刺する。大権を得、皇帝となってからの彼は、極度の緊張症、猜疑心、恐懼心に苛まれてきた」

この一節はまさに、新中国成立後の偉大なる領袖、毛沢東を活写しているではないか。

●呉晗、毛思想の従順な道具に甘んじる

抗日戦後、呉晗の思想は左傾していき、共産党に接近して恩師胡適とは異なる道を歩むことになった。一九四九年、胡適は台湾に去っていったが、北京大学の教授となった呉晗は北平《ペーピン》〔北京の旧称〕に残り、新政権の誕生を迎え、毛沢東主席の上座に座る賓客となった。

一九五〇年、毛沢東の指名により、呉晗は民主党派の身分で北京市副市長となり、教育と文化遺産の管理を担当した。毛沢東は彼に、マルクス・レーニン主義唯物史観に則り、プロレタリア階級の立場に立って『朱元璋伝』を書き換える任務を与えた。

結果は推して知るべしであった。呉晗は領袖の教えどおりに十数年かかって、明王朝の大がかりな言論弾圧事件〔文字の獄（もんじのごく）〕や読書人〔当時の文化人、知識分子〕迫害の内容を、ことごとく削除・修正した。一九六四年にこの修正版を出版したが、もはや無味乾燥、読むべきところなしの内容に変わってしま

った。
呉晗は赤旗の下で真赤な太陽を浴びると、たちまち新思想と新方法に順応するようになった。領袖の思想を貫く歴史を研究し、党の路線に合致する歴史を解釈する。すべては毛主席と党中央の指示をもって学術の標準、史学の準拠とし、毛沢東思想の従順な道具となって、プロレタリア階級の政治のために服務するようになった。

呉晗は、毛沢東が一九五五年から反胡風《こふう》運動を起こすと、積極的に加わり、批判の文章を書き、殺気をみなぎらせた。つづいて「丁玲《ていれい》、陳企霞《ちんきか》反党集団」が摘発されると、呉晗は新聞雑誌で論文を発表し、その討伐に加わった。

一九五七年、呉晗はさらに反右派運動のさなかに、革命への熱情と闘争心を示した。彼が所属する中国民主同盟内部で長いあいだ彼と仕事をしてきた羅隆基《らりゅうき》★5、浦熙修《ほきしゅう》★6、章伯鈞《しょうはくきん》★7、章乃器《しょうだいき》★8らが右派と批判されるなか、水に落ちた犬を叩くように、さらに猛烈な打撃を加えたのである。

同盟組織では中央から地方まで、彼に右派分子と決めつけられた人は六千余名、当時の同盟員の五分の一に達した。呉晗は反右派闘争に手柄ありの功により同盟副主席に昇任し、中共加入を認められた。こうして呉晗は、明王朝の「文字の獄」を厳しく描きだした史学家から、新中国の「文字の獄」の加害者・推進者に変身したのである。

●呉晗は命令にしたがって海瑞を紹介

呉晗が最初の『海瑞罵皇帝』を『人民日報』に発表したのは、一九五九年六月下旬、廬山《ろざん》会議の召集前夜だった。これを発表する前、原稿を胡喬木が審査した。廬山会議は高度の機密扱いであり、山上ではさかんに「彭、黄、張、周の右傾機会主義反党集団」が批判闘争されていたが、北京にいる呉晗は知る由もなかった。

こういうことだった。七月から八月にかけて廬山で中央政治局拡大会議と八期八中全会が開かれた。主要議題は大躍進の政策転換をめぐる論争であった。七月に彭徳懐が人民のために請願する書簡を提出して、政策転換を主張した。黄克誠《こうこくせい》、張聞天《ちょうぶんてん》と周小舟が支持した。八月に毛沢東が反撃に出て、彭らを反党集団と決めつけ、それぞれが職務を解任された。

そして、毛沢東は「海瑞は忠臣だが、彭徳懐は海瑞ではなく、野心家、ニセ君子だ」と罵った。海瑞学習はまだ撤回しなかったのである。

呉晗の第二編の『論海瑞』〔海瑞を論じる〕は、九月初めに胡喬木が廬山から帰って目を通した。そこで初めて胡は廬山での反右派闘争のことを話し、毛主席の海瑞に関する新たな指示を伝えた。

「われわれが提唱するのは〝左派〟の海瑞であって〝右派〟の海瑞ではない。真の海瑞であってニセの海瑞ではない」

原稿は毛の指示にしたがって手が加えられた。彼は論文の最後に、現実と関係のある話を入れて、これは毛主席が指示した「左派」海瑞が真の海瑞であるとの一節を付け加えて、うっかり誤解を生まないように注意を払った。

「海瑞を自任し、〝反対派〟を自認する人びとがいるが、彼らは海瑞と相反し、人民の側に立たず、今日の人民事業、社会主義事業側に立たず、悪い人と悪いことに反対せず、もっぱら好い人と良いことに反対している。これは早すぎた、あれはまずかった、これはやりすぎた、あれは急ぎすぎた、これは偏った、これに欠点がある、あれにも欠点があると言う。太陽の中から黒点を探し出し、十本の指からわざわざ少々欠点のある一本を探し出し、その指は残りの指におよばないと、できるだけ誇大に言う。人民群衆に頭から冷水を浴びせて、がっかりさせる。

このような人は、もっぱら好い人、良いことに反対する人であり、社会主義事業に反対する人である。この人たちは歴史上の海瑞と少しも同じところがないだけでなく、海瑞が反対していた大地主階級の代表の面構えとそっくりである。人民群衆はこのような人を引っ張りだして白日のもとに晒《さら》し、ニセは許さないと大喝一声しなければならない。人民大衆は、彼らの右傾機会主義をさらけだした本性が根本的に海瑞ではないとはっきり見分けているのである」

●京劇の大家、馬連良が呉晗に脚本を依頼

『論海瑞』は一九五九年九月七日付の『人民日報』に発表された。毛沢東はこれを読んだあと、胡喬木に呉晗の文章はよく書けている。反右派闘争は海瑞精神の提唱と矛盾しないと話したという。

北京市京劇院院長で京劇の大家の馬連良《ばれんりょう》は、★9 呉晗の二編の論文を読むと、海瑞の人物像は京劇で自分が演じる役柄にぴったりだと大いに興味を抱いた。馬は呉の自宅を訪問して、海瑞の京劇の脚本を書いてほしいと頼んだ。呉は京劇の脚本は書いたことはないと固辞したが、馬は北京市党委書記の鄧拓《とうたく》〔十一章参照〕、同委宣伝部長の廖沫沙《りょうまつしょう》〔十一章参照〕らのお偉方に呉の説得を頼んだ。呉は説得されて、生まれて初めて脚本を書いた。この一件については同市委第一書記・彭真が熱心に支持した。

ところが、この時期に中国では有史以来最大の飢饉によって餓死した人の数は数十万人にものぼった。毛は後ろに引き下がり、党中央は政策を大幅に修正して農民の救済に努め、鬼の居ぬまの洗濯ということか、知識界の動きが活発になった。呉晗にも批判精神がよみがえり、鄧拓と廖沫沙と三人で政治の失敗を批評する随筆『三家村《さんかそん》』〔十一章参照〕を北京の二、三の新聞に発表した。

●北京と上海の海瑞劇、競演する

一九六一年、呉晗の新編歴史京劇『海瑞罷官』が北京京劇院院長の馬連良の主演により、数十回も上演されて大好評を博した。観客の目には、歴史上の海青天が舞台によみがえり、飢饉によって塗炭の苦しみにある困苦の人民大衆のために皇帝に請願していると映ったであろう。国をあげての大飢饉の時期、毛沢東の領袖としての威望は最低点に落ち込み、その地位はぐらついていた。

海瑞学習の号令は毛沢東自ら発したのであり、毛沢東は馬連良の京劇を観劇し、拍手を送った。ある晩、毛沢東は専用車で馬と呉を中南海の菊香書屋に招き、晩餐をともにした。毛沢東は馬と乾杯し、馬の熱演を誉め、呉に酒を勧めて「教授、海瑞という人物はあなたのような明史専門家でないと書けない。あなたがうまく書いて、彼がうまく演じる、二人とも功労を立てた」と誉めた。一方で、南の上海京劇院の大家・周信芳《しゅうしんほう》★10も遅れてはならじと、この時期に『海瑞罵皇帝』を上演し、数カ月間、満員御礼の大成功をおさめた。南北の二つの海瑞芝居は相競演し、相呼応した。南の『海瑞罵皇帝』は好評を博しながら北上し、北京の『海瑞罷官』と試合でもするかのように、一時期首都の京劇の舞台は空前のブームに沸き、古《いにしえ》を借りて今を風刺する芝居は連日大喝采を浴び、大入り満員であった。

はたして毛沢東夫人の江青は二つの海瑞劇を見て、胸中に感じるものがあった。このような方法で偉大なる領袖毛沢東を攻撃しているのではないか、と考えたのである。

●毛沢東、劉少奇を恨む

一年大躍進、三年大飢饉、一九六一年は餓死が最高潮に達した年である。全国でいったいどれだけの人が餓死したか、中央には統計数字があるはずだ。三千万か四千万か、数字は党と国家機密に属し、絶対に公表しない。毛沢東がこのようなときに海瑞精神を提唱したのは、おそらく統治者に対する人民の恨みを緩和する気持ちもあったであろう。

奇怪なのは、毛沢東は一方で海瑞精神を提唱し、本当の話をしてくれ、民のために請願せよと言う一方で、反右派闘争を堅持し、本当の話をして民のために請願した彭徳懐元帥を決して許さなかったことだ。

そして、いかにして災害から人命を救い、大飢饉の難関を乗り越え、共産党の崩壊を回避するかをめぐる一連の方針、政策のうえで、毛沢東と劉少奇らのあいだで深刻な矛盾が生じていた。劉は毛に向かって「農村で人肉を食べている情況を記録すべきである」と直言したことさえあった。これを公式文書に記載すべきだということだ。

一九六二年、経済の混乱を乗りきり、その地位が安定してくると、毛沢東は劉少奇から権力を取り戻そうと画策し始めた。しかし劉は「非常の人」〔ただものではない人〕であり、党全体の組織系統と幹部組織を支配していた。全国省市自治区の党委書記の大半は彼の部下であり、打倒劉少奇は大仕事である。劉は鄧小平、彭真ら多数の中央政治局委員の支持のもと、毛沢東に対して面従腹背の態度をとり、「赤旗を振りながら赤旗に反する」ことをやっていた。打倒劉を党中央委員全体会議に頼ることはできない。「非常の人」を排除するには、非常手段を採るしかないと毛沢東は考えた。

●毛沢東、階級闘争を言い出す

毛沢東が党内で最も親密で頼れるのは、ほかでもない、妻の江青である。毛は江青をイデオロギー分野を嗅ぎまわらせる「巡回哨兵」に任じた。文芸のエキスパートを自任する彼女は、一九六二年から京劇『海瑞罷官』は彭徳懐復権を狙った黒い芝居だとにらんでいた。劇中の海瑞は農民の利益のために均田制をやり、土豪を脅迫して田畑を農民に返して耕作させる、これは暗に田畑の個人請負制を指し示し、資本主義の道を行けと奨励しているのではないか。人民のために請願する海瑞という歴史上の人物は、反党分子彭徳懐の化身ではないか、と考えるようになった。

一つの仕事をやるには世論づくりから始めなければならない。一九六二年春から、毛沢東はもはや海瑞精神を言わなくなり、顔を強張らせ、言葉を荒らげて、三風〔黒暗風、単幹風、翻案風〕は党上層部ほどひどく吹きまくっていると批判しだした。

「黒暗風」とは、現下の情勢を真っ暗だと言い立てることを指す。たとえば、大飢饉で何千万の農民を餓死させたというような話である。「単幹風」とは、災害区に責任田とか、分田単幹〔田畑を分けて個人責任で生産する〕を取り入れることを支持する党中央の連中を指す。「翻案風」とは、党内の相当数が右傾機会主義分子の名誉を回復せよと中央に要求することであり、とくに彭徳懐の名誉回復の要求を指す。そしてこの三風の風源がいずれも党中央にあると批判したのである。

一九六二年九月、北戴河《ほくたいが》で開かれた八期十中全会の席上、毛沢東は中央の大物、鄧子《とうし》恢《かい》★11と習仲《しゅうちゅう》勲《くん》〔十一章参照〕の二人を審査するよう命じたあと、階級闘争と路線闘争を唱えて、「プロレタリア階級独裁下の継続革命論」を打ち出した〔階級闘争の拡大化と絶対化を主張〕。

一九六三年の後半、毛沢東は社会主義教育運動★12の手はずをととのえた。運動の指導と計画をめぐり、毛沢東の「前十条」と劉少奇の「後十条」★13のあいだに対立が生まれた。翌六四年の年末になると、毛と劉の対立は日に日に激化した。毛沢東は「運動の重点は、党内のあの資本主義の道を歩む実権派（略して走資派）をやっつけることだ。走資派は中央のいくつかの部門にいたるまで、あらゆるところにいる」と言いだした。

江青は夫の意図を察した。彼女は山東《さんとう》省諸城《しょじょう》の同郷で、党内情報部門を指揮する康生《こうせい》をそそのかして、毛沢東に向かって、つぎのように言わせた。

「主席は第八期十中全会で『小説を利用して反党するとは一大発明だ』と話されたでしょう。この『海瑞罷官』という芝居の問題を私は二、三年考えつづけてきたのですが、この芝居はどうも五九年の廬山会議と大いに関係があると見ます。これは偶然の一致ではなく、緊密に現実に合わせたものです。彭徳懐の冤罪を訴えるために、彭徳懐は海青天だと吹き込んでいるのです。彭も海瑞も民のために請願しているのだと褒める。劇中で海瑞が土豪に田畑を農民に戻せとあるが、彭徳懐も分田単幹〔前出〕を主張している。われわれが彭徳懐を批判するときに、彼らは海青天を美化する。この芝居のポイントはここにあるのです」

一九六五年一月の政治局常委拡大会議の席上で、前年末に毛から出された「党内走資派」をめぐって劉とのあいだに激しい衝突が起こり、二人の関係はいよいよ悪化した。毛は江青に指示して文芸界と北京市党委を突破口にしようとした。

その突破口とは、呉晗の新編歴史劇『海瑞罷官』を叩くことである。北京副市長の呉晗の上は彭真市長、彭真の上が劉少奇である。江青は、海瑞と彭徳懐を批判する文章を書ける人材を見つけたかったが、北京では人目が多く秘密が漏れやすいので、現代京劇の二つの芝居『海港』と『智取威虎山』の打ち合わせとの口実で南下し、上海で腹心の張春橋《ちょうしゅんきょう》に秘密裡に相談した。

張は青年文芸評論家の姚文元《ようぶんげん》を推薦した。頼まれた姚文元はものものしい機密保持の下で『評新編歴史劇「海瑞罷官」を評す』を書いた。姚が原稿を一段落書き上げると、革命芝居の脚本の草稿を送るとの名目で、脚本のあいだにこれを挟んで専用機で北京の江青まで届け、彼女が毛主席に渡して筆を加えた。これを前後七往復してうまくやり遂げ、毛の身辺護衛や秘書までが何も気づかなかった。姚の原稿は折り返し九回も修正され、脱稿までに八カ月を費やした。毛沢東は党全体の動きを見据え、軍をしっかり自分の手に握るまで、ゆっくり時間をかけたのである。

●『批「海瑞罷官」』、突然鳴りだす

一九六五年十一月十日、上海の『文匯報《ぶんわいほう》』は第一面、第二面、第三面ぶっ通しで、姚文元の署名入りの論文『新編歴史劇「海瑞罷官」を評す』を発表した。批判の矛先は政権膝下の北京市の市党委と副市長・呉晗に向けられた。市党委をはじめ党の第一線で働く指導集団の党中央書記処、中央政治局の劉少奇、周恩来、鄧小平、彭真は全員わが目を疑った。まさしく青天の霹靂だった。彼らはその論文には大いにわけがあると知っていたが、誰が背後にいるのか特定できなかった。江青か、康生か、それとも毛沢東か。背後関係が不明であることから無視しようと、その論文を黙殺することに決めた。

江青はこれが発表されたら、党・軍全体に政治的大地震を引き起こせると思った。しかし宣伝や世論を操作する中央の機関は劉らの手中に握られていた。党中央宣伝部は陸定一《りくていいち》だ。上海の発表か

ら十九日もたったのに、新華社は報道しない、全国に千社以上もある新聞社は一社もこれを転載しなかった。完全に黙殺された。彭真は上海市党委に「きみたちは北京市の指導者を名指しで批判したが、どうして前もって断わってくれなかったのか。突然襲撃するとは何ごとだ、党中央を眼中に置いていないのか」と電話で詰問した。

●毛夫婦の「陽謀」、阻止される

江青は怒った。毛沢東もまた、劉少奇らに頑強にボイコットされていることに怒った。あの連中はこの党主席を目に入れていないのだ。毛沢東は上海に対して「新聞が転載しないのなら、単行本にして全国に配ればよい」と指示した。姚文元の論文は上海新華書店で早速小冊子に印刷され、各省市自治区の新華書店に注文させるようにした。しかし上海から北京新華書店に電話で売り込んでも、何の返答もなく、かなり日にちがたってから申し訳程度に三千冊の注文があったが、それらは倉庫に入れっぱなしにされた。

上海と北京が対峙する事態となった。結局、周恩来がとりなし、双方がそれぞれ一歩譲歩するよう調停した。『人民日報』が学術討論の紙面で姚の文章を転載し、周恩来はその紙面に、穏やかな学術論争を提唱する「編集者の言葉」を彼自身が書くことで、この件を落着させようとした。

●毛沢東、批判のポイントは免官だと口を開く

毛沢東は何よりも先に軍をしっかり握ろうとした。そして林彪が目の仇にしていた羅《ら》瑞卿《ずいけい》を排除しようとした。

一九六五年十二月十日、毛沢東は上海で政治局常委・軍事常委拡大会議を召集し、劉少奇が国防部長の後任と考えていた解放軍総参謀長・羅瑞卿大将が出席したところをいきなり逮捕★14してしまった。そして、彭真に命じ、「反党問題に関する専案審査小組」〔特捜事件審査班〕組長を担当せよと指示した。さらに「中央文化大革命五人指導小組」〔文芸界の整風を指導する党機構〕の設立を決定し、彭真が組長、成員は陸定一、康生、周揚、姚溱《ようしん》★15と決めた。やがては粛清するつもりの人物にこういう仕事を押しつけるのが毛沢東のやり方だった。

上海会議が終わると、毛沢東は杭州西湖汪荘《こうしゅうさいこおうそう》に戻った。同月二十日、毛沢東は彭真を呼び、面と向かって聞いた。

「呉晗が書いた『海瑞罷官』は、われわれが彭徳懐を批判したことと関係があるのか」

「関係はありません。この件は中央が特別調査しております」

翌二十一日、毛沢東は陳伯達《ちんはくたつ》、田家英、艾思奇《がいしき》★16、胡縄《こじょう》★17、関鋒《かんぽう》★18、呉冷西《ごれいせい》★19らの秀才を召見して文学論をした。談話に興じながら話を現在起きていることと関連させて、毛は言った。

「姚文元のあの文章はなかなかいい。名指ししているから〔呉晗と彭徳懐を指す〕、この先各界に影響が大きい

だろう。それにしても今の北京は、針も通せず水も入らない独立王国になった。しかしあの文章はまだポイントをついていない。『海瑞罷官』のポイントは免官にある。嘉靖帝は海瑞を罷免した。われわれは一九五九年に彭徳懐を罷免した。彭徳懐も海瑞なのだ」

毛沢東はここで「海瑞に見ならえ」の号令をひっくり返したのだ。海瑞を彭徳懐と一緒くたにしようとしている。これを伝え聞いた党中央の大幹部たちは気が重かった。その後、田家英が『毛主席の杭州講話紀要』をまとめるにあたって、他の四名を説得し、同意を得て、独立王国、海瑞、彭徳懐のくだりを紀要に入れなかった。これを途中から挿入したのでは講話全体と調子が合わなかったし、党内紛争をどうにかして平穏のうちに収めたいと気をつかったためでもある。

ところがその後北京に戻った秀才たちのうち、陳伯達と関鋒が江青に、田家英は毛主席の指示を改竄《かいざん》したとすぐさま密告した。田はそのために停職され、検査を受ける身となった。田は毛沢東の身辺で十八年も仕事〔おもに秘書〕をし、有能であったが、毛の機密を知りすぎていた。それ以来隔離、謹慎の身となったが生かしておくとまずいということになった。一九六六年五月二十三日、田家英は中南海永福堂の自宅にいたとき、汪東興《おうとうこう》が連れてきた警衛処長宋《そう》に殺された。対外的には「制裁を恐れて自殺」となった。その宋処長も数カ月後「自殺死」した。

●彭真は抵抗する

一九六六年の正月から、南北双方は新編歴史劇『海瑞罷官』について「学術論争」のかたちをとった闘争を展開した。北京側は中宣部副部長・周揚《しゅうよう》、市党委文教書記・鄧拓、市党委宣伝部長・廖沫沙ら責任者が筆名で論文を書き、史学者の翦伯賛《せんはくさん》〔十四章参照〕、周谷城《しゅうこくじょう》[★20]、李《り》平心《へいしん》[★21]などが加わって姚文元のいう「清廉の官は汚職の官より悪い、より反動」の観点に反駁した。彼らの後ろには劉少奇、彭真がついていた。

一方、上海側には陳伯達、康生、張春橋、姚文元、王力《おうりき》[★22]、関鋒、戚本禹《せきほんう》[★23]らがいて、反批判を進める。その後ろ楯は毛沢東、江青だ。しばらくは、南北の理論の対峙状態となった。その数カ月あと、毛沢東はこの時期を「中央に二つの司令部ができていた」と言った。

劉少奇と彭真はこの論争をうまく片づけてしまおうと懸命になった。一九六六年二月三日、彭真は「中央文化大革命五人指導小組」会議を主宰し、重要な説明をした。

「事実調査によれば、呉晗と彭徳懐とのあいだに組織上の関係は根本的に何もない。呉晗は一九五九年四月の上海会議に出された〝海瑞精神を学習せよ〟によって、『人民日報』から原稿を求められて論文を書いた。そのとき廬山会議は開かれていなかった。廬山会議は上海会議の三カ月後の七月に開かれた。まさしくこの会議で彭徳懐が免官された。二つの会議には数カ月の時間差があった。『海瑞罷官』の脚本は廬山会議のあとに発表されたが、書いたのははたしかに廬山会議の前だった。これは事実である。『海瑞罷官』が上演されたあと、毛主席は海瑞役の馬連良をわざわざ夕食に招待している。主席は馬連良の演技はよかった、脚本もよかったとじかに褒めたたえた。以上は私が勝手に作り上げたのでなく、調査から得られた事実である」

●追いつめられた彭真

彭真の「重要説明」は毛沢東のごまかしを暴いたことにほかならなかった。「五人指導小組」では、康生が沈黙していたが、ほかの四人はみな同意した。その夜、彭真はそれを『当面の学術討論に関する匯報提綱』（二月提綱）に整理して中央政治局常務委員会に報告した。翌日、劉少奇は常委会を主宰した。在京の五名の常委である劉と周恩来、朱徳、陳雲《ちんうん》、鄧小平に彭真がこれに出席し、ともに一致してこの「提綱」に同意し、これを党中央の名義で党全体に配布し、指導運動の綱領的な文書とした。政治局常委七名のうち五名がこれを配布することに同意したので多数派となった。

武昌《ぶしょう》で休養していた毛沢東と、蘇州《そしゅう》で療養していた林彪の二人は少数派となった。党中央は、内部の陣容が二派に分かれて起きた『海瑞罷官』の大論争を、中央文書をもって学術論争に押し込んでしまった。しかし中央文書を配布するには党主席の決裁を経なければならない。二日後の二月五日、劉少奇は、彭真を長とする「五人指導小組」のメンバー全員が武昌に飛び、毛主席に「提綱」を報告して決裁をもらってくるように指示した。毛沢東は当日午後、東湖《とうこ》賓館《ひんかん》で五人と接見し、報告を聞き、「提綱」に対していくつかの修正意見を述べ、北京の常委たちの建議に同意を示した。

彭真は肩の重荷を下ろした思いで、その晩、武昌で「提綱」に文字修正を加えると、北京の劉少奇、鄧小平に報告する時間を惜しんで、そのまま党中央の名で全国県・団〔軍の団〕クラス以上の党組織に文書を発した。

二月六日、毛沢東は彭真を単独召見した。もう一度面と向かって、『海瑞罷官』問題は彭徳懐の復権問題と関係はないかと尋ねた。彭真は「調査により関係の問題は存在しません」とはっきり答えた。彭真が帰ったあと、毛沢東は側近に怒気を吐いた。

「彭真は馬鹿な奴だ。大災難が降りかかってくるというのに、いい気になっている。おれが指一本動かせば、彼を突き倒せるが、彼の背後のあの親玉が面倒なだけだ」

二月末、毛沢東は林彪と示し合わせて秘密裏に軍隊を動かした。山海関の外に駐留する第三八軍の十万の軍隊をひそかに河北省に入れ、ただちに首都北京の軍事包囲を終了した。劉少奇、鄧小平、彭真らはたちまち袋の中のネズミとなった。毛沢東は康生と陳伯達を遣わして、北京の中央政治局の同志たちに伝えた。

「彭真らがやっているあの『二月提綱』は反マルクス・レーニン主義の綱領だ。なぜなら、それは呉晗などの一群の反動知識分子をかばい、彭徳懐右傾機会主義者を復権させようとの罪悪の目的を達したいからだ」

軍を動員してみせての毛沢東のこの最新指示はもの凄い威力を発揮した。彭真らは取り乱した。どうにかして毛の怒りを抑えようとして、やむをえず、鄧拓、呉晗と廖沫沙の三人を生贄として「三家村反党集団」に仕立てあげた。

しかしそうしたからといって毛沢東は彭真を許さなかった。四月下旬、彭真の党内外の一切の職務は解除され自宅軟禁の身となった。さらに例の「五人指導小組」も解散され、羅瑞卿、陸定一と楊尚昆《ようしょうこん》も「彭・羅・陸・楊反革命修正主義集団」〔四家店として攻撃される〕として職務を解任され、審査される身となった。

　五月初め、まだ武昌にいた毛沢東は劉少奇を「中共中央彭・羅・陸・楊反革命修正主義陰謀集団専案審査小組」組長に任命し、さらに彼が中央政治局拡大会議を主宰して「五・一六通知」〔康生、陳伯達等が起草、毛が七回も手を入れた文革の綱領的文書〕を（五月十六日に）通過させ、正式に文化大革命運動を宣言するよう、劉少奇に委託した。鼠をいたぶる猫といった毛のやり方だった。またも、打倒する相手の劉を使ったのである。

　同時に、陳伯達を組長、江青を第一副組長、康生を顧問とする「中共中央文化大革命指導小組」〔一九六九年までの文革を指導した権力機構〕の設立を宣言した。この小組が全責任をもって文革運動を指導することになる。北京市党委と北京市政府、党中央組織部と党中央宣伝部は改組され、軍隊はあらゆる重要機関に進駐した。以来十年にわたって文化大革命の赤色の嵐とテロが全土を席巻した。

★1　胡適＝一八九一～一九六二年。民国期の学者。自由主義反共派。四九年米国に亡命。五八年から台湾に居住。中共は胡の知識人に対する影響力を排除するために五四年から批判。

★2　周小舟＝一九一二～六六年。三五年中共入党。湖南書記在任期に大躍進の惨状に直面。廬山会議で彭徳懐の書簡を支持して失脚。六六年自殺。延安時代に毛の秘書をつとめた。

★3　中国の民間芝居の出し物は冤罪事件ものが第一、親孝行ものが第二に受ける。中国の御上は権力絶大、なかでも地方官は権力を笠に土豪と結託し百姓を苦しめるのがふつうであった。たまにこれに楯突く清廉な官が出てくる。なかでも民間に最も膾炙していたのが宋時代の包拯という清廉潔白な官であった。清廉を青天にたとえるので、包青天と呼ばれる。ちなみに冤罪事件は中共政権下でも頻発している。

★4　蔣廷黻＝一八九五～一九六五年。留米歴史学者。のちに国民政府外交官。台湾に移住。

★5　羅隆基＝一八九八～一九六五年。胡適の仲間。ジャーナリスト。同盟副主席。

★6　浦熙修＝一九一〇～七〇年。ジャーナリスト。上海『文匯報《ぶんわいほう》』編集者。

★7　章伯鈞＝一八九五～一九六九年。同盟副主席。五七年に章羅同盟の下に糾弾される。

★8　章乃器＝一八九七～一九七七年。糧食部長。同盟副主席。

★9　馬連良＝一九〇一～六六年。北京生まれの回族。中年役の京劇俳優。文革で迫害され、暴行致死。

★10　周信芳＝一八九五～一九七五年。馬と同じ中年役の京劇の名優。北の馬に南の麒麟（周の芸名）で一世を風靡。文革で残酷な迫害を受ける。

★11　鄧子恢＝一八九六～一九七二年。二六年中共入党。農村集団化が専門。急進路線の毛との対立で批判を受ける。

★12　社会主義教育運動。資本主義復活の危険性を排除するための運動。農村では労働点数、帳簿、倉庫、財産の再点検＝四清、都市では汚職・窃盗、投機、浪費、分散主義、官僚主義に反対する五反を展開した。

★13　十条は、一九六三年に制定された「当面の農村工作における幾つかの問題についての党中央の決定」（草案）に出された集団経済強化の新方針。

★14　羅瑞卿の逮捕は北京市党委改組の前に北京の軍を掌握したい毛と林彪の思惑の一致による。

★15 姚湊＝党中宣部幹部。一九六六年自殺。

★16 艾思奇＝一九一〇〜六六年。二八〜三一年留日。三五年中共入党。官製マルクス主義を普及。

★17 胡縄＝一九一八〜二〇〇〇年。三八年中共入党。歴史と社会科学の分野の権威。

★18 関鋒＝一九一八〜二〇〇五年。三三年中共入党。文革を指導した一人。六七年失脚。

★19 呉冷西＝一九一九〜二〇〇二年。三八年中共入党。五七年新華社社長。六四年中宣部副部長兼任。文革期に迫害される。

★20 周谷城＝一八九八〜一九九六年。歴史家。文革で批判される。

★21 李平心＝一九〇七〜六六年。歴史学者。

★22 王力＝一九二一年生まれ。三九年中共入党。この時期に台頭した理論家。六七年に失脚。

★23 戚本禹＝一九三一年生まれ。五〇年代に中共入党。文革期に台頭した理論家。中央文革小組の一員。六七年に失脚。八三年に有期十八年判決。

〈九〉「過去は振り返らない」紅衛兵運動の末路

十年近く前、一九九六年五月のことだった。中国外交部スポークスマンが、外国人記者から、プロレタリア文化大革命の開始から三十周年を迎えるが、どう思うかと質問された。スポークスマンは「われわれの世代は、みんな文革の時期を生きてきた。文革の災難で、身を切られるような苦痛を味わった」と答えた。「過去のことを、多くの時間とエネルギーを割いて思い起こす必要はない」とつづけ、「過去を振り返るより、改革・開放の道をひたすら走ることだ」と言ったのである。

●陽光燦々と降りそそぐ日々

毛沢東は劉少奇《りゆうしようき》らから権力を奪還するために紅衛兵運動を起こすことになる。ところが、最初に呼応したのは高級幹部の子弟らによる紅衛兵だった。彼らが親たちをかばっているとわかるとこれを排除し、他の階層の子弟に入れ替えた。紅衛兵が国中を破壊し尽くし、権力奪還に成功すると、毛沢東はただちに彼らを僻地に流刑した。終わってみると、被害者は若者と文化人と大衆、要するに国民すべてだった。

紅衛兵の名を冠したレストラン「紅衛兵餐庁」〔餐庁＝レストラン〕が北京市海淀《かいてい》区にオープンしたと、友人が教えてくれた。入り口で客を迎えるのは、身に褐色の軍服、頭に布の軍帽、足に解放靴、肩に錫製水筒、腰に牛革ベルト、腕に紅衛兵の腕章をつけた女の子だという。彼女は客に向かって敬礼し、「いらっしゃいませ」と言い、ときたま「万寿無疆！　永遠健康！」〔長寿無窮ならんことを！　いつまでもご健康でありますように！〕と大声で挨拶するそうだ。

レストランの中には、毛沢東が天安門城郭上で紅衛兵を接見し、宋任窮《そうじんきゅう》★1の娘の宋要武《そうようぶ》と握手している有名な写真のほかに、百万の紅衛兵が広場に勢揃いしたり、各地で行進する様子を撮った写真が多数かけてある。惨烈な禍を招いた「血統論」の「革命対聯」の対句の掛け軸「老子英雄児好漢」「老子反動児混蛋！」〔親が英雄なら子も英雄、親が反動なら子も大バカ〕もかけてあるが、その下にオチの一句が横文字で「未必如此」〔必ずしもそうではない〕とつけてある〔オチを替えた。後出〕。

メニューの名前も文革時の流行語に引っかけたものだ。

たとえば「清蒸魚」〔魚の蒸し煮〕は「白専道路」〔ノンポリ道路。魚の白身を引っかけたか〕。「炒麵」は「抄家」〔家捜しのうえ没収。炒と抄は同音、同じくものをひっくり返すから〕。「回鍋肉」〔塊で煮た豚肉を切って油炒めしたもの。四川料理の一種〕は「地富分子」〔土豪富農。彼らの好物だからか〕。「涮羊肉」〔羊肉のしゃぶしゃぶ〕は「群衆専政」〔大衆独裁。大勢囲んで一種類の肉を食べるからか〕。「青菜豆腐」〔豆腐の野菜炒め〕は「陰陽頭」〔髪を半分残し半分そった頭。古くからの罪人に処した罰。文革でも批判闘争の相手に処した。青菜と白豆腐だからか〕。「螃蟹」〔蟹料理〕は「死不悔改」〔悔い改めようとしない。蟹は横へしか進まないからか〕。「醋溜丸子」〔酢あんかけ肉団子〕は「狗崽子」〔小犬＝イヌころ＝罵る言葉。団子ころころからか〕。「拼盤」〔オードブル〕は「大聯合」〔大連合。ごちゃまぜだから〕。「炒三絲」〔豚肉の野菜炒め〕は「三結合」〔十一章参照。三にかける〕。「肘子」〔豚の腿肉〕は「走資」〔資本主義志向。肘と走は同音、豚で軽蔑〕という具合である。

このレストランは開業以来、商売繁盛だそうだ。顧客の大部分は五十代であり、たぶん当時の紅衛兵たちであろう。

二十一世紀の今、われらが首都に「紅衛兵レストラン」がお目見えしている。まさしく時間が逆行し、悪夢が再現された。しかしある映画俳優はこうもらした。文化大革命は自分にとって太陽の燦々と輝く日々だった。学校に行かなくていいし、勉強もしなくていい。あのころは年中遊び回り、何の束縛も受けなかった、と。この俳優の年を数えてみたら、紅衛兵に参加して暴れ回っていた者より若い。彼より五つか六つ、あるいは十以上年上の「紅五類」たちも、文革の初期にはたしかに陽光燦々と降りそそぐ日々を送ったことだろう。殴る、なぶる、壊す、奪うと好き放題に暴れ回ることができたからだ。

鄧小平の時代以降、毛沢東時代の民族の大災禍に対する党中央の基本戦略は「醜い歴史に長居無用、年月に任せて忘却させよ」だ。だから、こんにちの十代、二十代の青年たちは、大躍進、人民公社、三年大飢饉、文化大革命、紅衛兵運動については、もはや何も知らず、あれは党指導下で「共和国の陽光燦々と降りそそぐ日々」だったとしか認識していないのである。

私は自らの力不足を顧みず、あえて一つの見方として、紅衛兵運動と中国共産党の高級幹部子弟群とがもつれ合って解けない歴史をここで回顧してみたい。

●高級幹部子弟が紅衛兵をつくる

一九六六年以前、中国共産党の高級幹部の子弟は、基本的に三つの年齢層に分けられた。

第一の層は一九四九年の新中国成立時にすでに成年になっていて、あいついでソ連留学に「保送」〔国家、機関、学校などが責任をもって無試験で学生などを推薦、派遣すること〕されたのち、帰国して仕事についていた。この人たちにはたとえば、毛岸英《もうがんえい》★2、毛岸青《もうがんせい》★3、劉允斌《りゅういんひん》、劉允真《りゅういんしん》、劉濤《りゅうとう》〔三人とも劉少奇の子女〕、孫維世《そんいせい》★4、李鵬《りほう》★5、江沢民★6、李鉄映《りてつえい》★7などがいる。

第二の層は一九六六年、文革が始まったときに大学に進学していた者。この人たちには、毛遠新《もうえんしん》、李訥《りとつ》★8、鄧樸方《とうぼくほう》、鄧林《とうりん》、鄧楠《とうなん》〔三人とも鄧小平の子女〕、林立果《りんりつか》、林立衡《りんりつこう》〔林彪の次男〕、陶斯亮《とうしりょう》〔一九四一年延安生まれ。陶鋳の子〕、賀鵬飛《がほうひ》〔賀龍の子。二〇〇一年死亡〕らがいる。

第三の層は文革が始まったとき、高校生、中学生だった者。この人たちには、劉源《りゅうげん》★9、劉平平《りゅうへいへい》〔劉少奇の三女〕、陳昊蘇《ちんこうそ》★10、陳暁魯《ちんぎょうろ》★11、鄧榕《とうよう》★12、鄧質方《とうしつほう》★13、葉向真《ようこうしん》★14、宋彬彬《そうひんぴん》〔宋任窮の娘〕らがいる。

北京では、副部長〔軍隊だと少将以上〕以上の高級幹部子弟が進学する大学は、基本的には清華《せいか》大学、北京大学、北京師範大学、中国人民大学、北京航空学院、ハルピン軍事工程学院等の有名大学に集中している。中学〔中学は高級中学＝高校、初級中学＝中学を含むが、紅衛兵の多くは前者〕では、清華大付属中、北京大付属中、北京師範大女子付属中、市女子一中、市六中、八中、二十八中など重点中学に集中している。当時、党内では一つの不文律があった。すなわち、学校は学生の父兄の身分を漏らしてはならないし、親は車で送迎してはならないということであった。普通市民の子どもたちと融け合うべきであるとされたからだ。

一九六六年の四月と五月、毛沢東は文革を発動し、劉少奇や鄧小平に支配されている巨大な党機構を打ち壊すために、種々のチャンネルとルートを通し、さまざまな手法を使って、大学や中学の学生たちに、立ち上がって革命造反し、党本部をやっつけ、四大活動[★15]を大いにやって、修正主義教育の陣地に向かって激烈に火蓋を切るよう、呼びかけた。高級幹部の子弟たちはそうした毛の本当の意図を知らないまま、その呼びかけにこぞって呼応した。最初は、学園内の校長、教師や搾取階級〔国民党時代の地主、富農、富豪、資本家、国民党幹部官僚などを含む〕家庭の同学・同級の学生を引きずり出して暴力を振るいながら批判闘争を始めた。

そうなると、彼らは自分自身の家庭背景や父母の身分を明かすことになり、自分たち高官子弟は栄誉がある、エライのだとひけらかし、自慢にした。清華大付属中と北京大付属中の高級幹部の子弟はさらに進んで政治的才知を発揮し、教師や同学を家庭出身によって「紅五類」と「黒五類」に分類した。前者は革命幹部、革命軍人、革命烈士、工人〔肉体労働者〕、貧農・下層中農〔当時の土地改革、合作社化時代の階級区分〕の出身者、後者は地主、富農、右派、反革命〔だいたい元国民党関係者〕、資本家の出身者である。

一九六六年五月二十九日、清華大付属中の高級幹部の子弟は初めて「紅衛兵」という名称で大字《だいじ》報《ほう》〔壁新聞〕を貼り出した。百数十名の「紅五類」の学生がこれに署名していた。大学、中学は授業を停止し、革命をやりだした。「紅衛兵」の名はたちまち光り輝き、響きのいい称号となり、北京市のあらゆる学校に伝わり、各種各類の紅衛兵の組織が時運に乗って、雨後の筍のごとく続々と名乗りをあげた。

清華大付属中の高級幹部子弟の紅衛兵はたてつづけに「論プロレタリア階級造反精神万歳」「再論プロレタリア階級造反精神万歳」「三論プロレタリア階級造反精神万歳」の三編の紅衛兵造反宣言を発表した。これらは要するに、全国の「紅五類」出身の同学たちはただちに立ち上がって行動せよ、学園から社会に飛び出て、すべての牛鬼蛇神〔妖怪変化、つまりさまざまな悪人のたとえ。悪人とはブルジョア階級や右派を指す。大部分は国民党とかかわる者やその言動〕を一掃せよ、という呼びかけである。

このころ、軍隊の高級幹部家庭の出身で、北京工業大学学生だった譚立夫《たんりつぷ》らは、「血統論」〔人間の価値をその出身家庭の血統によって決定するとの考え〕を公表し、これを印刷して宣伝ビラや大字報にし、大小の会合でティーチインした。このころに冒頭のレストランにかけてあった「革命対聯」がもてはやされた。その下の横文字のオチは「事実如此」〔事実このとおり〕であった。

また、つぎのような紅衛兵の歌曲が流行《はや》った。「龍は龍を産み、鳳は鳳を産む。ネズミどもは隠れ穴を掘る。革命やるならおれについて来い。革命やらんヤツは、こん畜生、消え失せろ」。高級幹部の子弟らは自らを「自来紅〔血統的に政治的自覚が高い〕」と称して意気軒昂、壮志雲を凌ぐ勢いだった。政権はわれらが親たちの世代が打ち立てたもの、当然それはわれら子どもたちの代に引き継がせてもらう！　天下の大任はわれれをおいて誰が果たすのか、といい気なものであった。

「紅五類」の学生たちの熱狂的な言行は、中央文革〔中央文革小組のこと。八章参照〕の江青《こうせい》、康生《こうせい》、陳伯達《ちんはくたつ》、王力《おうりき》、戚本禹《せきほんう》らから力強い支持を得た。中央文革のメンバーは毛沢東の意向を受けて、いたるところで扇動し、火が燎原を燃やし、天下大乱を望んだ。

こうなると、北京市の総合大学、単科大学や中学はたちまち魔窟と化し、「紅五類」の学生が人をやっつけるのが荒れ狂った高潮のようになり、多くの校長、党支部書記が自殺に追い込まれた。「黒五類」出身の教師、学生が構内で打ち殺されても、誰もが知らんぷりをし、公安警察も見て見ぬふりをする状態になった。北京二十二中の「紅五類」の学生は打ち殺された「黒五類」の同級生の鮮血を雑巾につけ、教室の壁に「紅色恐怖万歳！」〔赤色テロ万歳！〕のスローガンを書いた。

●赤色テロを支持した毛沢東

このような状況となってしまって、中央党工作を主宰していた劉少奇と鄧小平は政治局会議を召集して「学園内の暴力制止」の決議をせざるをえなくなった。そのうえで杭州西湖《こうしゅうさいこ》で「休息」中の毛沢東の同意を得て、六月上旬に北京市の大学、中学の学校内に工作組を派遣して暴力制止に介入した。

ところが七月十八日、毛沢東が北京に戻ると態度をがらりと変えた。学校への工作組派遣は学生運動を鎮圧し、文化大革命を破壊するものだ、これは路線の間違いを犯した処置だと言って、劉と鄧を叱り、ただちに学校から工作組を撤収せよと命じた。この「最高最新指示」が伝わると、「紅五類」は飛び上がって狂喜し、ただちに工作組を追い出し、再び殴り放題、殺してしまってもお咎めなしの無法状態に戻った。

七月二十八日、北京大付属中の紅衛兵司令、彭小蒙《ほうしょうもう》は、海淀区で開いた造反大会に中央文革副組長の江青を招き、壇上で紅衛兵造反宣言の「三論」を差し出し「どうぞ毛主席にお渡しください。偉大なる領袖のご校閲をお願いします」と言った。

八月一日、毛沢東は彭小蒙と清華大付属中の紅衛兵たちに自ら手紙を書き、若者たちの革命造反行動を熱烈に支持する、すべてを疑い、すべてを打倒せよと呼びかけた。この日は八期十一中全会が招集されており、毛沢東はその手紙と紅衛兵の「三論」を議事録として印刷発行させた。

八月十二日夕方、毛沢東は突然中南海西門外に姿を現し、そこに集まっていた数千人の紅衛兵たちを接見した。そして「きみたちは国家大事に関心を持ち、社会に出てプロレタリア階級の文化大革命運動を最後までやりぬけ」と号令をかけた。

偉大なる紅司令・毛沢東の全面的な支持が得られたことから、「紅五類」を主体とした紅衛兵運動は、風起き雲沸き起こり、すさまじい勢いで全国に波及し、造反の大波は中国大地を席巻したのである。

八月十八日、毛沢東は天安門広場で、全国各地から上京してきた百万人の紅衛兵の前に姿を現した。そして彼らに向かって大串連〔全国規模の大交流〕をやって、文化大革命の烈火を全中国に燃やせと号令をかけた。その後、毛沢東は天安門広場で紅衛兵たちと合計八回も接見し、人数はのべ一千百万人に達し、古今内外に前例のない壮挙となった。

「紅五類」たちは「毛沢東の党」の親衛隊にでもなったかのようだった。八月と九月のあいだ、北京をはじめ全国各地で、家捜しと没収、人を殴る捕まえる、物を打ち壊し奪い取る、が横行し、赤色テロが荒れ狂った。統計によれば、北京市内だけで八月中旬から九月中旬のあいだ、北京市紅衛兵が家捜しして没収した戸数は十一万四千数百戸、そのうち八万五千百九十八人が「黒五類」とその子女（ほとんどが文化人、知識人とその子女）と決めつけられ、全財産を剝奪され、着のみ着のままで汽車やトラックに押し込まれ、それぞれの原籍地など地方へ追い払われた。

そのほか、殺された「黒五類」や「牛鬼蛇神」は一千七百八十三人に達した。二百三十五万冊にのぼる図書、五百余万点に上る文物、骨董、書画が没収、強奪され、紅衛兵の活動経費にあてられた。上海では、紅衛兵が家捜しをし、その戸数は八万四千二百二十二戸、天津《てんしん》では、同一万二千余戸。両地で没収した家財を合わせると、トラック一万三千余台分、六万平米の臨時倉庫五十二棟分にも達した。

いくつかの例をあげると、上海の巴金《ぱきん》の自宅は十数回も家捜しされ、巴金夫妻は洗面所に半月も閉じ込められた。翻訳家の傅雷《ふらい》〔十一章参照〕夫妻は家捜しの紅衛兵にひどく殴打され、首吊り自殺した。上海音楽院院長の賀緑汀《がりよくてい》〔十一章参照〕の家は家捜しのあと家財道具をすべて持ち出されてがらんどうとなり、寝具さえ残されてなかった。復旦《ふくたん》大学の著名な数学者、蘇歩青《そほせい》★16教授は朱墨を顔にかけられ、熱いアスファルト道路でイヌの格好をさせられた。南京では、著名な画家の劉海粟《りゆうかいりゆう》★17の家が二十数回も捜査され、家にあった書画、文物から家財までがごっそり奪い取られた。

以上は紅衛兵の赤色テロのほんの一例である。

●周恩来、「西糾」を支持。「西糾」は「階級の敵」を殺害

この一陣の赤色テロの高波のなかで、党の高級幹部子弟は「紅五類」軍の中核となり率先的な役割を果たした。劉少奇、鄧小平、賀龍《がりゅう》、陳毅《ちんき》、李《り》先念《せんねん》、董必武《とうひつぶ》、葉剣英《ようけんえい》、譚震林《たんしんりん》と彼らの親属の子女たちが、程度の差こそあれ、家捜し、没収、打破四旧★18の紅衛兵活動に加わっていた。

九月に入ると、市八中に在学していた陳毅元帥の末子の陳暁魯が市四中、六中の紅衛兵と連合して「西糾」の略称で知られる「西城《せいじょう》区紅衛兵糾察総部」〔ピケ隊本部〕をつくり、周恩来総理の強い支援を得て、国務院事務所から事務室、電話、謄写版、車と軍の制服が支給された。

周恩来は、毛沢東が紅衛兵代表と接見する機会をとらえて陳暁魯を紹介した。陳は「西糾」の赤い腕章を毛主席に差し上げようとしたが、なぜか毛は受け取らなかった。別の紅衛兵を接見したとき、北京師範大女子付属中の紅衛兵の宋彬彬から喜んで紅衛兵の腕章をかけてもらった。そのとき毛沢東は彼女に「不要文質彬彬」〔上品で礼儀正しいのはいらない〕と言い、「要武嘛！」〔武力がほしいのだ！〕と激励した。この女子中学生は自分の名前を「彬彬」から「要武」に改名した〔当時このような例は珍しくない。軍、強という女性の名前は今でもよく見かける〕。

この時期、毛沢東は全国の大学生、高校生に革命大交流を呼びかけ、紅衛兵たちは乗車賃、食事宿泊代とも無料になった〔全国の交通が大混乱し、国家財政負担大で、一九六七年二月に中止〕。

北京西城区は中共の高級幹部の居住区域であった。その昔の清朝の王侯貴族、そして国民党高

官・富豪が残した屋敷が立ち並び、その高塀の上には鉄条網がめぐらしてあったが、今や赤色貴族らが居住している。陳暁魯は何を考えてのことか、紅衛兵の運動から身を引く態度をとるようになったが、彼の「西糾」のあとにあいついで成立した「東糾」「宣糾」「海糾」などの本部はどれも高級幹部子女たちの私設ホールとなり、そこでは「黒五類」分子に厳しい拷問が加えられたので、最も血なまぐさい場所となった。彼らに殴り殺され、障害者となった「階級の敵」はどのくらいの数になるのかはわからない。死んだらトラックで運び去り、火葬にしておしまいだ。階級の敵は一人死ねば一人減るのだから、プロレタリア階級の事業にとって有効だと考えていたのであろう。

公安部長・謝富治《しゃふじ》は公安分局、公安派出所に、管轄下の大通りや裏通りに住む「黒五類」分子のリストを紅衛兵たちに提供するよう、命令を出した。紅衛兵たちの革命行動に便宜を与えたわけだ。彼らは毛沢東が見込んでいた「運動の重点は党内走資派」ではなく、「黒五類」家庭や学園内の「搾取家庭」出身の教師や同級生を殴り、捕らえるばかりとなった。彼らは「老紅衛兵」〔先輩格の紅衛兵〕と自称した。

毛沢東夫人の江青は当初から、北京紅衛兵隊伍内の高級幹部子弟のでたらめな振る舞いを注意深く観察し、高級幹部子女らによって紅衛兵運動の闘争の大勢が彼らの親たちをかばう方向へと転換しつつあることを承知していた。江青はつぎのような情況をつかんでいた。

劉少奇の長女、劉濤は、清華大学文革準備委員会主任兼自動制御系〔系は学科〕★19文革主任、次女の劉平平は北京師範大女子付属中文革主任となっている。鄧小平の長男の鄧樸方は北京大文革委員兼物理系文革主任、鄧の長女の鄧林は中央美術学院文革主任、次女の鄧楠と三女の鄧榕もそれぞれの学校の紅衛兵の頭となっている。

葉剣英の娘の葉向真、息子の葉選寧《ようせんねい》、朱徳の孫、董必武の孫、李先念の娘、譚震林の息子、陳毅の息子もそれぞれの学校の紅衛兵の頭となって、仲間を糾合し派閥をつくっている。

目下流行《はや》りの「血統論」を出した譚立夫、彭小蒙は将軍の子弟だ。最も突出していたのは、清華大機械系の賀龍の息子の賀鵬飛だ。同校の「修正主義教育路線を批判する」主要人物となっており、前述の劉濤と李《り》井泉《せいせん》★20の息子の李《り》黎風《れいふう》が彼の右腕となって「清華三人団」と称している。その旗下には劉寧一《りゅうねいいち》★21の娘の劉菊芬《りゅうきくふん》、胡《こ》克実《こくじつ》の息子の胡《こ》勁波《けいは》、王錚《おうそう》の息子の王蘇《おうそ》民《みん》、王維舟《おういしゅう》の息子の王新民《おうしんみん》、喬《きょう》冠華《かんか》★22の息子の喬宗淮《きょうそうわい》らが高級幹部子弟のあいだでグループをつくっている。

賀鵬飛らは表面上、清華大学長の蔣南翔《しょうなんしょう》★23を批判闘争しているが、じっさいは劉少奇、鄧小平といった彼らの親たちをかばっている。鄧樸方は北大生のあいだで「毛主席が林彪を後任に選んだのは間違いだ」と言い触らしている。賀龍の邸はその圏内の高級幹部子弟の集会所と化している。賀の邸の内勤者の報告によれば、賀鵬飛が仲間たちを集めて会議を開き文革情勢を研究しているとき、賀龍、李井泉が何度も参加し、入れ知恵をしている。賀龍の車は息子や劉濤らが乗り回して活動の専用車にされている等々。

さらに、高級幹部子弟らの報宣活動によって、全国の青年学生は三大階層に分けられた。「紅五類」出身の学生からなる紅衛兵では、大小の司令の大半は幹部子弟が担っている。

市民、中農出身の学生からなる「紅外囲」〔「紅五類」の外丸の意味〕は「紅五類」の組織の指導を受けている。「黒五類」出身の学生は「イヌころ」と称せられ、外出や交流もできず、上京して毛主席の観閲も受けられず、学内にいて批判、監督労働を受けることしか許されない。

●中央文革、五人の大学生造反派リーダーを養成

江青は、これではどうにもならないと思った。紅衛兵運動は不正常な方向に向かっていると毛沢東に訴えた。毛沢東は「中央文革は各大学に深く入り込み、本当の工・農出身の学生リーダーを紅衛兵司令に選び出し、現在ある紅衛兵組織を分裂させよ。紅衛兵運動は普通の工・農出身の青年たちが主導しなければならない」と指示した。

その後、北京の大学に五人のリーダーが現れた。北京大の聶元梓《じょうげんし》★24、清華大の蒯大富《かいだいふ》★25、北京師範大の譚厚蘭《たんこうらん》★26、地質学院の王大賓《おうだいひん》★27、北航空の韓愛晶《かんあいしょう》★28の五人である。毛沢東は中央文革のメンバーを引き連れてこれら五人と何度も接見したので、彼らの名声は大いに上がった。中央文革の支援のもと、蒯大富が総司令となり強大な陣容の「首都紅衛兵第三司令部」〔略称、首都三司〕が結成された。旗下のおもな紅衛兵組織には、清華井岡山《せいこうざん》兵団、北京大毛沢東主義団、北京大金猴《きんこう》戦団、北京師範大東方紅《とうほうこう》戦団、航空学院紅旗戦団、地質学院東方紅公社等々があり、百万を擁すると称するようになった。

「首都三司」は、数万人、数十万人の誓師会〔決起集会〕、批闘会〔批判闘争の集会の略称〕を招集し、「血統論」や

「高級幹部子弟の悪頭目」を批判し、公式に「打倒劉少奇」のスローガンを叫び、「劉を摘発する戦線」を結成し、中南海や人民大会堂を包囲し、党・政機関を襲撃し、国務院副総理、部長、解放軍元帥、大将、上将（大将と中将のあいだのクラス）を引きずり出しては批判闘争にかけた。

江青、張春橋、戚本禹といった中央文革のメンバーは蒯大富らに命じて紅衛兵を派遣して逮捕や家捜し没収を実行させた。毛沢東が南巡するときには、韓愛晶や譚厚蘭が随行した。ここにいたって、紅衛兵運動は初めて党内走資派を引きずり出して闘争するという「正しい軌道」を走るようになったのである。

●「聯動」の中核分子、一網打尽となる

だが、高級幹部子弟のなかには容易に屈服しない者たちがいた。彼らは父親たちがかつて革命が低調となったときの策略に見ならって、地下または半地下活動に入った。市女子一中、八中、二十八中の高級幹部子弟は、意気投合する他校の学生たちと連合して「首都中等学校紅衛兵聯合行動委員会」、略称「聯動」という半地下共闘組織を結成した。彼らの精神的支柱は譚震林、賀龍、陳毅、葉剣英、李先念などの老幹部であった。彼らは毛に反対する綱領宣言をつくり、幹部子弟のあいだにこっそり広め、夜間に電信柱に貼ったりした。その聯動宣言の大要はつぎのとおりである。

聯動は中共中央委員会の集団指導下で活動する。聯動は中共中央主席と第一副主席（劉少奇を指す）の

直接の指示のもとで活動する。聯動はマルクス・レーニン主義の原則とこれまでの党代表大会の一貫路線の指導下で活動する。聯動の任務は、

一、中共中央の両主席〔毛沢東と林彪を指す〕と数人の委員〔陳伯達、康生、謝富治などを指す〕の左傾機会主義路線を断固として、徹底的かつ全面的に粉砕し、独裁制度を取り消す。党の第九回全国大会を招集するため、政治、思想、組織上の準備をととのえる。民主集中制が党の生活の中で断固貫徹されることを保証する。中央と各級党委員、党員の生命の安全を保証する。

二、断固として全力で左傾機会主義路線から生まれた各種の反動造反組織〔中央文革と「首都三司」を指す〕に立ち向かい打倒する。

「聯動」の宣言文はこのあとまだつづくが、反江青、反文革、並びに反毛沢東・林彪を主張して、旗幟鮮明である。これは、当時絶対多数を占めていた高級幹部子弟とその親たちの願望と心の声を代表していたと言える。

そこで、「聯動」は文革第一の反革命大事件となった。毛沢東は康生、謝富治に命じて内部情報組織を使って調査し、ひとまず「聯動」の頭目だけを捕まえ、「首都三司」の紅衛兵に始末を任せて、このグループを分裂、瓦解させることにした。

ところが、江青、康生らが考えもつかないことが起きた。朱徳、董必武、李先念など元老の子女たちを含む二、三十名の「聯動」の頭目を捕まえたところ、北京の何千何万という「聯動分子」と

そのシンパが大声をあげ、天安門広場に集まって、広場東側にある公安部の建物に押し寄せ、「われらが戦友を返せ」「われらが同志を返せ」と喚き叫ぶ事態となった。

中央文革の面々は火がついたように怒った。「首都三司」に命じて、旗下の紅衛兵を大量動員して天安門広場に向かわせ、「聯動」の大群と対峙させた。双方はにらみ合い、たちまち激烈な罵り合いが始まった。「聯動」側が「防衛党中央！」「防衛革命老幹部！」「打倒江青！」「打倒中央文革！」「打倒中学生鎮圧の下手人・謝富治！」と叫ぶと、「首都三司」側は「江青同志に固く誓って防衛！」「中央文革固く防衛！」「打倒党内走資派とイヌころ！」「打倒劉少奇！」「打倒鄧小平！」「打倒賀龍！」と叫び返す。

こうして両派はにらみ合い、喚き合いから罵り合いになり、ついに殴り合いとなって混乱状態となった。

双方が入り乱れての殴り合いからしばらくして、公安隊と衛戍《えいじゅ》区の軍隊が出動した。彼らは「聯動」の腕章をつけた若者だけを捕まえ、護送車に詰め込んだ。北京市は大捜査、大逮捕を実施し、一晩で「聯動」の中核分子を一網打尽にしたのである。これらの捜査・逮捕は周恩来が批准した。逮捕者には、劉少奇、鄧小平、董必武、賀龍、譚震林、李先念、葉剣英、陳毅らの子女が含まれていた。数百名の高級幹部子女が初めてプロレタリア階級独裁の鉄拳の味を味わったわけである。

一九六七年一月と二月のあいだの賀龍夫妻の逮捕・隔離、つづく「二月逆流」事件[★29]ののちに起きた四月のこの大量逮捕は彼らの親たちを驚愕させた。騒ぎ立てるその親たちを粛清することが、毛の本当の狙いであったから、ひとまず彼らを釈放した。

その後、再び高級幹部子弟のグループが「中共中央非常委員会」をつくり、朱徳が総書記、賀龍が国防部長、陳毅、葉剣英らが書記処のメンバーだと称して、毛沢東・林彪の党中央に対抗した。すわ、一大事かと緊張したが、策謀した幹部子弟が捕らえられることで終わった。

このような経過を経て、最初に紅衛兵運動を起こした高級幹部子弟たち、いわゆる老紅衛兵はまったく力を失い、鳴りをひそめることになった。

●あらゆる若者が被害者だった

毛がうなずいたのであろう。いよいよ高級幹部が捕らえられるようになった。一家の財産を剥奪され、着のみ着のままで家から追い出された。劉少奇、鄧小平、賀龍、彭真、薄一波《はくいっぱ》★30、羅瑞卿《らずいけい》、陸定一、楊尚昆、張聞天《ちょうぶんてん》、王稼祥《おうかしょう》の子女たちは哀れをきわめた。百人以上にのぼる落ちぶれ公子たちは北京市内を流浪し、ものもらいをする羽目となった。腹の足しに盗みを働いて捕まえられ殴られても、止めてくれたり助けてくれたりする人はいなかった。

鄧小平の長男の鄧樸方は聶元梓らの辱めを受け、自殺しようと北大教室の三階から飛び降りたが、死ぬことができなかった。数カ所の医院をたらい回しにされたが、どこも「党内二号の走資派のイヌころ」として治療を断わられた。やっとのことで解放軍後勤総医院に入院できたが、治療を受けられなかった〔そのため彼は脊髄損傷の下半身不随の身体障害者となり、車椅子生活者となった〕。劉少奇の長男劉允斌は手配され、内モンゴルの包頭《パオトウ》市郊外まで逃げ込み、汽車に轢かれてしまった。王稼祥の（親族を含む）一族は十二人が非業の死を遂げた。

こうして、全国の紅衛兵運動は、労働者、貧農・中農と都市貧民の家庭出身の若者が主導するようになった。そして再び、殴る、破壊、奪う、家捜し強奪、派閥間の武闘ゲバ等々の暴力が始まった。老紅衛兵が競ったのは親たちの官位、経歴だったのに対して、新紅衛兵が標榜したのは親たちの貧困であった。貧乏になればなるほど、ますます革命をやり、ますます光栄に満ちた存在になるのだ。どっちもどっちである。双方ともが推し進めていたのは、はっきりと等級分けをして、待遇に差をつけた毛式の「血統論」だということだ。

紅衛兵運動の最も華やかかつ最も熱狂的だった一九六六年後半から六八年前半までのこの二年間が、中国の大地に大変化をもたらした。数千万にのぼる「飛天蜈蚣」（あちこち荒らし回るムカデ）が荒らし回り、六八年秋の「軍工宣隊進駐学校、知識青年上山下郷[★31]」によって、ようやく終息した。

毛沢東は若者たちを扇動し、彼らが殴り、壊し、家捜しし、略奪し、捕らえるといった暴力行為を好き放題にやらせ、その結果、「劉少奇・鄧小平・陶鋳修正主義路線」が潰れ、全国にある「走資派」の大も小も潰れ、すべての「牛鬼蛇神」が一掃され、その大きな使命が終了すると、彼らをお役御免とした。そしてすべてを農村と辺疆に送り込み、「戦天闘地、修理地球」（自然と闘争し、地球を修理＝改造する）という仕事を与えて始末をつけた。

一九七〇年春、毛沢東は中共中央に「五・一六反革命陰謀集団の精査に関する」文書[★32]を出すよう指示したが、これが全国の新老紅衛兵の頭目に対する総決算であった。

まずは見せしめのために、七〇年三月五日、中央文革と公安部は、北京工人体育場で十万人の公開審査判決言い渡しの大会を招集した。その会場で「出身論」を書いた遇羅《ぐうら》克《こく》★33ら十八名を公開銃殺した。罪名の一つは「五・一六反革命陰謀集団の罪悪活動に参加した」であった。それからまもなく、毛沢東・江青夫妻に一度は信頼された五人のリーダー、蒯大富、譚厚蘭、王大賓、韓愛晶らもあいついで同じような罪名を被せられ投獄された。

赤く燃えるような勢いの紅衛兵運動のあと、「白茫々たる大地には何一つ残っていなかった」のである。

以上が紅衛兵運動の歴史である。顧みると、すべての若者が被害者であった。

★1　宋任窮＝一九〇九～二〇〇五年。二六年中共入党。長征参加。党務に長期従事。文革で失脚。七八年復活。

★2　毛岸英＝一九二二～五〇年。毛沢東の長男。ソ連に入党、軍に参加。四六年帰国、延安で中共入党。朝鮮戦争で戦死。

★3　毛岸青＝一九二三年生まれ。毛沢東の次男。

★4　孫維世＝一九二一～六八年。殺害された党元老の長女。周恩来の養女。留ソの演劇人。江青に迫害され惨死。

★5　李鵬＝一九二八年生まれ。殺害された党元老の子、周恩来の養子。四五年中共入党。留ソ。

首相、全人代委員長。現在も電力界のボス。

★6　江沢民＝一九二六年生まれ。抗日戦に戦死の党幹部の養子。四六年中共入党。五五年留ソ。八九年抜擢されて総書記、十三年間政権のトップ。

★7　李鉄映＝一九三六年生まれ。党幹部李維漢の子。五五年中共入党。文革で迫害受ける。八〇年代の代表的テクノクラート。

★8　李訥＝一九四〇年、毛沢東と江青とのあいだに延安で生まれた娘。

★9　劉源＝一九五一年生まれ。劉少奇の末子。軍人。八六年河南省副省長。

★10　陳昊蘇＝一九四二年生まれ。陳毅の長男。六二年中共入党。現中国対外友好協会副会長。

★11　陳暁魯＝一九四五年生まれ。陳毅の三男。

★12　鄧榕＝鄧小平の三女。現中国国際友好聯絡会副会長。

★13　鄧質方＝鄧小平の次男。四方集団総裁。

★14　葉向真＝一九四一年生まれ。葉剣英の次女。

★15　四大活動。大鳴＝大いに見解を述べ、大放＝大胆に意見を発表し、大弁論＝大弁論を行ない、大字報＝壁新聞を貼り出す。

★16　蘇歩青＝一九〇二年生まれ。三一年日本東北大卒。五九年中共入党。民主同盟副主席。

★17　劉海粟＝一八九六年～一九九四年。中国最初の美術学校を創立した美術教育界のトップ。中国油絵の創出者。

★18　打破四旧。このころの文革のスローガン。旧思想、旧文化、旧風俗、旧習慣を打ち壊すこと。前述八月十八日の毛の紅衛兵接見時に林彪が呼びかけた。これで全国の重要文化財の七二パーセント、古刹寺院の大部分が壊された。

★19　鄧樸方＝一九四四年生まれ。八二年から障害者事業に従事。その後太子党で蓄財と批判される。

★20　李井泉＝一九〇九～八九年。二九年中共入党。軍人。文革中劉少奇派とされ失脚。七三年復活。

★21　劉寧一＝一九〇七～九四年。二五年中共入党。文革に失脚。中華全国総工会主席。

★22　喬冠華＝一九一三～八三年。三三年東大留学。三九年中共入党。著名な外交家、外交部長。

★23　蔣南翔＝一九一三～八八年。三三年中共入党。教育分野に長期従事。文革で迫害受ける。

★24　聶元梓＝一九二四年生まれ。女性。三八年中共入党。六八年極左派で失脚。七八年逮捕。

★25　蒯大富＝一九四五年生まれ。六八年失脚。七八年逮捕。

★26　譚厚蘭＝一九四〇～八二年。女性。五八年中共入党。六六年山東曲阜の孔子文化財を破壊。六八年失脚。七八年逮捕。

★27　王大賓＝一九四四年生まれ。彭徳懐の拉致・迫害を指揮。六八年失脚、翌年逮捕。

★28　韓愛晶＝一九四六年生まれ。彭徳懐批判闘争、軍幹部への攻撃を指揮。六八年失脚。七八年逮捕。

★29　一九六七年二月に軍長老・老幹部などが文革の暴力に反対した事件。文革派がこれを文革の流れに逆らう〝二月逆流〟だとして批判・攻撃。六章参照。

★30　薄一波＝一九〇八年生まれ。二五年中共入党。保守派の党長老。文革で失脚。復活後、副総理。

★31　前段は武闘が最も激しかった清華大に、軍と「首都工人毛沢東思想宣伝隊」（工宣隊）つまり労働者隊が進駐して紅衛兵を鎮圧した。後段は毛沢東の指示により一九六九年一月から空前の規模（一千六百万人と推定）でこれら紅衛兵の若者たちを山村、農村、僻地や放牧地域に移住し、生産労働に携わらせた。

★32　一九六六年の五・一六通知（八章参照）が翌年五月に公表されたのをきっかけに、六月に結成された「首都紅衛兵五・一六兵団」紅衛兵グループは、毛沢東から反革命組織と断定され、のちに江青は中央文革を批判した者を五・一六分子と定義したため、数百万の党幹部や大衆が迫害された。

★33　遇羅克＝一九四二〜七〇年。文革初期「黒五類」に入れられ、六六年、出身階級の差別に反対して「出身論」を執筆、姚らを批判。翌年毛への攻撃で逮捕。

〈十〉唯一の遺産

一人を批判して、五億人増える

一九七六年に没した毛沢東は何を中国に残したのであろう。教育の普及、工業の発達こそが毛の遺産だということはとてもできない。三十年近くにわたって、彼が繰り返し行なった精神教育運動は、自己放棄ができ、共同の大義のために努力する若者を育てることだった。だが、毛の死後に「人民に奉仕する」ことを忘れない、あの若者たちの英雄、雷鋒《らいほう》が生まれることはなかった。

毛がその死後に残すことができたのは人の数である。二〇三〇年代の半ばに十四億六千万人に達するという人口である。就業、社会保障、高齢化、さまざまの問題はそのときにピークに達しようが、これこそが毛の本当の遺産なのである。

●一人を批判したために五億人を増加させた

こんにちの中国の深刻な人口問題を引き起こした責任は、毛沢東主席を頭とする中共中央指導部にあった。一九五〇年代の中共の指導層は、人口問題について無知無能であったにもかかわらず、独断専行し、やたらと権勢を振るうだけだった。七〇年代末になってから、胡《こ》耀邦《ようほう》をして「ああ、誤って一人の人を批判したために、五億人を増加させてしまった」と嘆息させたのである。その一人の人とは、五〇年代に『新人口論』を発表したために迫害を受けた、北京大学学長の馬《ば》寅初《いんしょ》その人である。

馬寅初教授に、私は二、三度会ったことがあるが、いずれも一九五九年前後、北京大学党委員会が招集して開いた批判大会の会場だった。壇上には、毛沢東の腹心で泣く子も黙る特務のトップ康《こう》生《せい》と、これまた毛の腹心、政治秘書の陳伯達《ちんはくたつ》が鎮座していた。康生は冒頭の演説で、馬寅初先生に対する批判闘争は、毛主席および党中央から授権されたとはっきり宣言した。

当時、大学の若い教師だった私は、わけもわからず、会場を埋める人びとと一緒に手を高々とあげて「反党、反社会主義、反毛沢東思想の大毒草『新人口論』を徹底批判する」「打倒中国のマルサス・馬寅初」「馬寅初、投降しないなら、死んでしまえ」などのスローガンを叫んだ。いまでも思い出すたびに冷や汗をかく。

最近、改めて『新人口論』と彼に関するいくつかの回想を読み直し、彼は生涯、国民党と共産党という二つの独裁政権と死にもの狂いに戦った、不屈の気概をもった人物であると認識した。馬寅初先生は、一九四九年以前は国民党内の腐敗勢力との闘争に身を投じ、四九年以降は、再び共産党内の愚かで無知な専制勢力との闘争に身を投じた。ちょうど三十年ずつ、合わせて六十年を費やしたことになる。すなわち彼は、中国の現代史上きわめて希な、独立不羈の自由知識分子だとわかったのである。

●清国留米学生、経済学教授、役人

馬寅初は一八八二年、浙江省《せっこう》紹興《しょうこう》の富裕な家庭に生まれた。一九〇三年に中学を卒業すると、天《てん》津《しん》北洋《ほくよう》大学で採鉱冶金を専攻し、〇七年、清国《しんこく》政府の推薦国費留学生としてアメリカのエール大学に送られた。出国する前、時の北洋大臣・袁世凱《えんせいがい》が彼を召見した。エール大学に入ると、馬は経済学専攻に転じた。一〇年に同大経済学修士を修了すると、ニューヨークのコロンビア大学に転じ、経済学を修得した。

五年後に『ニューヨーク市の財政を論じる』という論文で博士の学位を取得し、一六年に帰国するが、留学十年目に帰国してみたら、大清帝国は中華民国に変わっていた。彼を召見した北洋大臣の袁世凱は総統になり、皇帝の座に三カ月間ついたのち帝政は瓦解し、軍閥が割拠することになった。しかし、新進気鋭の青年経済学者はすぐに北京大学経済系〔学部〕教授に迎えられた。彼はそこで十年のあいだ、経済学の研究と学生の教育に力を注いだ。

一九二七年、中共の蜂起失敗と蒋介石の上海クーデターのころ、彼は同郷の友人にして浙江財団の長、そしてまた蒋介石の親友でもあった張静江《ちょうせいこう》の要請によって杭州《こうしゅう》に赴き、浙江省政府の特別経済顧問に就任した。その後まもなく南京に行き、中華民国政府立法院財政経済委員会委員長に就任して国家財政に取り組んだ。

一九三七年、日中戦争が始まり、つづく上海事変、南京陥落で、国民政府とともに重慶《じゅうけい》に移った。彼は十年間、国民政府の閣内にいて、孔《こう》・宋《そう》家族★1が巨額の公金を私有化する内幕を見たばかりか、重慶に移った国民党の高官たちが、国難を利用し、人を騙したり力ずくで、汚職をし、金儲けをする光景を目のあたりにして、ついに糾弾に立ちあがった。

●蒋政権の専横、四大家族の腐敗と戦う

一九三八年五月、馬寅初はこれら官僚資本家から戦時過分利得税〔過剰利益に課税〕を徴収すべきであると説いた。このような主張をするのは、国民政府の首脳を敵に回すことであり、大変な勇気を要した。彼は新聞紙上に「前方吃緊、後方緊吃、喪尽天良」〔前線は抗戦流血、後方は平和で、たらふく貪るとは、良心のかけらもない〕と書き、国難で財を築く権勢たちを歯に衣着せず批判した。

同年十一月、馬寅初は、重慶大学の経済学教授と商学院院長に招聘された。蒋介石は彼を重慶から追い出そうとして、米国視察を要請するが、きっぱり断わった。

翌三九年春、馬寅初は立法院に、官僚資本家への戦時財産税徴収の議案を提出したが通過しなか

った。同年十一月、同議案を三度目に提出したが、またも通過しなかった。それでも彼は新聞に訴え、あちこちで講演し、訴えつづけた。蔣介石は人を遣わして馬を懐柔しようとするが聞かなかった。

この間、中共の駐重慶代表周恩来や王若飛《おうじゃくひ》★2らは馬寅初に対して「統一戦線」工作を始めた。共産党は清廉で、中国人民のために民主、自由、人権を闘い取ろうとしている。共産党しか国を救えない、党に協力してほしいと説得した。馬を国民党支配地域における最重要統戦の対象としたのである。

●蔣介石を名指しで非難し、逮捕される

一九四〇年夏、馬寅初は国民政府の陸軍大学で講演し、宋子《そうし》文《ぶん》と孔祥熙《こうしょうき》を名指しして、二人は辞職し、全財産を国家に拠出して戦費にあてるべきだと、いちだんと激しく非難した。同年秋、彼は、銃弾が一個入った匿名の脅迫文を受け取った。こんごもなお政府攻撃をつづけると、小銃で対処すると警告されたのである。彼はその手紙を周恩来に届けた。周は警護員一人を派遣した。

一カ月後、彼は再び講演して、宋・孔一族を激しく非難し、矛先を蔣介石委員長に向けた。蔣委員長が宋・孔をかばうかぎり「家族英雄」にすぎず、「民族英雄」ではない。蔣先生が本当の「民族英雄」になることを願いたい、蔣先生が「大義滅親」〔正義のために私情を顧みない〕、つまり宋・孔を罰すれば、初めて「民族英雄」になれる、国家経済の苦境も救われると声を張りあげ、満場の拍手を浴びた。

彼は脅迫の一件を明かし、壇上で上着を脱ぐと胸を叩いて、撃つならここを撃てと叫んだ。重慶の各紙は「馬寅初、獅子吼《ししく》」と報じた。

同年十二月六日、馬寅初は国民政府の公安に逮捕された。二日後、彼は自宅と大学に顔を出して別れの挨拶をしたのち、貴州息烽《きしゅうそくほう》集中営に送られ、翌年八月江西上饒《こうせいじょうじょう》集中営に移された。

一九四二年八月二十四日、六十歳の馬寅初は、各界の嘆願とルーズベルト米国大統領特使が取りなし、重慶に戻された。二年間の自宅軟禁ののちに自由の身となった。以降、彼は完全に中共側に立った。四六年二月、彼は国民党の特務に殴られ負傷した。彼は憤慨して記者らに語った。

「この政府に、私は改革を主張してきたが、これから私は、この政府を倒せと主張する。中国の本当の希望は中共にしかない」

●馬寅初、中共側について、人口問題に没頭

抗戦勝利のあと、馬寅初は反蒋、反内戦を訴え、デモに参加した。内戦がはじまり中共の勝利がほぼ確実となった一九四八年十二月中旬、馬寅初は突然自宅から「失踪」した。彼は周恩来の手引きで、沈鈞儒《ちんきんじゅ》★3、黄炎培《こうえんばい》★4、茅盾《ぼうじゅん》、徐悲鴻《じょひこう》★5といった著名な文化人とともに、上海から香港へ、香港から船で東北の解放区まで連れていかれたのだ。

中共中央機関の北京入城にともなって、彼らも北京に送られ、新しい政治協商会議の設立に参加させられ、党幹部と一緒に中央人民政府委員に選ばれ、開国式典に参加し、天安門に立った。彼は

華東《かとう》軍政委員会副主席、浙江大学学長、北京大学学長に推された。彼はまもなく古希になろうという年だったが、与えられた栄誉公職に安住することなく、経済学者の視点に立ち、平和時に入った中国の人口激増問題に取り組んだ。

馬寅初をはじめとする専門家の建議により、中央人民政府統計局は、一九五三年上半期に中国の有史以来初めての人口センサスを行なった。党幹部の激励があって、馬寅初は老軀を押して学生や助手たちを引率し、各地に出向いた。

一九五三年十一月一日、統計局はセンサスの結果を公表した。同年六月一日零時現在の人口は六億百九十三万八千三十五人[★6]で、初めて六億台を突破し、毎年の純増人口は一千二百万から一千三百万、自然増加率[★7]は二〇パーセント〔のちの統計年鑑は二三パーセント〕と推計した。

同年十二月二十七日、第一回全人代委員長になったばかりの劉少奇は、国務院の関係部署の責任者を集めて会議を開き、人口増加の抑制問題を討論し、産児制限の提唱を講話した。馬寅初もこの会議に出席し、発言した。

●毛沢東は「産めよ増やせよ」を奨励

しかし、そのとき党と国家の最高領袖毛沢東主席は、人口増大に対して大いに楽観しており、馬寅初らの主張は杞憂にすぎないと繰り返し、中国の人口が十億に増えたとしても、それがなんだ、と語った。この毛主席の影響を受けて、各地の地方政府も劉少奇、周恩来などが提唱する産児制限や避妊をせよとの主張を無視するようになった。

大半の地方では、あいかわらず出産を奨励し、ソ連の「母親英雄」を見習えと呼びかけた。出産の多い女性には、「人丁興旺、五穀豊登」〔家族多く、家運繁盛で五穀豊饒。古諺「五穀豊登、六畜興旺」を替えてつくった言葉〕の文字を記した褒賞の錦の旗が贈られた。いまや「人口を増やせ」が主流となり、幸福な牛活の光栄ある指標となり、地方政府の実績向上の一項目ともなった。

国家全体の潮流がこのようになっても、馬寅初は流れに逆行する船でありつづけた。彼は一九五三年から三年間、浙江の故郷で地道に人口調査をつづけた。ある遠戚の家族はすでに子供が六人いて生活が苦しく、衣食住とも国家援助を受けているにもかかわらず、なおも次の妊娠を待って「母親英雄」の称号を受けようとしていた。彼の三年間の調査によれば、自然増加率は毎年二二パーセント増、いや三〇パーセント増に達する勢いだった〔彼の予測どおり、一九六三年には三三・三三パーセントに達した〕。

人口の純増は、年間一千三百万人だった。馬寅初は、政府の出産奨励政策をこのままつづけていけば、大変なことになると、邵力子《しょうりきし》★8、李《り》徳全《とくぜん》★9など、周囲の支持者たちに訴え、論文『人口抑制と科学研究』を書き上げ、さらに柳亜子《りゅうあし》★10、馬《ば》叙倫《じょりん》★11、李《り》達《たつ》など著名な学者の意見を聞いたうえで議案をつくり上げ、一九五五年七月に開いた第一回全人代第二次会議に提出した。

●人口抑制の主張、全人代で総すかんを食う

ところが、会議のあとに開かれた党直属機関小組討論会の席上、全国財経計画、工業交通、文化

教育の責任者である重要指導者、陳雲《ちんうん》、鄧子《とうし》恢《かい》、鄧小平、薄一波《はくいっぱ》、李《り》先念《せんねん》、康生、陳伯達、胡喬木《こきょうぼく》らがつぎつぎに発言し、声を荒らげて馬を責め立て冷笑的な態度で皮肉った。

「あなたの意見に同意できない。人間がいなければ、革命も社会主義も共産党もやれないではないか」

「社会主義国家に人口問題は存在しない。きみは大胆にもまあ、よくも人代会で人口問題を取り上げたものだ。無礼きわまる。不届き千万だ」

「あんたが言う人口問題は、完全に英国植民主義分子のマルサスが唱えている代物だ。工農業生産は比例増加で、人口は幾何級数に増えるんだって。まったく人心を惑わす話というほかない」

「マルサスは西側ブルジョワ階級の人口学者だ。彼は戦争という手段で人口増加問題を解決すると主張している。完璧に帝国主義侵略者の口調だ。早くその議案を撤回せよ」

●『新人口論』を発表する

一九五七年春、毛沢東は「大鳴大放、百花斉放」を呼びかけた。二月、中南海紫光閣《ちゅうなんかいしこうかく》で開かれた最高国務会議の席上、馬寅初は毛沢東、劉少奇、周恩来、陳雲、鄧小平らの前で、臆することなく、再び人口抑制問題を持ち出した。毛沢東は冷笑しただけだった。

　馬寅初はのちに名著と評価されることになる『新人口論』を書きあげ、同年六月下旬に開かれた全人代第四次会議にそれを議案として提出した。七月十五日付の『人民日報』は全文を掲載した。

わが国の人口増加が速すぎることからはじめて、人口抑制はしなければならないと説き、いくつかの政策性建議[★12]を提出した。

●『新人口論』批判は毛沢東から起こされた

康生がペンネームを使って『人民日報』で批判の先陣を切った。

「ある人が人口問題を借りて、政治陰謀をやろうとしている。これは右派の侵攻だ。反党反社会主義の大毒草を追及しなければならない」

一九五八年四月、北京大学の創立六十周年記念日に、陳伯達は毛主席に代わって演説するなかで、突然、壇上に並ぶ七十六歳の老学長を指差して叫んだ。

「学長は『新人口論』について自己検討せよ。あれは一株の大毒草だ」

同年五月、劉少奇は党活動報告のなかで、名指しこそしなかったが、『新人口論』をつぎのように批判した。あの人口論は農業生産の増加は人口増加に追いつかないと論じているが、そんなことはない。中国の人口が多すぎると言うのは、明らかに、一種の反マルクス・レーニン主義の観点である。

同年六月一日、党中央の理論誌『紅旗』が創刊され、毛沢東主席が四月に書いた『ある合作社を紹介する』を掲載し、こう述べた。

「六億の人口は一つの決定的要素だ。人多ければ、議論も多く、熱気も高く、意気込みも大きい」

●馬寅初、四面楚歌となる

偉大なる党のナンバーワン、ナンバーツーが同時に批判号令を発したのだ。全国の上から下まで、ただちに馬寅初先生に対する大批判を繰りひろげた。一九五八年下半期だけでも、馬寅初に対する批判、攻撃の文章は、北京大学の校内誌と学報に十八篇、全国主要新聞合わせて二百数十篇にのぼった。陳伯達、康生、郭沫若《かくまつじやく》、★13周揚《しゅうよう》、鄧拓、胡縄《こじょう》、呉《ご》冷西《れいせい》といったお歴々の署名論文もあった。

一九五九年の夏、馬寅初は全人代常務委員の身分で視察団体と同行し、毛式大躍進運動の鉄鋼大生産、人民公社、公共食堂を見学した。まだごま化しのきく人民公社に連れていかれたのである。だが、彼は完全に失望した。中共は、国家の経済と人民の生活を子供の遊びのように考える、自惚れ屋の低能児だと看破したのである。

ところが、馬は北京に戻るとすぐに周恩来総理に呼ばれた。あいもかわらず『新人口論』の問題だった。周は言った。

「『新人口論』について詳しい自己検討書を書いて出してほしい。そうすれば、あなたも幸せになり、私も幸せになれる」

数日後、馬寅初は『重申我的請求』〔私の願いを再び申す〕の一文を『新建設』雑誌に発表した。

「昨年、二百何人かの批判者が私を攻撃したが、いずれも的外れである。私の論拠は微動だにしない。何人もの友人が私に退却せよと勧めた。とくにそのうちの一人は、私が重慶で受難したときに助けてくれた。一九四九年に私が香港から北上したのも、彼が招いてくれたのだ。そのことには感謝している。だが、このたびは学問の問題だ。私は自分の理論は正しいと信じている。学問の尊厳は守らねばならない。だから、私は自己検討を拒否する。私はもうすぐ八十歳だ。衆寡敵せずと知りながらも、単身匹馬、出ていって応戦するしかない。戦死するまで戦う。もっぱら力で人を圧し、理で人を説得しようとしない批判者たちには決して投降はしない」

●右派、馬寅初を反党反社会主義と決めつける

毛沢東主席は『新建設』のその文章を読んだあとで、ただちに秘書を呼び、口頭でつぎの指示を与えた。

「反右派闘争が全面勝利を得た今日、馬寅初はなおもわれわれに宣戦布告している。見上げたものだ。まさに厠《かわや》の中の石ころだ。臭くて硬い。馬寅初が自分で下馬しようとしないなら、われわれが組織の措置によって彼に下馬させるほかない。彼に対してはこの先厳しい態度で臨む。生かしてはおくが、手は緩めるな」

一九五九年十二月五日、康生は北京大学党委書記に命令を下した。

「馬寅初の問題はもはや学術の問題ではない。学術の名を借りた右派の侵攻であり、反党反社会主義だ。その侵攻の先はわが党中央に向かっている。政治の面から彼を批判せよ。馬寅初はもはや北京大の学長ではない。辞職しなければ免職すると通知せよ」

同月二十四日、康生は党内外の理論界の著名人に手紙を出し、馬寅初の『新人口論』を批判する前に、毛主席の重要著作『六評白皮書』の中の「唯心歴史観の破産[★14]」を精読するようにと命じた。

●馬寅初に毛式人民戦争の猛攻を加える

党中央の号令一下、批判の大砲が一斉に火を噴いた。一夜のうちに何万枚という大字報〔壁新聞〕が北京大構内に張り出された。全国の大小新聞雑誌は馬に対する批判文で埋まった。さらに、馬寅初一家が住む北大湖畔の燕南園《えんなんえん》六三号住居とその周辺、自宅の客室、書斎の机、椅子、寝室の枕元にまで大字報が貼りつけられた。

彼は連日、大小の批判集会に引っぱりだされ、毛式人民戦争の批判の大海に放り込まれた。まさに文明が愚昧専制に、真理が野蛮に踏みにじられたのである。

一九六〇年一月三日、馬寅初は教育部長に、北京大学長の辞表を提出するように命じられた。北京大内の官舎から追い出され、市内に移された。全人代常務委員を罷免され、自宅謹慎となった。論文や談話の発表、記者の訪問も禁止された。外国の友人との接触も禁止され、彼の一挙一動は近くの派出所、居民委員会の監視のもとに置かれた。

わが硬骨漢の馬寅初先生はここにおいて初めて、新中国・共産党の、完全無欠、徹底有効な統治ぶりをとくと拝見することになったのである。彼は、かつて重慶で宋・孔を攻撃していた時代を懐かしんだ。あのときも、迫害を受けたが、これほどのことはなかった。しかし、わが八十歳の馬老人は心身ともに自由で闊達だった。毎日、太極拳をひとしきりやってから、読書に励んだ。

一九六五年夏、新聞紙面の個人迷信、領袖崇拝がいよいよ激しくなり、このままつづけていけば大変なことになるという危機感にかられて、彼は、どうしても黙っていることができず、党中央に書簡を書き送った。なしのつぶてだった。

一九六六年夏、文化大革命の赤色テロがいよいよ始まった。馬老人のところにもやってきた。紅衛兵たちは彼を右派分子、反動学術権威として批判闘争を繰り広げた。五九年の批判闘争は口だけだったが、この批判闘争は、口も出し、手も出し、霊魂にも肉体にも触るものだった。

しかし、わが馬老人は、暴力を振るう紅衛兵の若造たちに敢然と立ち向かった。「馬寅初には武功がある、手出ししないほうがいい」との評判が伝わった。本当は次のような話が真実なのであろう。周恩来総理が中央文革の幹部に向かって「馬寅初を許してやれ、彼はもはや死んだ年寄りだ。もう批判済みだ。運動の重点は党内走資派だ。彼は走資派ではない。彼を捕まえても、あまり意味はない」と説いたおかげで、紅衛兵が彼を放免したのだ。

●馬寅初、軟禁二十年で百歳まで生きる

一九七九年夏、馬寅初はまるまる二十年間も軟禁されたあと、中共中央は彼を解放し、名誉回復をした。時の党中央組織部長・中央秘書長だった胡耀邦は、こう言って慙愧《ざんき》の涙を流したという。

「馬寅初先生に対して、毛沢東同志はじつに黒白転倒、非行乱行を加えた。当時、馬先生の話をよ

く聞いて、『新人口論』を批判することなく受け入れていれば、こんにち中国の人口は十億の大台を突破することはなかった。[15] 一人を誤って批判したために、五億もの人口を増やしてしまった。もうこんな愚劣な過ちは犯してはならない」

　このとき、馬老人はすでに九十八歳で、車椅子の人となっていた。しかし、まだ字が書け、耳は少し遠いが声はなおよく響き、大きかった。彼は名誉回復の通知を受けると、こう諭した。

「二十年前、中国の人口は多くなかった。現在は多すぎる。おまえたち、二度と過ちを犯すな」[16]

かつて彼を免職した教育部は、彼に北京大名誉校長を与えた。

一九八二年五月、馬寅初は満百歳でこの世を去った。彼は国民党指導者の蔣介石、共産党の指導者、毛沢東よりも長生きをしたのである。[17]

★1　民国時代に国家の政治、経済を支配した四大財閥を四大家族と呼び、蔣介石家、宋子文・子《し》良《りょう》・靄齢《あいれい》・慶齢《けいれい》・美齢《びれい》の二兄弟三姉妹、孔祥熙家、陳果夫《ちんかふ》・立夫《りっぷ》兄弟の四家族が蔣介石政権を支え、官僚資本を形成していた。孔・宋の二家族はとくに財政と経済を独占支配していた。

★2　王若飛＝一八九六〜一九四六年。中共の早期指導者の一人。一八〜一九年、日本留学。二二年中共入党。四〇年前後、中共重慶工作委書記。四六年事故死。

★3　沈鈞儒＝一八七五〜一九六三年。法曹家。〇五〜〇七年日本留学。三六年、抗日七君子事件で逮捕。五六年、中国民主同盟主席。

★4　黄炎培＝一八七八〜一九六五年。〇五年日本で中国同盟会に加入。民主諸派。教育家。

★5　徐悲鴻＝一八九五〜一九五三年。画家。美術教育家。初代中央美術学院長。馬の絵が有名。

★6　この数字は、国外にいる華僑を加えた数字で、国内は五億八千六十万人。しかし統計年鑑の数字は五億八千七百九十六万人、その差七百三十六万人は、のちに台湾の人口を加えた統計。

★7　出生率から死亡率を差し引いたもの。千分比。

★8　邵力子＝一八八一〜一九六七年。国民党と中共とのあいだを取り持ったジャーナリスト。のちに全人代と全協商の常務委。

★9　李徳全＝一八九六〜一九七二年。軍閥馮玉祥《ひょうぎょくしょう》の夫人。女性解放運動に従事。中国赤十字会長。五四年に訪日。全協商常務委。

★10　柳亜子＝一八八七〜一九五八年。国民党員。詩人。反蔣で中共側につく。

★11　馬叙倫＝一八八五〜一九七〇年。教育家。反蔣で中共側につく。

★12　馬寅初の論理は常識的で単純明解だ。人口が多いことは大きな資源には違いないが、同時に大きな負担でもある。もしも人口増加を抑制しないで野放図に増加させると、必ずや国民経済の発展と人民生活の向上に重大な影響を及ぼす、という趣旨。この建議の概要は、⑴人口センサスを進め、人口増加の実際情況を把握する。人口動態統計を実施し、これに基づいて人口政策を確定し、人口の増加数字を五カ年計画に加える。⑵晩婚と産児制限を宣伝し、有効な行政と経済の措置をとり、産児制限を奨励し徴税方法で多産を制限する。⑶産児計画の実行が人口抑制の最有効方法、避妊の宣伝を普及させるのが最も重要である。

★13　郭沫若＝一八九二〜一九七八年。一三年から日本に留学、その後日本に十年間亡命生活。文学研究。二七年中共入党。四一年帰国。中共中央委。副総理。日和見主義者で有名。文革ではすぐ自己批判するが迫害を受ける。

★14　これは一九四九年に米国が出した「中国白書」を毛沢東が批評した論文である。白書を編纂した国務長官アチソンがトルーマン宛に出した書簡の中で「中国の人口は十八、十九の二世紀のあいだに倍増した。土地に負担がかかり、人民の食糧問題は中国政府の難問である。国民党は問題を解決できなかった。共産党も解決できるかどうか」と述べていた。これに対して、同年八月に毛沢東が批判を加え、さらに九月に「唯心歴史観の破産」と題して「人口が多く、食糧が少ないと革命が発生する」とのアチソンの主張に、「人口が多いゆえの革命は世界中どこにもない。階級間の矛盾があるから革命が起こる。人口が多くても生産することで解決できる。マルサス説は謬説」との再批判を加えた。

★15　その後の政府統計では、一九七九年時点の人口は九億七千五百万人。しかし胡の話でわかるように、実際は十億人をとっくに突破していた。

★16　一九五九年の人口統計は六億七千万人。鄧小平政権は七九年から、あいかわらず諮問、審議、討論を一切せずに、人口抑制政策、「一人っ子政策」の実施を強行した。

★17　馬寅初は国民党政権と共産党政権の両政権の専制腐敗に立ち向かって、一歩も退かず一点も妥協せずに戦い抜き、そして生き抜いた、ただ一人の中国知識人であった。

〈十一〉歴史の捏造　毛と湖南出身者の仲

政権を維持していくために、都合の悪いことを国民は記憶していてはならない、忘れてしまえと権力者が命令することは、歴史上、珍しいことではない。たとえば十六世紀のフランス国王、アンリ四世が公布した有名な「ナントの勅令」がそうだ。それより前に起きた四年間の内乱の問題を取り上げ、「その騒乱の記憶はすべて消してしまわねばならない」と最初に述べ、つぎに「記憶をよみがえらせた者」に対しては処罰をすると定めた。

だが、現在の独裁者は、四世紀前のブルボン朝の最初の王様の開明ぶりを真似て、「ナントの勅令」を発布したりはしない。機会あるごとに恐怖を教えられている国民は「勅令」がなくても、独裁者の口元を見ただけで、忘れなければならないことをはっきりと理解する。そして独裁政権の側はさらに歴史の捏造、記憶の捏造も行なうことになる。

●毛沢東の出身地、湖南の現在

二〇〇一年七月一日はわが共産党の創立八十周年記念日、つまり「党慶」〔中国共産党慶祝日〕の日だった。「人生七十古来稀」からすれば、八十歳を過ぎればそうとうの長寿である。

その年の初めからまたぞろ、執政党は全国規模の「自己を称揚する運動」を計画した。全国大小の都市で「党在我心中」〔党は我が心の中にあり〕の大型歌唱イベントがつぎつぎと催され、テレビ局、放送局は八十周年を記念する番組をこぞって製作した。

北京人民大会堂でテレビドラマ『毛主席と湖南』の記者発表会が行なわれた。私はこの報道を聞き、面白くなかった。選りによって『毛主席と湖南』をドラマ化して八十周年の重要な出し物にするとは、よけいなことをしたものだ。毛主席は湖南籍の高級幹部を何人死なせたのですか、と問いたくなる。

延安《えんあん》時代、毛沢東は最高指導者の座にのぼりたいがために、大変な努力をして湖南《こなん》出身グループを組織し、中央書記処〔のちの政治局常務委員会に相当〕の三名の書記は、毛沢東、劉少奇《りゅうしょうき》、任弼時《じんひつじ》という湖南人一色としてしまい、張聞天《ちょうぶんてん》、朱徳《しゅとく》、周恩来を排除した。そのほか、延安守備兵団司令員の蕭勁光《しょうけいこう》★1は湖南、長沙《ちょうさ》の人、延安衛戍《えいじゅ》区司令員の王震《おうしん》も湖南・瀏陽《りゅうよう》の人であり、この二人が中央書記処をがっちり護衛したわけである。

忘れてならないのは、毛沢東が北京に入城して政権の座についたのちに、最も多く迫害した党と国家の重要人物はこれまた湖南人だということだ。権力を分かち与えた同郷の連中に猜疑心を燃やしたのだ。

前に述べてきたとおり、一九五九年の廬山《ろざん》会議で、毛の大躍進運動は人力と財力を無駄にしているとして政策転換を主張したために、「彭《ほう》・黄《こう》・張・周右傾機会主義反党集団」〔六章参照〕とされた四人のうち、彭徳懐《ほうとくかい》、黄克誠《こうこくせい》、周小舟《しゅうしょうしゅう》の三人が湖南人だった。しかも周小舟はかつて毛の延安時代の政治秘書だったし、彼の遠い親戚でもあったそうだ。周小舟はその後もさんざん凌辱され、文革期中、広州中南《こうしゅうちゅうなん》科学院で残酷な仕打ちを受け、一九六六年十二月二十六日、毛沢東の七十三歳の誕生日に自殺した。

廬山で迫害を受けたもう一人の湖南の秀才に、水電部副部長兼毛沢東の工業秘書だった李《り》鋭《えい》がいる。彼は党籍を剝奪されたうえ、北大荒の労改に送られた。もう一人は、解放軍上将の鄧華《とうか》で、彼は湖南郴《こなんりん》県人であったが、軍籍を剝奪された。

文化大革命運動は、毛沢東が国家主席の劉少奇と彼が支配している党の組織系統を取り除くために発動したものだ。劉少奇は江青《こうせい》がつくった「医療服従専案」によって無惨に殺された。

文革中、死に追い込まれた湖南人はこのほかに、つぎの人びとがいる。

李《り》達《たつ》＝毛沢東がかつて学んだ長沙第一師範学長、武漢《ぶかん》大学学長。

李《り》立三《りつざん》＝毛沢東のかつての上司、中共初期のリーダー。

翦伯賛《せんはくさん》＝著名な歴史家、北京大学教授〔十四章参照〕。

陶鋳《とうちゅう》＝文革初期の党の第四の実力者。中央常務委、国務院常務副総理。中央文革小組顧問。
許光達《きょこうたつ》＝解放軍大将。
賀龍《がりゅう》＝解放軍元帥。

彭徳懐は解放軍元帥だった。文革中、最もひどく痛めつけられた一人だった。批判闘争会で、毛沢東配下の北京の紅衛兵リーダー、韓愛晶《かんあいしょう》に暴行され、七回も地面に殴り倒された。その後もずっと痛めつけられ、一九七四年に、やはり「医療服従専案」で惨死した。

中共創立八十周年記念ドラマ『毛主席と湖南』になぜ劉少奇、彭徳懐らが登場しないのか。毛沢東と湖南と言うのであれば、彼はこれら同郷の戦友とは切っても切れない関係にあったことを忘れるべきではない。

それから二年後、二〇〇二年のことだ。旧友の白君は私と同じく定年引退した仲間だが、なかなか活動的である。各地の催物を見て回るのが好きで、とくにスポーツを見るのが好きだ。その白君が湖南省の首都長沙の旅から帰ってきたと言って、浮かぬ顔で訪ねてきた。どうしたのかと聞くと、第九回全国都市運動大会〔国家体育総局が主催。第一回は一九八八年済南で開催。各省都市の四十数団体が参加。日本の国体に近い〕が長沙で開かれるというのでわざわざ出かけていったが、ひどくがっかりしたという。

白君は憤慨しながら話した。「新聞報道では香港、マカオ、台湾も代表団を派遣して大盛況と報じたでしょう。嘘ですよ。三百億元〔四千億円相当〕も投じて大スポーツ施設を建設したというのに、どこもひっそりとして人気《ひとけ》がない。湖南はダメですよ。いまだに計画経済をやっていて、指導者のご意向の影から抜け出せないでいる。開会式、閉会式でさえ観客席は三、四割も埋まらないひどさだ。主催者が金儲けしようと、入場券をバカ高くつりあげたから、長沙市民は怒って家のテレビで観戦と決め込んだのだ。会そのものも低調だった。全国記録、アジア記録の更新ほとんどなしという体たらくだ。税金をドブに捨てたようなものだ。湖南はダメ。省全体がまだ毛沢東思想のままだ。改革は改革らしくなく、開放も開放らしくなく、中途半端のおかしな状態になっている」

私は言った。

「北京のチマタの流行《はや》り言葉は、遊ぶなら湖南、長沙だろう」

「あれは風俗業のことさ。毛沢東の故郷の売春婦は全国的に有名だ、繁盛しているよ」

「売春は湖南だけではないさ、どこでも大流行りだ。どうして長沙が気に食わないのか。運動会以外に何か見たのか」

「うん、いとこに案内されて、長沙河西《かせい》にある嶽麓山《がくろくざん》を遊覧したついでに、山麓にある毛沢東文学院を見てきた。〝毛沢東と文芸展〟の常設展示があった。とんでもない代物なのだ。胸くそが悪くなったよ」

白君はそう言って、その展示のパンフレットを見せてくれた。

●「毛沢東と文芸展」

美しく印刷されたパンフレットの序言には仰々しくこう書いてあった。

本展は、偉大なる領袖毛主席の『延安における文芸座談会上の講話』六十周年を記念し、二十世紀における中国の新文化運動の全行程をたどり、一代の偉人である毛沢東の文芸思想と理論の樹立を十全に展示し、並びに文芸を創作し、鑑賞し、評価する毛沢東の卓越した才能および新文化運動建設に対する多大な貢献を多角的に反映したものである。本展は、二十世紀における中国の文芸界の最優秀の作家、芸術家の大半を網羅しており、毛沢東の文芸思想に特定した、初の常設展示であり、わが国の文化建設史上の空白を埋める世紀のイベントである。

「どうです、この序言は、林彪《りんぴょう》が書いた『毛主席語録』の前言と口調がそっくりだと思わないか。違うところは『最も、最も大きく』と連発していないだけ。腹が立つのは、この法螺吹きの大言壮語の序言ではない。展示の内容そのものにある。公然と事実を捏造し、歴史を歪曲し、一九八一年にわが党が毛沢東の過ちを認めたあの『歴史決議』を無視し、挑戦しているじゃありませんか」

白君はまだ腹の虫がおさまらないようだ。

パンフレットには、展示内容の詳しい説明が記載してあった。展示は五つの部分に分けられている。第一部《中国先進文化の旗幟を高揚する》と第二部《社会主義文芸の繁栄のため》は近代中国のこれまでの文化、文学、芸術をすべて称える。第三部《文壇の知己》は、毛沢東に迫害された文化人を含め現代中国の作家、芸術家、学者のすべてが毛沢東と知己であったと嘘をついている。第四部《詩書と書》と第五部《閲読、欣賞、品評》は毛沢東の詩詞、書や文芸分野での造詣の深さ、作品に対する評価の卓越さを誉め称えている。

●毛沢東とその被害者を仲良く彫像にした

きみの気持ちはよくわかるとうなずくと、白君は一枚の奇妙な写真を見せてくれた。展示館の大ホールにでんと置かれている一基の巨大な彫像だ。毛沢東が湖南出身の五人の作家、周揚《しゅうよう》、丁玲《ていれい》、周立波《しゅうりつは》、蕭三《しょうざん》、田漢《でんかん》と仲良く一緒の彫像だ。私はびっくりした。

白君は憤懣やるかたないといった顔で言った。

「若い人ならいざ知らず、われわれのような年代の者はみな知っている。その五人はいずれも毛沢東からひどい仕打ちを受けた被害者だ。自分たちが毛沢東と仲良く彫像にされたと知ったら、彼らはきっと地下から呪いの声をあげるだろう」

毛沢東文学院はこの巨大な彫像をその象徴にすえ、全国唯一の毛沢東研究センター、重要基地、権威あるシンクタンクにするという。まったく呆れ果てたものである。

こういう厚顔無恥がまかり通るのは、湖南の逼塞《ひっそく》した現状がそうさせたのであろうと容易に推測がつく。湖南省の東には江西《こうせい》、西には貴州《きしゅう》という二つの貧乏省が控えているが、経済の活発さは二省におよばず、北の湖北《こほく》と南の広東《カントン》はともに経済発展著しく、その足元にもおよばない。いわば四面楚歌に囲まれて旧習を墨守し後れをとっているから、対外宣伝としてはこの毛沢東文学院という精神的なブランドしかないのであろう。つまり、きみたちは経済建設をやれ、われわれはわれわれのイデオロギーをやる、というわけである。

しかし、イデオロギーで売り出そうとしても、湖南に蔓延する汚職や高級幹部の公金持ち逃げには少しも影響を与えないし、ましてや湖南の貧しい女性が全国各地へ出稼ぎに行き、売春婦部隊が省外各地へ流れることにも影響しない。もはや北京や上海、広州などの先進地域に身の置きどころがない左翼の残党たちが、この毛沢東の故郷に押しかけていき、このような恥知らずの見世物をつくったというわけであろう。

白君と私は、毛沢東と仲良く影像になっている五人の文芸作家が、毛沢東とその封建的ファシズムからいかに残酷な迫害を被ったかを明らかにし、毛沢東文学院というたぐいの奇怪な施設と、その象徴である巨大影像がいかに愚劣でぶざまで、世間の目をたぶらかし、人の名誉を掠めとる、恥知らずな代物であるかを証明してみることにした。

●周揚、九年の牢獄の災い

影像の一人目の周揚は本名周起応《しゅうきおう》、一九〇八年湖南省益陽《えきよう》生まれ。上海国民大学、大夏大学に学んだのち日本留学。二七年、中国共産党に入党する。著名な文芸理論家、翻訳家。一九三〇年代から中共の文芸面における指導者の一人となった。

一九三七年、延安に身を投ずる。延安魯迅文芸学院院長に任ぜられ、党全体の文化活動の責任者となり、江青《こうせい》や胡喬木《こきょうぼく》らの上司となる。毛沢東の『文芸講話』の起草に参加し、毛沢東の文芸思想を宣伝する拡声器となった〔毛沢東の延安整風運動では、二章で見た丁玲、王実味を含む大勢の知識人が捕らえられたが、彼はそのお先棒をかついでいた〕。

中共政権樹立後、彼は国務院文化部副部長、党中宣部副部長、第八回中共中央委員会候補委員を歴任した〔一九五〇年代、詩人・馮雪峰をも右派として文芸界から排除した〕。ところが一九六二年から毛沢東夫人の江青が彼の地位を奪おうとして、夫をけしかけて周を遠ざけさせた。一九六三と六四年の二年のあいだ、毛沢東は周が指導する党の文芸部門に対して二度にわたって厳しい批判を加え、彼の活動実績を全面的に否定し、「農村へ行って思想改造せよ、行くのを拒むなら、投獄するぞ」と脅した。

一九六六年、文革が始まると、周揚は江青、康生《こうせい》と陳伯達《ちんはくたつ》から「文芸界における資産階級路線独裁の元祖」と非難されて、破滅的な打撃を受けた。紅衛兵造反派に百回以上も後ろ手に縛り上げられ、背中に長い標識板を挿されて、大小の集まりに引き回されて悲惨なつるし上げを受けた。一九六七年には、いかなる法的手続きもとられぬまま秦城《しんじょう》監獄に入れられ、独房に九年間閉じ込められ、毛の死後、一九七六年に出獄したときはほとんど口がきけなくなっていた。

その後、名誉回復され、元の仕事に戻り[★2]、青年たちに創作を励ましたりした。ところが一九八三年、またも鄧小平と陳雲《ちんうん》に庇護されていた胡喬木から迫害を受け、こんどこそ本当の植物人間となってしまった〔一九八九年に死亡〕。結局彼は最後まで毛沢東思想の魔の手から逃れることができなかったのである。

●田漢、非業の死を遂げる

二人目の田漢は本名田寿昌《でんじゆしょう》。一八九八年、湖南省長沙生まれ、長沙師範学校で学んだあと、一九一七年に日本留学〔東京師範学校に入学〕、文学、演劇を専攻する。一九二一年に郭沫若《かくまつじゃく》らと太陽社〔創造社の誤り〕を興し、新文化運動に身を投じた。翌二二年、上海に戻り、上海大学、大夏大学の教授となり、『南国半月刊』『南国新聞』等の雑誌を創刊し、シェークスピアの『ハムレット』『ロミオとジュリエット』などを翻訳する。

一九二五年、南国電影社〔電影＝映画〕を興す。二七年、上海芸術大学の運営を引き継いで南国社をつくり、民衆演劇運動〔日本の新劇にあたる対話と身振りで表現する舞台芸術の話劇運動〕に力を注ぎ、この間『獲虎の夜』『名優の死』等の脚本を書く。一九三〇年、左翼作家聯盟〔略称左聯〕に加入し、仲間らと左翼劇作家聯盟を興し、主要責任者となった。

一九三一年九月に満州事変が勃発すると、抗日救国の宣伝活動に積極的に参加し、『乱鐘』『暴風雨の中の七人の女性』『揚子江の暴風雨』『中国の怒号』等の演劇脚本と『三人のモダンガール』『母性の光』『民族の生存』等の映画のシナリオを書き、左翼演劇・左翼映画のリーダー的存在となった。一九三二年に中共に加入する。この一年のあいだに、田漢は映画『風雲児女』のシナリオだけでなく、その主題歌『義勇軍行進曲』を作詞し、これを聶耳《じょうじ》★3が作曲したが、この歌は全国的に歌われ、全国人民の抗日に対する闘志と士気を大いに鼓舞した〔この歌は建国後国歌に指定された〕。

一九三三年、山東出身の十八歳の娘、李《り》雲鶴《うんかく》〔のちの江青〕が単身上海に出て、演劇で身を立てたいと田漢のもとに身を寄せてきた。田漢は弟の田沅《でんがん》に彼女の面倒を見るように言って温かく支援した。江青が困窮して家賃も払えないときには、田家は住居を無料で提供した。田漢は江青の恩人なのである。

一九三五年二月、田漢は上海で国民党当局に逮捕され、七月に釈放された。抗日戦争の初期は上海文化界救亡協会の組織づくりに参加し、『抗戦日報』を創刊して編集長となった。一九三八年、国共合作後の国民政府軍事委員会政治部第三庁六処処長に任じられ、抗日の文芸宣伝に従事し、『麗人行』『江南を憶う』等の脚本を書く。

抗日戦終了後、上海に戻り、左翼演劇運動と党の地下工作を指導した。一九四八年、華《か》北《ほく》の解放区に入る。新中国成立後、国務院文化部芸術事業管理局局長、中国文聯副主席、中国劇作家協会主席を歴任する。その後、『関漢卿』『文成公主』等の話劇、『白蛇伝』『謝瑤環』等の戯曲や脚本を執筆した。

以上、長々と田漢の履歴や劇作の実績を紹介したのは、若い読者たちに、田漢は紛れもなく革命経験者であり、著名な詩人、新中国の演劇の大家だということを伝えたかったからだ。

文芸界の大物である田漢は江青の嫉妬心を買った。一九六六年、文革が始まると、田漢はただちに「劇覇」〔演劇界のボス〕「共産党反徒」「国民党の反動軍人官吏」〔彼が国民政府軍事委員会の役人になったことを指す〕「文芸における演劇界の資産階級路線独裁の元祖」〔周揚と同じレッテル〕と決めつけられた。江青はさらに中央文革小組に

「国歌の田漢歌詞を取り消し、聶耳の曲譜だけ保留する宣言」を出すよう指示する通知を出した。

　六十八歳の老人、田漢は周揚と同じように、ほとんど毎日後ろ手に縛り上げられ、背中に長い標識板を挿されて、各種の会合に引き回されてつるし上げられた。北京の演劇界の造反派はおもに役者と演劇学校の学生からなり、人を責める仕打ちが最も凶暴だった。田漢は「階級の敵」として、最もむごい扱いを受けた一人となった。著名な京劇大家の馬連良《ばれんりょう》は殴り殺された。田漢は何度もひどく殴られ、全身傷だらけとなって運び込まれた病院では「大反動組織分子」だといって治療を拒否され、ついに牢の中で一九六八年十二月十日に惨死した。

　このように、毛沢東・江青夫妻が発動し、指導した文化大革命が田漢を殺したのである。その田漢の彫像が、偉大なる領袖と膝を交えて親密そうに集う姿が彫塑され、毛沢東文学院に据え付けられ、見世物にされるとは、まさに歴史の真実を悪意に歪曲し、是非善悪を逆さまにするために死者に鞭打つものであり、良心のかけらもない、恥知らずの最たる所業である。

●周立波、小心翼々でも魔手から逃れられなかった

　三人目の周立波は本名周紹儀《しゅうしょうぎ》、周揚の一族で同い年、湖南益陽の周家の世代からいうと、周揚は彼の叔父さん分に当たる。一九二四年に長沙省立一中に入り、教師の王季《おうき》範《はん》や徐特立《じょとくりつ》の影響を受けて新文学を熱愛する。一九二八年帰郷した周揚にともなわれて上海に出、入江湾大学で勉強し、創作と翻訳に従事する。一九三二年に上海労働者のストライキに参加して逮捕され、三四年に釈放

される。

一九三五年、中共地下党に加入し、左聯の中共団メンバーとなる。その間、ショーロホフの『開かれた処女地』、『秘密の中国』〔一八八五年、プラハに生まれたユダヤ人記者エゴン・E・キッシュが、一九三二年秘密裡に訪中した記録文学〕などを翻訳する。一九三七年、抗日戦争が始まると、華北前線の八路軍本部へ行って前線記者となり、三九年延安に身を寄せ、延安魯迅文芸学院文学科の教員となった。

江青は彼の同僚で、賀《が》敬之《けいし》★4、郭小川《かくしょうせん》、聞捷《ぶんしょう》ら著名な詩人はみな彼の学生だった。彼の授業には、大勢の文学愛好者が引きつけられ、受講しにきた。『復活』『アンナ・カレーニナ』などロシアの名作の講義は、生き生きしてユーモアにあふれ、周は珠玉の名言を連発して興味尽きず、大いに歓迎された。一九四六年、東北解放区に転任し、翌年、長編小説『暴風驟雨』〔すさまじい風と雨〕を完成した〔一九五〇年度スターリン賞を丁玲と同時受賞〕。

新中国成立後、周立波は北京でプロの作家に専念するが、文壇では名利を争わず、無口の謙遜君子として通した。叔父の周揚は党中宣部副部長となり、文芸界の鬼検事となり、作家や芸術家をつぎつぎと粛清したが、周立波はそうしたこととは無縁だった。周立波は北京に移り住むと、数十年にわたる革命生活の中で出会った男女の物語を『紅楼夢』のようなスケールの大きな小説にしたいと考えた。革命も、そして延安も『紅楼夢』にある大観園の花園だと考えたのである。彼の文才と学識と芸術素養をもってすれば、そのような大河小説は書けるはずだった。

しかし、一九五〇年代に鎮反★5、粛反運動★6が始まると、神経がこまやかで、小心、臆病な周立波はでしゃばらないようにした。誰の恨みも買わず、感情も害さず、といった態度に終始した。会議に出たとしても沈黙を守り、どうしても発言させられると、口をもぐもぐさせて不得要領、文壇では「口不調法」の名を得た。むろん周揚の保護は受けた。創作においては大勢に順応し、「抗美援朝《こうびえんちょう》」〔米国に対抗して朝鮮を支援する。朝鮮戦争のこと〕のときは『抗美援朝』を書き、農業合作化が始まると、長編『山郷巨変』を書いてこれを称えた。

　このように、世の中と争わない処世と物書きに徹していても、周立波は文化大革命の災難から逃れられなかった。一九六六年、北京で周揚がやられると、湖南では周立波が批判された。のちに周揚が北京で監獄に入れられると、周立波も長沙で監獄に入れられた。共産党の監獄は国民党の監獄よりもひどく、日本人の監獄よりも野蛮だったことは、当時を知る人びとの共通した見方である。

　周立波は周揚よりも監獄生活が三年短かったが、すっかり肝っ玉が縮み上がってしまった。出獄後、北京に戻って妻子と生活することは認められた。一九五〇年代にスターリン賞の賞金で買った二十いくつも部屋のある四合院〔中国の伝統的住居。院子＝中庭を中心に東西南北に四棟の建物が配置〕はとっくに無断占拠され、西郊外の紅《こう》民《みん》村に二部屋しかない家を分けてもらって住んだ。図書から書画骨董、紙切れ一枚残されていなかった。そのうえ地区の居民委員会に定期的に出頭して「教育」を受けなくてはならなかった。彼は「周揚の文芸の反動路線の活動分子」であったからだ。

　周立波は一九七九年に死去した。周揚よりも早死にした。新版『紅楼夢』を記そうとした文学の天才はこのように毛沢東の極左の狂気によって活力を失い、事業、財産、生命ともに失った。にもかかわらず、毛沢東文学院は彼の影像を偉大なる領袖と並べ、親密な間柄に仕立てるとは、恥知らずもはなはだしい。

●蕭三、市中の世捨て人となる

四人目の蕭三は本名蕭子暲、一八九六年、湖南省湘郷《しょうきょう》に生まれる。一八九三年生まれの毛沢東の三つ年下になる蕭三と弟の蕭愉《しょうゆ》は毛沢東とともに長沙湖南第一師範学校に学んだ同窓である。三人はともに進歩的青年の組織である新民学会[★7]を創立した。一九一九年、蕭兄弟とも留仏苦学生[★8]に合格し、フランスに渡った。不合格だった毛沢東は国内に残って革命をやることになった。

一九二二年、蕭三はパリで中共欧州支部に加入し、そこで陳独秀《ちんどくしゅう》の息子の陳喬年《ちんきょうねん》とともに『インターナショナルの歌』を中国語に訳し、これはのちに中共の党歌となった。一九二五年に帰国すると、共産党の革命運動に参加した。しかし、中共の一九二七年の蜂起が失敗に終わると、ソ連に行き、モスクワの東方大学で教えるかたわら、ソ連作家協会に参加し、大量のロシア革命文学を翻訳して中国に紹介した。一九三九年、帰国して延安に行き、魯迅文芸学院で教えることになるが、昔の同窓生の毛沢東からは重用されなかった。

中共政権樹立後、蕭三は文化部対外連絡局の仕事を与えられ、その局の低いポストに置かれたままだった。蕭三は性格が内向的で、慎み深く、毛沢東とは意識して距離を置くようにしていたから、つぎからつぎに起こる政治運動の厄難から逃れることができた。ところが、文革の初期には紅衛兵に家宅捜査され、「ソ連修正主義の特務」としてつるし上げられた。その後長いあいだ入院して生き延びることができた。

弟の蕭愉は、毛沢東の性格をよく知っていたためか、帰国することなくフランスにとどまった。蕭愉はかつて『毛沢東と乞食行脚記』という本を書いたことがあり、そのなかで、一九一七年の夏休みに毛沢東と一緒に乞食行脚方式で農村社会の調査をしていたときのことを記している。ある村で骨相を見る農婦が毛沢東を見て驚き、「この人は男のくせに顔が女っぽい。将来、数十万、数百万の人間を殺すよ」と言ったという。蕭愉は一九八三年、兄の蕭三が北京で病死する前夜、もちろん、毛がとっくに他界したあとに帰国した。

蕭三は、表面は尊敬するふりをしながら毛沢東を避ける処世に徹したので、「乱世にいて徒に命を長らえ、諸侯にいて名誉栄達を求めない」〔諸葛孔明の『出師表』二編にある言葉〕ことができたのである。現在、長沙の毛沢東文学院が蕭三の彫像を毛沢東と一緒に並べている。蕭三は黄泉《よみ》から湖南の俗語「先祖を汚すこの化け物め」と言って、学院を罵ることであろう。

彫像の五人目で紅一点の丁玲は、二章で述べたように、毛沢東夫妻と中共党によって一生翻弄されつづけ、二十数年も過酷な監獄生活を強いられ、作家生命を断たれたのである。

長沙の毛沢東文学院が、彼女の彫像を毛沢東と親密そうにつくりあげて見世物にするとは、どういう魂胆なのか。二人の関係をほのめかしたいのか、それとも毛沢東の冷酷無情を示したいのか。

以上でわかるように、毛沢東文学院に据えてある彫像は、結局は文学に対する侮辱と歴史に対する歪曲捏造を象徴した、醜悪な塊にすぎないことを、世に知らしめるものなのである。

●その他の文化人もすべて迫害受難者

毛沢東文学院は、湖南の五人だけでなく、当時の中国の代表的文化人を毛沢東の「文壇の知己」か親友として紹介し展示しているが、すべて歴史事実に反したものだ。展示されているいずれもが毛沢東から迫害を被った受難者だからだ。

文学界では老舎《ろうしゃ》、趙樹理《ちょうじゅり》、傅雷《ふらい》★9、聞捷、周痩鵑《しゅうそうけん》★10。

演劇界では田漢、馬連良、蓋叫天《がいきゅうてん》★11、周信芳《しゅうしんほう》、厳鳳英《げんほうえい》★12。映画界では上官雲珠《じょうかんうんしゅ》★13。

音楽界では鄭律成《ていりつせい》★14、賀緑汀《がりょくてい》★15、雷振邦《らいしんほう》★16。

これらはすべて文革で迫害を受けて死亡した人たちだ。

生き延びた人は、丁玲や艾青《がいせい》★17のように、何十年も右派として非人間的な生活を送った。沈従文《ちんじゅうぶん》★18は二度も手首を切って自殺を図った。周揚と周立波は何年にもおよぶ監獄生活を送ることになった。郭沫若は文革中に息子二人を死なせた。一九三五年に国民党に銃殺された瞿秋白《くしゅうはく》に対してさえ、文革中、死人反徒として毛の紅衛兵らに墓を掘り返された。馬思聡《ばしそう》★19は、毛の紅衛兵の侮辱に耐えられず海外に逃亡した。

以上の人たちがいなければ、中国の現代文学、現代芸術は成り立たなかったはずである。彼らはいずれも毛沢東から悲惨な迫害を受けたというのに、それから二十年、三十年もたたないうちに毛沢東の知己、親友に仕立てられるとは。これにはどんな大嘘つきでも尻尾を巻いて逃げるであろう。

●一九五〇年代の反右派闘争で文化人を弾圧

「毛沢東と文芸」展は、毛沢東が文芸界（文化界）に対して加えた批判、弾圧、迫害の歴史的事実についてほとんど抹殺している。白君と私は、一九五〇年代以降について覚えている事件だけを列挙してみた。

一九五〇年、毛沢東は映画『武訓伝』を階級投降主義を宣伝する反動映画だとして批判するよう指示した[★20]。

一九五一年、毛沢東は映画『清宮秘史』を売国主義の反動映画だとして批判するように命じた[★21]。

一九五四年、毛沢東は「二人の小人物〔青年の意味〕」〔李希凡と藍翎の二青年を指す〕が北京大学の紅学〔『紅楼夢』を研究する学問〕の大家、兪平伯《ゆへいはく》[★22]の『紅楼夢』研究を批判し[★23]、兪と胡適に対して口頭と文書で罪状を暴き、攻撃することを促した。

一九五五年の「胡風反革命集団」事件は七章参照。

一九五六年の「丁玲、陳企霞《ちんきか》反党集団」事件は二章参照。

一九五七年、反右派闘争の中で「丁玲、羅烽《らほう》の再批判」を命じ、丁と羅烽[★24]を反動右派分子と決めつけさせた。毛沢東はさらに馮雪峰《ひょうせつほう》[★25]、巴人《ばじん》[★26]、秦兆陽《しんちょうよう》[★27]、黄薬眠《こうやくみん》[★28]、華君武《かくんぶ》[★29]ら数十名の著名人を右派と認定し、批判せよと命じた。

毛沢東は「大鳴大放大弁論」〔百花斉放、百家争鳴のこと〕をしようと知識人に呼びかけ、大いに意見を出し合い、大いに討論し合おう、党組織の「整風」を手伝ってくれと呼びかけた。でっち上げて攻撃はしない、あら探しはしない、レッテル貼りはしないと保証するから、と約束した。これに応じて多くが意見を出したところを見はからって、毛沢東は全国の右派を捕らえよと号令を下した。その結果、五十三万人もの知識人が敵とされ、数百万人が批判闘争でつるし上げられるはめになった〔延安の整風運動とまったく同じ〕。文芸界の知識分子は数万人におよび、その規模はかつての「胡風反革命集団」事件よりも大きく、その影響をさらに広げた言論弾圧となった。毛沢東はあとになって、これぞおれの「陽謀」〔陰謀に対する言葉。事を成し遂げるのに公明正大で、こそこそと策謀をしない〕だとうそぶいたのである。

●一九六〇年代で文化人を一網打尽し、文革に突入

一九五九年春からは『海瑞罷《かいずいひ》官《かん》』事件をしかけた。

一九六二年、毛沢東は北戴河《ほくたいが》会議で「小説を利用して反党をやるとは一大発明だ」と脅しをかけ、そのあとに「習《しゅう》仲《ちゅう》勲《くん》反党集団」★30を摘発して長編小説『劉志丹《りゅうしたん》』とその作者李《り》建彤《けんたん》を批判した。この事件では西北局幹部数千名に災いがおよび、数十人が死亡した。

一九六三年九月二十七日、毛沢東は党中央工作会議で、『戯劇報』は妖怪変化つまり悪人どもを宣伝していると非難し、国務院文化部がしっかり取り締まりをしないから、封建的な王侯や将軍、宰相や才子、美女がぞろぞろ出てくるのだと言い出した。

同年十二月十二日、毛沢東は文芸活動について、厳格な命令を下した。

「各種芸術形式、演劇、曲芸、音楽、美術、舞踏、映画、詩、文学等々いずれも問題が少なくなく、かかわる人数も非常に多い。社会主義の改造は数多くの部門でいまだに効果微々たるもの。多くの部門はこんにちにいたるまでなお亡者〔過去の悪いものに取りつかれた人〕に支配されている。

映画、新詩、民歌、美術、小説の成績は低く評価できないが、その中には問題が少なくない。演劇等の部門にいたっては問題はもっと大きい。社会主義経済の基礎はすでに変わったのに、この基礎のためにサービスしている上部建築〔この意味については十四章参照〕の一つである芸術部門はいまだに大問題だ。これは調査研究から着手し、真面目にとらえなければならない。多くの共産党員が封建主義と資本主義の芸術を熱心に提唱して、社会主義の芸術を熱心に提唱しないとは、さてもさても驚くべき奇っ怪事だ」

毛沢東のこの指示は文芸事業全体を全面的に否定するものであった。

一九六四年六月二十七日、毛沢東は再び文芸活動全般を批判し、厳しく警告した。

「これら協会及び私が掌握している刊行物の大多数（少数に良いのがあるらしい）は、十五年来、全部ではないが基本的に党の政策を執行せず、役人になって旦那気取り、労働者や農民兵士と交わらず、社会主義の革命と建設を反映しない。ここ数年は、なんと修正主義の寸前にまで堕落している。このまま真面目に改造しなければ、必ずやある日、ハンガリーの裴多菲《ペイタフィ》倶楽部のような団体に変わる」

毛沢東は中国作家協会、中国演劇協会、映画協会、音楽協会、舞踏協会等の文芸団体に対して、「これら団体はハンガリーの倶楽部のように、中国で反革命動乱を起こす」と仮借のない攻撃をした。★31 新中国の文芸団体に対する毛沢東の激しい憎しみはすでに狂気の域に達していた。

一九六六年四月と五月、毛沢東は劉少奇や彭真《ほうしん》を倒すために文化大革命を発動し、『海瑞罷官』を批判すると同時に、北京市党委員会の「三家村《さんかそん》」とそのグループの一員だった鄧拓《とうたく》★32の随筆『燕山《えんざん》夜話《やわ》』を批判し、★33 さらに数百万人規模の筆禍事件を起こした。鄧拓、田家英《でんかえい》、李達《りたつ》、老舎、翦伯賛、呉晗《ごがん》ら著名な学者や教師を迫害して死なせ、北京大学や清華《せいか》大学に「自殺する教師群」が出現した。

同年八月一日、毛沢東は北京大学、清華大学両校の付属中学校の紅衛兵に手紙を出し、彼らの革命造反を支持する、すべてを懐疑し打倒せよと呼びかけた。同月十二日、中南海で数千人の紅衛兵造反派と接見し、社会に出ていき文化大革命をやり通せと号令をかけた。こうして文革が始まった。

文革中、毛沢東は江青★34に指図して改革の手本となる模範劇を八つもつくらせた。これらの劇の新作が上演されるたびに、毛沢東は必ず観劇し、役者と写真を撮った。八つの模範劇は、古今内外のすべての文芸作品に取って代わった。

さらに、毛沢東は江青に指図して「陰謀文芸」といったことを言いだして、全国の文芸作家に向かって、党内の資本主義志向派と闘争する内容の小説、演劇、映画を創作、演出するよう強いた。その結果、『金光大道』『春苗』『決裂』『牛田洋』等々の代表作が出来上がった。江青はさらに「三つの結合★35」、「三つの突出★36」、「三つの陪襯★37」等の創作方法と原則を提出した。

毛沢東が一九五〇年代から文化人を弾圧し迫害したおもな事件をざっと列挙しただけでも以上のものが出てきたが、「毛沢東と文芸」展はそのどれ一つも取り上げていないのである。

★1　蕭勁光＝一九〇三～八九年。二一年留ソ、翌年中共入党。長征参加。五〇年海軍司令員。五五年大将。海軍再建に努める。

★2　周揚はその後、全国文聯主席、中国作家協会副主席、党中宣部副部長などを歴任。七九年に再開された中華全国文学芸術工作者第四回代表大会＝文代会において自ら迫害に加担した丁玲らに謝罪した。

★3　聶耳＝一九一二～三五年。作曲家。

★4　賀敬之＝一九二四年生まれ。詩人、劇作家。四一年中共入党。歌劇『白毛女』の作者の一人。

★5　鎮反運動＝反革命鎮圧運動。帝国主義、封建主義、官僚資本主義の残存勢力に打撃を与えるため、彼らを反革命分子、反動分子と認定して鎮圧する政治運動。一九五〇年ごろ、鎮反の対象となった土匪（十九世紀からある、地域社会に密着した凶悪な活動を行なう武装集団。満州では馬賊で呼ばれる。広西など南部では少数民族を含む）は二百万、反動的党派団体（秘密結社）の中堅分子六十万、国民党など各種特務分子六十万が存在していたといわれる。これらは、地主、富農、右派分子などと共に文革では「黒五類」に入れられ、弾圧された。

★6　粛反運動＝潜行反革命分子粛清運動。鎮反につづく運動。国民党などの潜行残存反革命分子を粛清するため、十万人以上が摘発され、毛沢東の独裁権力が強化された。鎮反運動以後も国民党などの反革命分子による暗殺、放火、暴動などの事件が頻発していた。五四年には、暗殺事件六千三百四十七件、死傷者八千三百二十七人、暴動・騒乱事件二十七件、サボタージュ三百四十件が起こったという。五五年から二年余りにわたる運動の結果、十万人が摘発されたが、そのうち共産党員五千人、共産主義青年団員三千人、国家公務員二百二十人、台湾から送り込まれたスパイ三千六百人が逮捕された。〝歴史問題〟があるとみられた百七十七万人が調査された。

★7　一九一〇年代後半に起こった反封建、新文化を提唱する新文化運動時代の学生団体。一九一八年長沙で成立。二一年、ここから毛沢東など数人が中共創立に参加。

★8　第一次世界大戦のころ、フランスに留学していた中国の青年が取り入れた、働きながら勉学する方式。周恩来、鄧小平などがこれで渡仏し、フランスで党活動を行なった。

★9　傅雷＝一九〇八〜六六年。バルザックの名翻訳家、外国文学研究家。文革の迫害に夫人とともに抗議の自殺。

★10　周痩鵑＝一八九四〜一九六八年。作家・翻訳家。文革で迫害死。

★11　蓋叫天＝一八八八〜一九六七年。歌いの梅蘭芳に対し、立ち回りの京劇名優。紅衛兵の迫害による傷害致死。

★12　厳鳳英＝一九三〇〜六八年。安徽の地方劇（黄梅戯）と映画の女優。文革で迫害死。

★13　上官雲珠＝一九二〇〜六八年。映画女優。江青による迫害死。

★14　鄭律成＝一九一八〜七六年。朝鮮族。作曲家。三三年一群の進歩的青年と中国にわたり、三七年延安に投じる。三九年中共入党。延安で作曲、莫耶に歌詞を依頼してできた「延安頌」は流行った。その後「八路軍行進曲」（後に中国人民解放軍行進曲に改名）を作曲。文革で迫害を受ける。

★15　賀緑汀＝一九〇三〜九九年。二六年中共入党。音楽家・評論家。文革で迫害を受ける。

★16　雷振邦＝一九一六〜九七年。北京生まれ満州族。作曲家。文革で迫害を受ける。

★17　艾青＝一九一〇〜九六年。詩人。五七年の反右派闘争で批判され、北大荒などで労改生活。

★18　沈従文＝一九〇二～八八年。丁玲と同時代の北京派作家。五〇年から伝統工芸の研究に転向。

★19　馬思聡＝一九一二～八七年。二四～三一年フランスで学んだ音楽家、バイオリニスト。十九歳から中国音楽界のトップに立つ。文革開始後、右派と批判され、家族と米国に亡命。

★20　武訓は清末一八三八～九六年の実在人物。孤児で無学文盲の乞食芸人が蓄えた金で学校を建てるという故事。清末の教育救国派として描かれ階級闘争を否定したことに、毛が批判運動を提起。これが知識人に思想転換を迫る最初の思想批判運動となる。

★21　明治維新にならって清朝の改革をめざした光緒帝と、保守派の西太后の対立「戊戌の政変」を軸に描いた王朝物語の香港映画。清朝を美化し義和団を侮蔑したとして批判され、上映禁止。文革中に再批判され、劉少奇批判にまでつながる。

★22　兪平伯＝一九〇〇～九〇年。詩人・文学者。胡適と並ぶ新紅学派の代表。

★23　小説『紅楼夢』は、清朝最盛期の古典的大河小説。貴族富豪の大家族の恋愛関係と一族の没落を描く。全編の大半を曹雪芹（一七一五～六五年）が書いたとされる。李希凡と藍翎が連名で「兪の研究方法は階級闘争の観点が欠落したブルジョア観念論」だと批判。毛がこれを支持すると全国的な批判ブームになり、胡適のプラグマティズム批判運動にまで発展した。

★24　羅烽＝一九一〇～九一年。二九年中共入党。東北で活躍する文芸作家。のちに名誉回復。

★25　馮雪峰＝一九〇三～七六年。詩人・評論家。二七年中共入党。左聯に従事、魯迅側に立って周揚を批判。この反右派闘争で失脚、死後に名誉回復。

★26　巴人＝一九〇一～七二年、二四年中共入党。小説家。

★27　秦兆陽＝一九一六～九四年。編集者、作家、文芸評論家。右派と認定され二十年間下放される。のちに名誉回復。

★28　黄薬眠＝一九〇三〜八七年。社会派作家。

★29　華君武＝一九一五年生まれ。風刺漫画家。四〇年中共入党。

★30　習仲勲は一九一三年生まれの党長老の一人。二八年中共入党。西北区の党・軍の要職を歴任。五九年副総理兼秘書長。康生が摘発した小説『劉志丹』を彼が審査した。すでに失脚していた東北ボスの高崗（三章参照）の名誉回復をはかった首謀者として、失脚。

★31　毛沢東の厳しい批判のなかで、一九六四年、文芸界恒例の春節ダンスパーティーが開かれた。この会に参加した詩人の顧《こ》工《こう》が、この雰囲気は「糜爛《びらん》風紀と資産階級に投降の厳重問題」だと毛に密告した。これを読んだ毛沢東は、裴多菲倶楽部、すなわち一九五六年のハンガリー動乱を引き起こした倶楽部のようになると批判したので、裴多菲倶楽部事件とも言われる。一九六九年、顧もまた、八〇年代には著名な詩人となる十三歳の息子顧城《こじょう》を連れて山東の寒村に下放された。顧城は一九九三年、外国で妻を殺して自殺。

★32　鄧拓＝一九一二〜六六年。三〇年中共入党。人民日報社に長期勤務。この批判で解任され自殺。

★33　呉晗副市長と鄧拓市党委書記〈南〉、廖沫沙党委〈星〉の北京市党委三人が「呉南星」のペンネームで雑誌に連載した随筆『三家村札記』は『燕山夜話』とともに大躍進政策以来の毛沢東の指導を古典や故事を借りて皮肉った。

★34　江青＝一九一五〜九一年。本名李進のほかに、李《り》雲鶴《うんかく》、初瀾《しょらん》、藍蘋《らんぴん》がある。幼時に母親と家を出、地主の女中として住み込む。その地主の子どもが康生。三三年中共入党、上海で演劇活動に入る。五〇年代の『清宮秘史』『武訓伝』から批判運動を後押しする。文革運動の指導者として登場。六七年から党中央への武闘を扇動、劉少奇、鄧小平、周恩来を中傷。七四年から批林批孔運動を起こして周恩来を攻撃。七六年毛沢東の死で四人組とともに逮捕。九一年自殺。

★35　革命的三結合のこと。文革に新しい権力機構として革命委員会が成立し、その構成には革命派、旧幹部、軍の三つの勢力の参加が規定された。この三つの勢力による結合を指す。

★36　江青が提唱した文芸理論。登場人物のなかで肯定的な人物を突出させ、そのなかから英雄的人物を突出させ、さらにそのなかから主要な英雄的人物を突出させる。

★37　同じく江青の提唱した文芸理論で、「三突出」を補完するもの。肯定的人物を浮き立たせる否定的な人物、英雄的人物を浮き立たせる一般的人物、さらに主要な英雄的人物を浮き立たせる肯定的な人物を言う。

〈十二〉墓を壊す 「鞭屍文化」を残す

「鞭屍《べんし》文化」と中国人は言う。司馬遷《しばせん》の『史記』のなかに「鞭屍」はでてくる。春秋時代の楚《そ》の国で、伍子胥《ごししょ》の父は楚の平王《へいおう》の臣下であったが、内紛が起き、父と弟は殺された。伍子胥はその仇を討とうとして、呉《ご》に仕え、大軍を率い、楚に攻め込んだ。彼は平王の墓を暴き、その屍をひきだし、三百回も鞭打った。「鞭屍」とはこのことを指す。司馬遷は、そのあとに、「鞭屍」を非難された伍子胥が、理に背いた行為をしてしまったと、後悔を口にしたことをつけ加える。

さて、「鞭屍文化」といった言葉を中国人が使うと最初に記したが、胡錦濤党総書記や江沢民前党総書記がこれを口にすることはまずありえない。群衆や少年にヒステリーと加虐症を教え込んだ、中国共産党の煽動の方法を非難する中国人が使うのである。

ここで読者は、そういうことなのかと気づくにちがいない。胡錦濤党総書記をはじめ、中国の大衆が靖国問題を叫び立ててきたその深層の心理である。中共はいまなお毛沢東がつくりあげた「鞭屍文化」のなかに浸っているのだ。総書記から若者たちまで、その胸中にはいまなお「鞭屍コンプレックス」がある。

●西の果てに親の遺骨を引き取りに行く台湾人

中国に無数にあった大小の墓は、毛沢東時代の一九五〇年ごろ、土地革命運動の農民によって、そして一九六〇年代の文革初期に紅衛兵によって、二度も掘り返されて壊された結果、すべて消滅してしまった。最近はニセの遺骨で人を騙す商売やニセの墓を建造して政治的に利用することが流《は》行《や》っているという。用心されたい。

話は六年前に始まる。台湾のある年輩のジャーナリストが娘を連れて北京に立ち寄り、私を訪ねてきたことがある。私が親戚を見舞いに台北《たいほく》に渡ったときに知り合った人で、初対面であったにもかかわらず、すぐに親しくなった。私は小さな料理屋に彼らを招待した。

彼は、このたび娘とともに中国にやって来たのは、青海《せいかい》省徳《デ》令哈《リンハ》〔省北部、青海湖の西方、托素（トソン）湖の東にある人口三万人の市〕まで父親の骨壺を引き取りに行くためだと語った。そこへ行くには青海省の省都の西寧《せいねい》市まで飛行機で飛び、そこから二泊三日の長距離バスに乗るという。

私は彼に聞いた。

「青海徳令哈の名前は聞いたことがあるなあ。たしか、えらく遠いところで、柴達木《チャイダム》盆地の大砂漠周辺だと記憶していますが、ご尊父の骨壺がなぜそんなところにあるのですか」

彼は腹がいっぱいになり、酒も少し入ると、その理由を話してくれた。彼の生まれ故郷は安徽《あんき》省銅陵《どうりょう》県で、民国三八年（一九四九年）春、十七歳のときに両親を残し、敗退する国民党軍とともに台湾に渡った。その後、台湾と中国の往来の断絶によって音信が絶たれた。十年後、彼が米国へ留学したころに伝え聞いた消息によれば、父親は一九五〇年に共産党に無期刑を言い渡され、青海の「労改」〔労働改造所という名の流刑地での強制労働〕に送られ、それっきり消息が途絶えたという。

それから三十年がたち、台湾の蔣経国《しょうけいこく》総統が亡くなり、「党禁・報禁」と大陸渡航禁止★1が解禁されたので、彼は帰省した。そのとき、母親は父親が逮捕されて間もなく死去したと初めて知った。官僚地主の妻ということで、土盛りも許されなかった。父親は青海の「労改」に送られたきり、生死もわからなかった。

彼は知り合いに頼み、安徽省司法庁労改局に父親の安否を問い合わせた。三カ月前にようやく知らせが入った。それによると、父親は一九六〇年に徳令哈労改農場医院で死亡した。父親の骨壺は農場に保管されている、どうぞ引き取りに来てください、ただし、三十二年間の保管管理費として人民元一万元〔約十四万円〕を支払ってほしいとのことだった。

その後、彼ははるばる青海まで骨壺を引き取りに行ったようだ。台北に戻ってから、中国政府のおかげで、家族の一大事を成し遂げたと電話をかけてきた。

青海労改の真相

わが中国のように、親戚の存在も認めず、人を見ればやっつける社会主義社会に比べれば、台湾の資本主義社会は中国の忠・孝・仁・愛・礼・義・廉・恥の道徳規範がよく伝承されている。とくに忠孝の二文字を重く見ているから、万里の遠路も辞さず、苦労をものともせず、一万元を費やしてでも、父親の遺骨をチャイダム盆地の砂漠の果てから台北のわが家に持ち帰って供えるのである。

私の生まれ故郷、江西《こうせい》省南昌《なんしょう》に、民営企業で大成功した遠縁の甥がいる。半年前、彼が電話をかけてきた。驚いたことに、また徳令哈の地名を耳にすることになった。

青海の徳令哈労改農場から手紙が届いたという。人民元七千元（大陸在住の人は台湾在住の人より三千元ばかり安い）を払えば、労改で死んだ「反革命分子」の父親の骨壺を引き取ることができると書いてあった。ついては叔父さんにお願いがあるのだが、国務院司法部労改司に、このようなことが本当にできるのかどうか確かめてほしい。南昌の友人から聞いた話では、あの農場にそんな骨壺などあるはずがないという。一九六〇年、六一年の「大飢饉」のころ、人口三百万足らずの青海省で百万近い人間が餓死したのだという。青海の荒野に万単位の人間を収容する大型の労改農場が十数カ所つくられ、十五年以上の有期刑の重刑犯が収監されていた。これらの農場で餓死した人が多かったので、大きな穴を掘り、何百体もの遺体を放り込んで埋めたというのである。

●司法の内幕。骨灰で私腹を肥やす

私はこのとき、改めて国内省別地図で青海の柴達木盆地にある徳令哈を見つけたが、まさに地の果てでだ。私は司法部で仕事をしている知人に頼み、甥の一件を調べてもらった。数日たって、その知人がつぎのような内幕を知らせてくれた。

現在、各省・市・自治区の司法庁労改局とそこに所属する監獄では、いずれも「創収《そうしゅう》」（役所が固定収入とは別に、新たなサービスや営利活動を創って、新しい収入の道をつくる。予算が少なく給与も少ない役所で一九九〇年代から流行している）活動が大流行りである。その活動の一つとして、労改で死んだ「罪人」を利用して悪知恵を働かせることにした。死亡者の原籍住所と親族氏名をコンピュータに打ち込み、その後、かたっぱしから遺族たちに手紙を送りつけ、有料で骨壺を引き取らせ、新手の収入源にしているという。

造作もないことだ。そこらから骨灰をかき集め、陶器かプラスチック製の骨壺に詰めて、それぞれに氏名原籍と生没年のラベルを貼りつければいいのである。保管料金と称する引取代金は、香港や台湾にいる者は一人分につき一万人民元、国内の引取人は交渉に応じて（高い代金を払えない者もいるから）、一人分につき四千元から七千元にしているというのである。

私はこの話を聞いて卒倒しそうになった。引退した党幹部として、あの台湾同胞にこんな司法の内幕を告げることができるだろうか。あの忠孝にして純真な心を傷つけることができるか。共産党は当時、あの人たちの父親の世代の人間を労改に送り込み、死んでしまえば、疫病で死んだ家畜同様、大きな穴に放り込んだ。そのうえ、いまや共産党は、死者たちの子孫に対して、わけのわからぬ骨灰を渡し、カネをだまし取るという酷いことをしているのだ。共産党が唱える「人民のために服務する」「三つの代表」「民のために執政する」のスローガンとはこういうことを指しているのか。

私はこの内幕を南昌の甥に話したあとで、こう忠告した。

「お金があるなら、希望小学〔貧困児童のために寄付して建てた小学校〕に寄付するとか、乞食にでも施せ。こんな司法ヤクザに引っかかるんじゃない。こんな極悪非道な連中に騙されるな」

だが、あの台北の老記者に「あなたたち親子が、万里はるばる青海の砂漠から持ち帰り、毎日拝んでいるのはニセの骨灰です」と言えるだろうか。やはりあの人たちに話すのはよそう。そう考えながら、私はこの恥ずかしい事実を書いてしまった。

●農民革命、人の先祖代々の墓を壊す

話を戻そう。新中国の土地革命運動と文化大革命の二度にわたって、全国の上から下まで、同じような敵愾心をもって他人の先祖代々の墳墓を掘り壊したことに比べれば、今度の「骨灰商売」は時代を画する文明の進歩と言えよう。

中国は古来、一族の祖先の風水、地気、地相を信じる国柄である。先祖の墓地がよければ、子孫の代になって高位高官が出現する。反対に墓地の位置を間違えて葬ると、家運は必ず傾くというのである。劉邦《りゅうほう》〔漢の高祖〕、朱元璋《しゅげんしょう》や毛沢東は、いずれも祖先が龍脈と言われる山の起伏の上に葬られた

から、龍庭という玉座に座れた、つまり皇帝になれたと言われるのである。

先祖代々の墓地は、家族の盛衰、子孫の栄辱につながるということになっている。古くから、復讐者や農民革命家がひとたび権力を得たら、真先にやるのは仇敵の祖先の墳墓を掘り壊し、棺桶をこじ開け、遺骨を撒いて曝すことだった。つまりその風水地脈を壊して断ち切れば、その家族はそのあと衰退し、未来永劫立ち上がれなくなるというわけである。

他人の祖先の墳墓を掘り壊すことが、勝者の最上の楽しみであり、最も満足感を与える盛挙となる。敵の祖先の墳墓を掘り壊すまでのことができたら、これにまさる快挙はないのだ。この根本の大計から、わが共産党の新中国は、歴代の農民蜂起の光栄ある伝統を継承し発揚したわけだが、その規模の大きさと範囲の広さたるや、絶後とまでは言わないが空前であることだけは、たしかである。

●土地革命の墓壊しが最も徹底的だった

建国の初め、一九五〇年から五二年までの土地革命運動では、当初、多くの農民は地主を恨まず、訴苦大会〔地主から受けた苦難、苦しみ、不当、屈辱などを農民が訴える大会〕を開いても、蔣介石の軍隊が戻ってくることを恐れて、壇上に上がって訴える人はいなかった。

そこで、土地革命工作隊員が貧農を訪ねていき、彼らの苦しみを根掘り葉掘り聞き出し、恨みがなくても恨みを煽ることになった。階級の区分けをし、出身階級を定めた。地主富農の家捜しをし、没収した家財道具、土地家屋や農地を分け与えた。その結果、貧農は奮い立たざるをえなくなった。そして、地主が戻ってきて報復することを防ぐ最も有効な一手は、地主の祖先たちの墳墓を掘り壊すことであった。彼らの風水をつぶし、彼らの地脈を断ち切ればいいのだ。もしかしたら彼らの墓には金銀財宝が副葬されているかもしれない、それはみな貧乏人の血と汗で買った財宝だ、うまく掘り出せば、おまけの勝利の果実、財宝を分けてもらえるかもしれない。

こうして、新中国の土地革命運動は、わが中華民族の五千年の文明史のなかでも、最も徹底したものとなり、何ひとつ残さぬ墓暴き運動となった。

試しに、中国の農村を無作為に選び、当時その村では地主の祖先の墓を壊したことがあるかどうか調査してみるがいい。どこもここも壊してしまったはずだ。もしくは、出身階級が地主だと決めつけられた家の墓が見つかるかどうか聞いてみよ。地主階級の祖先の墳墓は全国で一基も見つからないとの答えが返ってくるはずだ。

●周恩来、墓壊しの狂風を予見する

わが新中国の二度目の全国規模の墓壊しは、文化大革命の初め、一九六六年と六七年にかけて行なわれた。今度の墓壊しは、荒唐と言えば、荒唐そのものだった。共産党の後輩である紅衛兵の若者が、共産党の先輩である革命元老たちの祖先の墳墓を掘り壊したのだ。まさに夜道を走りすぎると鬼とぶつかるというように、闘争をやり尽くすと我が身に因果がおよぶことになる。

われらが敬愛する周恩来総理はなかなか先見の明があって、自らの前途の険悪、吉凶の予測不可能なことをよく承知していたという。

一九六四年、彼の生まれ故郷、江蘇《こうそ》淮安《わいあん》の周姓一族が代表を北京の周総理のもとに送り、周家の祖先の墳墓を補修することについてお伺いをたてた。ふだんは柔和な総理だが、これを聞くと厳粛な表情となり、彼らをこう言って叱ったという。

「そんな封建的な迷信じみたことをするとは何ごとか、何が祖先の墳墓の補修だ。私は人に墓を壊されることを心配している。帰って、みんなに言いなさい。墓をつぶして畑にして、大寨《だいさい》精神★2を発揮して農業をやりなさいと。少しは融通をきかしてもいい。いったん棺を取り出してから、もっと深く掘って、地下五メートルの深さに棺を埋め込んでからセメントを流して、その上に土を被せて畑にしてもいい」

周恩来はわざわざ淮安県政府に手紙を書き、工事を手伝ってやってほしいと頼んだ。ほかならぬ周総理の指示である。理由がわかろうがわかるまいが、喜んで手を貸すことになった。

それから二年後、一九六六年の冬から翌年の春にかけて、全国で墓掘り壊しの狂風が吹き荒れた。紅衛兵に批判されて失脚した党と国家の指導者の祖先の墳墓が破壊し尽くされた。このときになって初めて、周家の若者たちはなるほどと悟り、さすがにわれらが叔父さんだ、先見の明があると感服したのだという。

●文革期に二度目の墓壊しの狂風が吹く

一九六六年九月、毛沢東が寵愛する紅衛兵の女将で、「北京の大学の五人のリーダー」の一人、譚厚蘭《たんこうらん》は、北京師範大学の「井崗山《せいこうざん》戦団」の二百余人のメンバーを率いて、孔子の生家である山東《さんとう》省曲阜《きょくふ》に押しかけた。彼女と紅衛兵たちは「孔府、孔廟、孔林を打ち壊す万人宣誓大会」を開いたあと、一カ月近くを費やして、文物六千余点を破壊し、古書二千七百余冊と歴代の書画九百余巻を燃やし、歴代の碑文が彫ってある石碑一千余基を叩き壊し、孔氏の祖宗《そそう》の墳墓およそ百基を掘り壊した。これは当時、首都紅衛兵組織の「孔家店封建祖先の地脈を断ち切った空前の壮挙」とされた。

一九六七年春、北京から福建長汀《ちょうてい》まで出かけた紅衛兵は、現地の紅衛兵と連合して、中共党初期のリーダーで「反徒・変節分子」とされた瞿秋白《くしゅうはく》の革命烈士の墓を掘り壊した。

同じころ、上海の紅衛兵組織は爆薬を使い、万国公墓内にある宋慶齢《そうけいれい》★3の両親の墳墓を爆破したが、墓地は鉄筋コンクリートで非常に堅牢に作られていたため、地表の一部しか破壊できず、これを聞きつけた周恩来が中止を命じた。

また同じころ、北京から浙江《せっこう》に南下した紅衛兵は、杭州《こうしゅう》の紅衛兵と連合して渓口《けいこう》に行き、蒋介石の両親の墳墓を爆破した。この墓は一九四九年に一度掘り返されていたが、その後、統戦〔中共と国民党の統一戦線の略。相手と共同戦線を張ると称して、実質的には前者が後者を取り込む作戦〕に利用しなければならないことから修復された。これも北京の周恩来総理が現地の駐留軍隊に電話をかけ、「台湾が解放されないうちは、蒋家の墳墓は保留すべし」

と伝え、墳墓の保護を命じた。

この年の夏、北京から湖南《こなん》に行った紅衛兵は、長沙《ちょうさ》の紅衛兵と連合して寧郷《ねいごう》県花明楼《かめいろう》公社に行き、「党内第一号走資派」劉少奇《りゅうしょうき》家の先祖の墳墓を掘り壊した。そこに掲げてあった郭沫若《かくまつじゃく》の手になる「劉少奇故居」の金縁の大きな扁額は裏返しにされ、公社員食堂のまな板として十年のあいだ使われ、包丁で叩かれた。

同じとき、北京から四川《しせん》に向かった紅衛兵は、成都《せいと》の紅衛兵と連合して、広安《こうあん》県の鄧小平の故郷に行き、「党内第二号走資派」鄧小平家の祖先の墳墓を掘り壊した（鄧小平は生前、死後は墓を作らず、骨灰は海に散骨してくれとの遺言を残し、遺族がそのとおりにしたのは有名な話だが、その理由はこのときの一件にある）。

●誰も祖先の墓を持たない

文革初期の全国的な墓掘り壊しブームの最大のエラさは、共産党の後輩が共産党の先輩の墳墓を掘り壊したことだ。むろん、このほかに数多くの民主党派人士、帰順投降した国民党の高官や将軍は、紅衛兵の造反派から「死に損ないの悪人」と見なされていたので、彼らの先祖の墳墓はことごとく難を逃れることができなかった。運悪く、二回も壊されたものもある。

実際、二度にわたる全国規模の墳墓掘り壊し以外に、毛沢東時代には大躍進の整地、「農業は大寨に学ぶ」の棚田、水利の改修、植樹造林、都市の拡充開発、交通建設等々と、全国の数多くの墳墓を掘り壊さない日はなかったのである。このような墓掘りは階級を分けない。五十数年にわたってつづけた結果、新中国のふつうの人びとの祖先の墳墓も、もういくらも残されていないと言える。

新中国は一族の祖先を祭祀しない民族になったのだ。改革開放以降、陝西黄陵《せんせいこうりょう》県の黄帝陵《こうていりょう》〔黄帝は司馬遷の『史記』の冒頭に出てくる神話の帝王。中国人の先祖とされている〕を新たに修復し、毎年祭典が挙行されているが、あれも統一戦線工作のためである。すなわち台湾、香港、マカオの同胞、あるいは全世界五千万華人を帰省させ、彼らから対中投資や寄付を引き出そうとする魂胆があってのことなのである。

●趙紫陽の先祖の墳墓も壊される

信じられないかもしれないが、最新の墓の掘り壊しは、一九八八年、当時の党中央総書記趙紫陽《ちょうしよう》の生まれ故郷、河南《かなん》省滑《かつ》県で記録されている。河南省公安庁は特別な事件としてこれを取り上げ、半年以上も捜査したが解決できず、うやむやに終わった。

趙紫陽が推し進めていた経済改革政策に不満をもつグループがやったと推測されており、巷間、「党内闘争」が背後にあってのことだと言われていたが、はたして、そのとおりになった。趙紫陽の祖先の墳墓の風水が壊され、地気地脈が断ち切られた結果、半年後の一九八九年五月、趙紫陽総書記は「天安門広場の政治の嵐」に直面して「党分裂の重罪」を犯したとされて失脚し、しかも軟禁され、死ぬまで自由を得られなかったのである。

これまた封建的迷信である。ところで、当時、鄧小平が解放軍に命じて「天安門の虐殺」をやったあと、誰かが四川広安県に行き、鄧小平家の先祖の墳墓をもう一度壊したかどうかは、知る由もない。

●北京の毛沢東記念堂、危うく爆破されかかる

じつは中国の歴史は、墳墓の造営と破壊の歴史でもある。ある階級が勝利すれば、ある階級は消滅する。勝者が墳墓を造営すると、敗者の墳墓は壊されてしまう。帝王が玉座に上るや、みな等しく、いの一番に自らの陵墓を建造する。いったん建造を始めると、何十万もの徴用人夫を酷使し、二、三十年もかける。その一方では、子孫たちが盗掘に熱中する。皇家の皇陵や高位高官の墳墓には、無数の金銀財宝や希少な宝物が副葬されているからだ。どの王朝、どの時代の帝王の陵墓に、あるいは高位高官の墳墓に、後世の子孫たちに掘られることなく空っぽでないものがあるかと聞きたい。

歴代の盗掘の名手が唯一盗めなかったのは、秦《しん》の始《し》皇帝《こうてい》が建造した人類最大の巨陵だけである。かつて、西北の某軍閥が重砲で爆破してみたが、微動だにしなかったという奇妙な話が残っている。

歴代皇帝の陵墓の中で最も横暴なのは、これもまたわが新中国の党中央が毛沢東のために建造した、北京古城の中軸線にある、天安門広場の南端に鎮座する「毛堂」〔毛沢東記念堂〕である。毛沢東の遺体はとっくに腐敗し、いまではプラスチック製の複製品を毛沢東信徒に拝ませている。当代中国の最も醜悪な「靖国神社」となっているのだ。

かつて、軍服の外套の中に爆薬を隠し、「毛堂」で自爆しようとした復員軍人がいた。警戒が厳

重なため失敗に終わったのだが、以来、全人代や全協商の大会が開かれるたびに、毛沢東の遺体を彼の生まれ故郷の湘潭《しょうたん》に移し、彼の親族に拝ませたらどうかと提案されるが、党中央はまだその案を取り入れていない。

●台湾の帰郷党首にニセ墓を拝ませる

絶え間ない墓の建造と破壊、そして「骨灰商売」のたぐいの狂言は、わが神州大地〔中国大地のこと〕において、これからも演じつづけられることであろう。

最後に、二〇〇五年春から相前後して中国の地に足を踏み入れた、台湾の中華民国国民党主席の連戦《れんせん》氏と、国号をつけていないただの「親民党」主席の宋楚《そうそ》瑜《ゆ》氏のお二人にご忠告申しあげたい。

連戦氏は陝西省西安《せいあん》に帰郷して墓参し、宋楚瑜氏も湖南湘潭に帰郷して墓参したが、ともに祖先の墓の中は空っぽで、遺骨や遺物のたぐいは、ニセもの以外は何も残っていないはずだ。なぜなら、両家とも大官僚地主であったから、本来の墓は一九五〇年代の土地革命運動のさなかに農民たちに掘り返されたのである。

現在の墓は、連戦氏が中華民国行政院院長〔首相〕、副総統になったあと、そして宋楚瑜氏が中華民国新聞局局長、台湾省省長になったあと、二人を帰順させる価値が生じてきたことから、わが新中国人民政府がわざわざ公金を使って建造（贋造と言ってもよいが）したものだ。このたびの二人の大陸旅行にあたっては、わが政府が大衆を多数動員して熱烈歓迎し、熱涙感泣の派手な場面を作りあげた。

私は引退した一介の老人にすぎないが、お二人に一言ご忠告申しあげ、少しばかりの冷水をかけた次第である。ご寛恕のほどを。

★1　「党禁・報禁」、大陸渡航解禁＝いずれも戦後国民党の台湾統治の政策。党禁は国民党以外の政党禁止。一九八六年ごろから、なし崩しに解禁。報禁は国民党系メディア以外の禁止。八八年に解除。中国渡航禁止は八七年親族訪問から順次開放。

★2　大寨精神＝山西の大寨公社の生産大隊が毛沢東の唱える自力更生で食糧生産が大幅に増加したというので、六四年から大寨精神が叫ばれた。八〇年代になって、同地の開墾事業は中央政府から相当な資金援助があった事実が明らかにされた。

★3　宋慶齢＝一八九三～一九八一年。孫文夫人。宋家三姉妹の一人。国民党左派。反蒋で海外活動、中共側につく。国家副主席、全人代副委員長など名誉職を歴任。

〈十三〉毛夫妻の私生活

飢饉のさなかに、あまたの別荘

毛沢東には二人の弟と一人の妹がいた。毛沢東は長男だった。妹は処刑され、弟のひとりはゲリラ隊の指揮官だったが、殺され、もうひとりの弟は新疆《しんきょう》省で活躍したが、省主席に裏切られ、刑死した。毛沢東の最初の妻も、一九三〇年に湖南《こなん》省主席の命令で捕らえられ、処刑された。二人のあいだの子、長男の岸英《がんえい》は一九五〇年に朝鮮戦争に従軍して戦死した。

毛の二番目の妻は、蔣介石の軍隊に追われた「大長征」に従った三十人の女性のひとりだった。そのあと病気になり、療養のためにモスクワに送られ、二人は離婚した。三番目の妻が一九三九年に結婚した江青《こうせい》である。

江青は、一九七六年に毛沢東が没して一カ月足らずあとに捕らえられ、「林彪《りんぴょう》・江青反革命集団」の主犯とされ、「簒党簒国《さんとうさんごく》」の罪で裁判が行なわれ、無期刑となった。一九八四年に保釈されて、彼女ひとりのための監禁所に移されたが、一九九一年に自殺をしたと伝えられる。七十七歳だった。

●領袖が寝ないと誰も寝られない

一九四九年三月二十三日、毛沢東が党の中央機関を率いて北京に入城したときは、まもなく五十六歳になるところで、身体頑健、精力旺盛だった。彼は敵の追撃から隠れていた戦争時代と、窰洞《ヤオトン》生活の延安《えんあん》時代に身についた、夜間に仕事をし、昼間に睡眠をとる習慣をそのまま中南海《ちゅうなんかい》に持ち込んだ。党と政府の指導者、劉少奇《りゅうしょうき》、朱徳《しゅとく》、周恩来らはすぐに、それまでの習慣を昼型のものへと変えたが、ひとり毛沢東だけはそうしたくなかったのだ。そうなると、中南海にある機関の人員は誰もが、昼夜転倒した彼の執務習慣にしたがうよりほかなかった。

毛沢東はしばしば突発的に何かを思いついた。そして、夜の十一時、十二時だろうが、早朝三時、四時だろうが、某と話したいとか、あるいは中央政治局常務委の連絡会を臨時召集したいといって、呼び出しをかけた。劉少奇、朱徳、周恩来、陳雲《ちんうん》、鄧小平を含めて、呼び出された者は、たった今、睡眠薬を飲んで横になるところであっても、秘書に寝台から揺り起こされ、ただちに毛主席に会いに行かされるのだった。

ある担任医の回想によると、当時、中南海で仕事をしていた者は、上から下まで睡眠薬を服用して眠る習慣があったという。いつでも毛主席に対応できるように、すぐに寝ついてしまえるようにするためだ。

睡眠薬がきいて熟睡中のときは、どうすればいいか。劉少奇は一九五九年、廬《ろ》山《さん》会議のあいだ、真夜中の二時に毛沢東に呼ばれたことがあった。彼は二人の衛士に担がれ、車に押し込まれて毛沢東のところに運ばれると、濃いお茶を飲み、煙草を吸って目を醒ましたのである。

●毛沢東は精神病患者か

こんにち、われわれは完全に客観的に分析できる。毛沢東は北京入城後、最高指導者になると、かつてない政治権力を持つようになって、つねに「全党推戴」「全民熱愛」のたぐいの称揚と栄誉に囲まれ、それが身体に染み込んで精神のバランスを失った結果、感情の起伏が激しく、些細な得失に拘泥する、疑心暗鬼の精神病患者となった。その彼は、帝王術を熟知し、特務政治に精通する統治者でもあった。この偉大なる指導者に精神疾患があると、誰が言い出せるだろう。

毛沢東の衛士長の回想によると、一九五〇年代、毛沢東は二十数時間、三十数時間眠れないことがしょっちゅうあり、興奮状態であったという。そのあいだ、彼の周囲にいる職員、付き人はひどい目にあった。誰もが気持ちを奮い立たせて、彼にかしずかなければならない。誰も休んではならない。三回も睡眠薬を飲んでも眠れないと、毛沢東は異常な焦燥感に襲われる。こういうときは、衛士と看護師が彼に全身マッサージをほどこし、リラックスさせた。

毛沢東は両性愛者だったと言う人もいる。若い衛士や看護婦は、一度は彼のセックスの相手をさせられた。偉大なる領袖が神格化されてからは、彼に奉仕し、彼を気持ちよくさせることが、崇高な政治任務となった。周恩来総理の言葉を借りれば、われわれ全党、全軍、全国の運命は毛主席一人にかかっている。毛主席がよく休むことができれば、われわれは幸せなのである。

●中南海がスズメ退治を指揮する

毛沢東に十分に睡眠をとってもらうことは、党中央の重大任務となった。一九五〇年代の中南海は、木々が生い茂り、花の咲く木もたくさんあり、多くの鳥が棲息していた。鳥が多いと、鳴き声や飛び交う音が騒がしくなる。それでは昼間、毛沢東が寝られない。ということで、スズメ退治が呼びかけられた。中南海の幹部職員は全員が、一日何羽のスズメの死骸を納めよとノルマが課せられた。

だが、中南海のスズメを捕り尽くしても、北京市内のスズメが飛び込んでくる。そこで、こんどは北京市にスズメを捕れと号令をかけた。市内全校の小中学生が動員され、大人は木に登って巣を取り去り、網を広げ、パチンコを使った。

一九五六、五七年になると、スズメは全国の「四害」ナンバーワンにあげられ、団中央〔中国共産党青年団＝略して共青団の中央委員会〕が音頭をとって、全国の青少年がスズメ捕り運動を展開した。団中央の某責任者は、孟浩然の詩をこんなふうに替えて詠んだ。

春眠暁を覚えず、
いたるところ、スズメ鳴く、

日夜パチンコの声、
死雀幾羽か知らん。

●木の板ベッドの騒動

毛沢東のわがままな睡眠習慣は、昼夜転倒であることのほかに、木製のベッドにしか寝ないということがある。一九四九年三月、北京入城直後の仮住まいは北京西郊の香山《こうざん》公園にある双清別墅〔別荘〕と定められた。その夜、毛沢東は寝室にシモンズベッドが置かれているのを見るや、大声で衛士を呼んで怒鳴りつけた。

「なんでこんなベッドを買ったのか。昨日まで木の板のベッドで寝ていたのに、今日はなぜ寝られないのだ。おれは木の板に慣れているのだ。こんなベッドは好かん、すぐ運び出せ。おれの木の板のベッドを返せ」

衛士は恐縮し、困り果てた。別荘には木の板のベッドはなかったし、愛用のベッドは遠い河北《かほく》省の西柏坡《せいはくは》村に置いてきた。深夜でもあり、明日探してくるから一晩辛抱していただけないかと恐る恐るお伺いをたてると、毛沢東は書類を見ているところだったが、顔もあげずに「つべこべ言うな。木の板のベッドを持ってきてから寝る」と答えた。木の板のベッドがなければ、睡眠ストをするとの宣言である。

衛士は途方に暮れた。やむなく中央弁公庁管理課に行き、課長と副課長を叩き起こし、毛主席の命令を伝えた。既製のベッドがなければ大工に作らせろ、ということになり、課長たちは真夜中にジープを走らせて北京市内に入り、木工工場を捜しだして、何人かの大工を動員し、数時間で一丁の大きな木の板のベッドを完成させたのである。数カ月後、毛沢東は中南海の豊沢園菊香書屋に引っ越したが、その寝台はそのまま運び込まれた。

●衛士、看護師はどのように仕えたか

毛沢東の精神が平常なときは、通常、朝の五時か六時に床に入った。彼は寝る前の入浴を好まず、真っ裸になって内勤の衛士や看護師に熱いタオルで身体を拭かせた。それで身体を刺激し、寝つきをよくするのだ。そして午後二時か、三時に目覚める。このときが一日のうちでいちばん元気がいい。衛士や看護師に浴衣をかけさせ、後背部に特製の高い枕を置かせ、寝台に座って濃いお茶を飲みながら、『人民日報』『解放軍報』『光明日報』『文匯報《ぶんわいほう》』など主要紙を読む。

午後に会議や接見がない日は、二時間ぐらい新聞を読むと着替えを始める。内勤衛士は彼を支えて寝台の脇に両足を垂らして座らせ、パンツを穿かせ、ズボンを穿かせ、靴下を穿かせる。毛主席が両足を床につくと、衛士はベルトを通し、ズボンのボタンをはめ、靴紐を結ぶ。衛士は彼の面前で半ばひざまずき、半ばしゃがんで仕えるのである。

一九五八年以降、毛沢東は男の衛士では粗っぽいという理由で、彼の世話をする者を看護婦に替えた。それからまもなく、毛沢東はゆったりとした丈の長いナイトガウンを好むようになり、外賓

との接見や中央の会議がなければ、一日中それを着て仕事をしたり、人と話したりするようになった。

新参の看護婦が顔を赤らめて「主席、どうして上着やズボンがお好きでないのですか」と尋ねたことがある。毛沢東は、私は束縛されるのを好まない、裸でナイトガウンをはおっていると、簡単、便利で、気持ちがいいと答えたという。

●活魚の料理しか食べない

毛沢東の食生活は終生、湘潭《しょうたん》の農民の習慣から抜けられず、辛くて脂っこい料理を好んだ。一方で、江青《こうせい》の影響から、活《い》きた魚介類を使った海鮮料理にもうるさかった。延安時代、賀龍《がりゅう》はよく人を派遣して山西《さんせい》・察哈爾《チャハル》・河北の根拠地から、生きのいい黄河の鯉を送らせて毛と江に食べさせた。

一九四九年十二月下旬、毛沢東は初めてソ連を訪問し、迎賓館に泊まった。彼は専用列車に料理人から厨房道具、野菜、果物、調味料を持ち込んだが、モスクワの冬は寒く、ホスト側は冷凍魚しか提供できなかった。コックは毛主席の食の好みをよく知っていたから、冷凍魚の料理に手を焼いた。毛沢東は冷凍魚だと知ると、怒った。

「死んだ魚など捨てろ」

ソ連側は初めて、毛沢東同志がなかなか食にうるさいとわかり、専用機を飛ばして暖かいコーカサス地方の活魚を運んできて、敬意を表した。

このエピソードについて、のちにある人が解説している。主席がモスクワで死んだ魚を食べなかったのは、ソ共中央政治局委員ミコヤンへのしっぺ返しだという。ミコヤンはその年の二月、スターリン同志を代表して西柏坡村の根拠地をひそかに訪問し、毛沢東、周恩来と会談し、内戦の進展について説明を求めた。食事のとき、ミコヤンは通訳に「この魚は新鮮か」と尋ねたことを、毛沢東は覚えていて、そのお返しをしたのだという。

●毛沢東は木箸、竹箸しか使わない

毛沢東は木や竹の箸しか使わず、象牙の箸が大嫌いだった。

中南海に入ったあと、彼は邸で客を饗応することがしばしばあった。あるとき、民主党派の著名人を招いたとき、中央弁公庁主任の楊尚昆《ようしょうこん》が高価な食器類を用意させ、これにそろえて象牙の箸が卓上に置かれた。

毛沢東が入ってきて、それを見るなり、給仕役の衛士を大声で怒鳴りつけた。

「誰が象牙の箸を置けと言った。すぐに下げろ」

衛士は説明しようとしたが、毛はそれを聞く耳を持たず、「下げろと言ったら、下げるんだ」と怒鳴って立ち去った。

もういちど、象牙の箸のことで怒ったのは、専用列車に乗っているときのことだった。毛沢東の巡行は、彼がふと思いついて、出ようと言いだしたら即出発となる。準備の時間を与えない。彼の専用列車は二十四時間、待機中であった。

あるとき、日常生活担当の衛士が慌てて準備しているうちに、専用の木の箸を持ち込むのを忘れてしまった。列車の中には象牙の箸しかなかった。案の定、毛主席は木の箸がないなら食べないと言い出した。列車中、捜し回って、やっとボイラー室で不ぞろいの竹箸を見つけ、それをよく洗って進呈した。毛はそれを確かめてから、ようやく食事を始めたそうだ。

毛沢東がいつも使っていた木の箸は、生まれ故郷の湖南省党委が特別につくった黄楊《つげ》の箸だった。湖南の黄楊を使った煙管や櫛、杖といった工芸品は昔から有名だ。その黄楊の木も少なくなり、省の党幹部たちは山奥を捜して回らせ、ようやく見つけた大木を長沙《ちょうさ》の有名な木工に特別にあつらえさせ、「黄楊木貢品」としたのである。毛沢東は故郷の貢ぎものに喜び、死ぬまでそれを使っていた。

●毛沢東の官窯磁器——毛窯

毛沢東は食器にもうるさかった。中国の王朝時代は歴代、焼物の「官窯《かんよう》」[★1]を設け、皇帝一家のために専用の陶磁器を焼いていた。毛沢東時代にも、彼のために二度も「専窯」、つまり官窯を開設した。史上にいう「毛窯」[★2]である。

最初の毛窯は、一九六〇年代に開設された。毛沢東は終生故郷を忘れず、よく湖南に行った。その接待は湖南省党委がする。当初、江西景徳鎮《けいとくちん》の磁器を使っていたが、そのうち、せっかくの帰省なのだから、湖南醴陵《れいりょう》〔湖南の代表的磁器の町〕の磁器を使っていただきたいと中央弁公庁にお伺いを立てた。湖南省の党幹部は毛主席の警衛課長に同行を願い、醴陵の数多くの窯工場から、政治的、技術的に問題のない一カ所を選んだ。デザインを選定し、試作品を何度もつくらせ、同委と中央が専門家に審査、鑑定させてから生産に入った。この醴陵特製の磁器は、梅の花の精緻なデザインがほどこされ、磁質も工芸も絶品の仕上がりだった。毛沢東は大いに気に入り、「好《ハオ》、好《ハオ》」を連発した。

文革が荒れ狂っているさなかであったが、景徳鎮では毛沢東のために、「専窯」をもう一つつくり、フルセットのテーブル・ウエアを作りあげた。優雅なピンク色の臘梅《ろうばい》をちりばめた食器類、蘭《らん》草《そう》模様の茶器類は見事なものだった。

数年前に北京に来た香港の友人が、数は少ないが香港に毛窯磁器が流出し、骨董市場では、蓋付き碗や蓋付き茶碗に数万香港ドルの値がつけられていると教えてくれた。

●継ぎ当て五十四カ所のタオルケット

毛沢東は着るものには変わった趣味があった。軽やかで、だぶだぶとしたものを好んだ。執務室や書斎にいるときも、ゆったりしたナイトガウンを着、その格好で一般客を召見したり、報告を聞いたり、中央常務委連絡会を開いたり、ちょっとした座談会をやった。毛沢東は内輪では、礼儀や装いに無頓着だった。何を着ていようと、彼に拝謁できること自体、得がたい栄誉を授けているのだと思っていたのであろう。

毛沢東の遺物に二十数着のナイトガウンがあるが、その中に七十三カ所も継ぎ当てがある、黄ばんだ白の一着がある。毛沢東は自分が気に入ると、捨てさせないで何度でも繕ってもらい、見事に繕ってあると喜んだ。この一着は、軍の某被服工場に勤めていたかけはぎの名人に任せ、ついに七十三カ所も継ぎ接ぎしてしまったわけだ。

毛沢東は柔らかな薄手のタオルケットを好んだ。分厚い蒲団を拒み、一年中、どこに行ってもタオルケットをかける。彼の寝室や書斎は、つねに摂氏二十二度に保たれていなければならなかった。そして行幸に際しては、キャラバン隊が木の板ベッドから愛用のタオルケットを含めた寝具、厨房器具一式、ふだん飲んでいる茶と水（彼は各地の臣民から献上された飲料を絶対に飲まなかった）までを運んだ。

タオル類を使い古しても取り替えることを許さず、繕わせた。彼の使い古しのタオルケット、綿シャツ、長靴下は、順次、最高の縫製技術をもつ上海のタオル工場やメリヤス工場、靴下工場へ送られ、丁寧にかけはぎをしてもらった。こうしてかけはぎされて返ってくる古着を、毛沢東は喜んで着た。湖南韶山《しょうざん》にある毛沢東記念館には、五十四カ所もかけはぎされたタオルケットが陳列されている。

●毛氏歯磨き粉

毛沢東は十七歳で湘潭県韶山の生家を離れ、勉学と革命運動に身を投じたが、終生「牙粉《ヤアフン》」〔歯磨き粉〕を愛用した。一九四九年以降になると、中国でも「牙粉」が「牙膏《ヤアカオ》」〔練り歯磨き〕に取って代わられ、牙粉生産が縮小され、ついに市場から姿を消した。

「主席、牙粉が生産されなくなったから、そろそろ練り歯磨きをお使いになっては」

周囲が勧めると、毛沢東はこう宣った。

「おれは、お前たちが牙膏を使うのは反対しないから、お前たちもおれが牙粉を使うことに反対しないでくれ。おれは牙粉を使い慣れているから変えない」

衛士たちが困っているとの話を聞きつけた周恩来総理は、上海牙膏廠〔当時の中国最大の歯磨きメーカー〕に特命を出し、毛沢東のために牙粉の生産をさせた。一九七六年九月に死去するまで、毛沢東は牙粉を使用し、牙粉の生産は細ぼそながらつづいた。

●ベッドの上で政治局常務委員会を開く

一九六二年から、毛沢東は体調がよくないことを理由に、彼の寝室に政治局常務委員会のメンバーを呼びつけて、常務委会議と常務委連絡会議を開くようになった。彼はナイトガウンのまま、特製の木の板ベッドに横になったり、座ったりするが、常務委員の劉少奇（国家主席）、朱徳（軍総司令）、周恩来（国務院総理）、陳雲（党中央副主席）、林彪《りんぴょう》（党中央副主席）、鄧小平（総書記）の六人に彭真《ほうしん》（常務書記）を加えたメンバーは、いずれもきちんとした服装で、ベッドを囲んで椅子に座った。鄧小平は耳が遠かったので、毛は彼を近くに座らせた。

毛は煙草を吸い、咳をし、痰を吐き、お茶を飲み、談話し、指示を与える。出席者はまるで先生を囲む子供たちのように、ノートを開き、彼の指示をかしこまって拝聴し、重要な字句を聞き落とすまいと懸命に筆記し、会議のあとはみんなでノートを照らし合わせた。

実際には毛は健康が自慢のときであって、夏は北戴河《ほくたいが》、長江《ちょうこう》、湘江《しょうこう》、冬は南寧《なんねい》の邕江《ようこう》で泳いでいた。二、三時間はつづけて泳いでいたのだから、体調が悪いはずはなかった。要するに彼は、常務委員たちを従僕と見なしていたのだ。誰かが気に入らなければ、その人間を突き落とす、気に入っていれば、その男は無事でいられるということを教示したかったのである。

●毛主席は芝居を独りで見るのが好き

毛沢東は京劇が好きだった。どこの「行宮」に「巡幸」しても、彼のために専用の小舞台が設けてあった。彼が見たいと言い、聴きたいと思う名優を名指しすれば、その一座をまるごと専用機で運んでくる。彼が指定する芝居の演目は、たとえば『三国志演義』の諸葛孔明《しょかつこうめい》の故事にある「空城の計」の芝居の名場面・ハイライトの一段が多かった。

芝居は必ず正規の演出とし、役者はきちんと化粧し、楽隊の伴奏をともなって登場するが、観客席には毛沢東一人だ。彼はお付きが一緒の見物を好まず、誰かが後ろにいるのもダメで、高官たちは、天井桟敷ならぬ入口に近い通路側に追いやられ、芝居の合間に領袖に呼ばれるかもしれず、じっと待っていたのである。

毛沢東は役者の演技や歌いに夢中になると、役者の歌いをなぞり、音階のはずれた声で口ずさみ、手足を動かして調子をとった。われを忘れると、大声で「いいぞ」と叫んで舞台に駆けのぼり、役者にそれをもう一度やってくれと命じ、彼が満足するまで何回も繰り返し歌わせた。

かつて中華民国時代の指導者だった呉佩孚《ごはいふ》、段祺瑞《だんきずい》、汪精衛《おうせいえい》や蔣介石などの面前で芝居をしたこともあるという名優が、毛沢東ほど芸人を尊重しない人はいないとこぼしたものだった。京劇の一代の名優の蓋叫天《がいきゅうてん》は、無作法な毛沢東の呼び出しを断わったために、文革の初期に「毛主席の命令に従わなかった」という罪名で、造反派によって迫害され、殺されたのである。

●昼は会議、夜は芝居

毛沢東は全国の景勝地を巡行しながら、中央工作会議を開くのが好きだった。こういうときにはやむをえず、彼は明るいあいだに会議を開いた。一九五八年前半、大躍進運動を発動するため、一月は杭州《こうしゅう》会議、二月は南寧会議、三月は成都《せいと》会議、四月は漢口《かんこう》会議、五月は鄭州《ていしゅう》会議を開き、北京に戻るとただちに第八回全国代表大会第二次会議を開き、大躍進の総路線を打ち出した。その間、中央の部長、省市自治区の第一書記は彼に同行して、彼の指揮棒によって踊らされた。

会議のときは必ず芝居団を呼ぶので、「白天出気、晩上看戯」〔昼間に鬱憤を晴らして晩は芝居を見る〕と言われていた。こういうときには、毛沢東はみんなと一緒に観劇したが、席は中央の七列目と決まっていて、六列目より前は彼の視線を遮らないように、すべて空席にしておいた。

座席の前にはお茶や煙草を載せる小卓が置かれ、彼が席につくと、ゆったりと座れるように、衛士がすぐにズボンのベルトをゆるめ、ボタンもはずす。杭州で観劇していたとき、興に乗り、われを忘れて立ち上がり、「いいぞ」と叫んで拍手したとたん、ズボンがずり落ちた。女優たちはそれを見て、びっくりした。わが偉大なる領袖はパンツを穿かなかったから、丸裸の下半身をさらけ出していたのである。

●毛沢東の夜の生活と生まれた子供たち

毛沢東は夜になると元気になった。観劇か映画鑑賞のあとは、ダンスパーティーが待っている。女役者たちと代わりばんこにダンスをした。毛沢東がカワイ子ちゃんの手をとってホールに下りると、ほかの幹部たちは退場し、毛のステップを邪魔しないように、周りに座って茶を飲み、煙草を吸う。

美人ぞろいの女文化工作団員（おエラ方のための慰問団）が大勢いると、一人一曲ずつでは順番が回ってこないので、美女たちは毛主席を囲んでつぎつぎにお相手をしたが、絶対に彼の興を殺いではいけないのだった。気に入った美女を見つけると、そのままホールの端にある専用休憩室へ連れて行き、一夜をともにした（ほかにも休憩室があり、ほかの幹部たちも同じように気に入った美女を選び、利用していた）。

毛沢東は自分が女好きであることを隠さなかった。彼は主治医の一人に自分の初体験を告白したことがある。彼が十三歳のとき、韶山沖の生家の近所に住む十歳の女の子とだったという。大変な早熟児だった〔毛にかぎらず、共産党の元老の大半は、性に対してオープンだ。封建的倫理観にこだわる国民党とは対照的である〕。

毛沢東は気楽にあちこちの景勝地で女性と一夜を過ごし、つぎつぎと子種を残した。男の子の場合はだいたいが野戦軍区に送り、「烈士の後代」〔烈士は、日本では信義に厚く一途な男を指すが、中国では共産主義革命に殉じた人を指す〕として扶養する。彼らは成人しても兵営に残って職業軍人となる。女の子は、現地の党委が民政部門に扶養費を出すように命じ、「烈士の子女」として、政治的に問題のない家庭に扶養費を出して、預けた。だが、毛沢東はこの子たちを一切認知しなかった。

●全国の景勝地に散らばる行宮

毛沢東の生命の安全を確保するために、一九五七年以降、中央政治局は毛主席が旅行する場合は飛行機はめったに使わず、専用列車を利用すると決めていた。専用列車は十一両編成で、前後の車両には警衛部隊、生活服務人員、秘書、通信人員が分乗し、中間の三両は毛沢東の寝室と書斎、会議と事務室、専用食堂車とした。専用列車は毛沢東の食、住、休息から娯楽、会議、舞踏会や京劇鑑賞までできるので、一種の移動行宮となった。

専用機に乗るときには、禁空令を出して、すべてのフライトを停止させた。彼の時代は旅客機の運航便数はわずかだったのである。毛氏専用列車が運行する線路も禁止令を出し、一般の客車、貨車はともに運行停止となり、専用列車の通過を待ちつづけた。沿線は公安部隊と沿線民兵が厳重に警備した。専用列車は六時間走るごとに機関車を取り替えた。

一九四九年の新中国成立以来、中央と地方政府は偉大なる領袖のために、どれぐらいの行宮、別荘を建造したことか。景勝地で、壮大な庭園と室内プールと小劇場がついている豪壮な邸宅を見つけたら、それはまず、かつての行宮、別荘と思って間違いない。これらの多くは、現在ホテルとして開放されている。

有名なものをあげると、江西廬山の廬林《ろりん》一号、湖南の長沙蓉園《ようえん》、韶山の滴水洞《てきすいどう》賓館、広西南の寧《ねい》明園《めいえん》・西園、広州の小島《しょうとう》賓館、湖北武昌《ぶしょう》の東湖《とうこ》賓館、上海の西郊《せいこう》賓館、杭州西湖《こうしゅうせいこ》の劉荘・汪荘・花《か》家山《かざん》賓館、大連《だいれん》の棒捶島《ぼうすいとう》賓館、北戴河の海浜区一号、江蘇無錫《こうそむしゃく》の梅園《ばいえん》一号、南京の紫金山《しきんざん》一号、済《さい》南《なん》の千佛山《せんぶつざん》一号、成都の望江楼《ぼうこうろう》賓館……。そのほか、ハルピン、長春《ちょうしゅん》、瀋陽《しんよう》、石家荘《せっかそう》、太原《たいげん》、西安《せいあん》、蘭州《らんしゅう》、鄭州《ていしゅう》、南昌《なんしょう》、福州《ふくしゅう》、貴陽《きよう》、昆明《こんめい》などにも、毛沢東が一、二度しか泊まらなかった別荘が、合わせて四、五十カ所もある。その行宮の数は、中国の歴史上のどの帝王よりも多いのである。

ここで強調したいのは、これらの行宮、別荘の大部分は、一九五九年から六一年にかけて、何千万もの国民が無惨にも餓死した全国大飢饉のあいだに、つぎつぎと建造されていたことだ。

三年間にわたった大飢饉で、中国全体でいったいどれほどの餓死者が出たのか。これは党と国家の最高機密だということで正式に公表されたことはないし、党内でも明らかにされたことはないが、さまざまな情報がある。大躍進運動が最も狂気じみていた河南《かなん》省では死者六百余万人、同省の信陽《しんよう》、開封《かいふう》地区では無人の村、郷が出現したと伝えられた。安徽《あんき》省の死者は五百余万人、淮河《わいが》北部地区にも無人の村、郷が出現したという。

のちに胡耀邦《こようほう》は党内講話のなかで、全国で二千二百万人が「非正常死亡」したと洩らしたことがある。全国二十八の省市自治区において合計三千五百万人が「非正常死亡」したと記した別の資料もある。

毛沢東のことに戻れば、彼は室内プールで泳ぐのも好きだった。　九六七年から七六年の晩年の住居は、中南海のプールだ。この室内プールは元来、中南海にいる副総理、副委員長級以上のおエラ方のために建造したものだが、これを毛沢東が占拠し、住まいとした。彼の数多くの行宮の大部分には、長さ五十メートル、幅二十メートルの正規のプールがついている。

たとえば、廬山の行宮は、もとは蔣介石と宋美齢《そうびれい》の別荘だったが、室内プールが小さいと毛沢東が文句を言ったので、江西省党委は新たに「廬林一号」を建て、彼の昼寝と昼寝のあとの水泳用の一棟としたのである。毛沢東は室内プールで裸で泳ぎ、裸の美女たちと戯れるのが無上の楽しみだった。それは、かつて白楽天が「温泉水滑洗凝脂」〔温泉、水滑らか、白く艶々の肌を洗う〕と詠んだ、西安驪山《りざん》の華清池《かせいち》で楽しむ玄宗《げんそう》皇帝に決して劣らないのである。

●江青の皇后気取り

毛沢東夫人の江青の日常生活についても語ろうと思うが、ここでは一九五九年の冬から六〇年春にかけて、彼女が広州小島賓館で休養していた時期の話だけをしよう。

このころ、彼女はまだ政治的権勢を持つことなく、中央党宣伝部文芸処副処長にすぎなかったが、何に対しても口出しした。「私は毛主席の足もとの一匹の犬。毛主席が誰かを咬《か》めと言えば、咬むのだ」と卑下するように見せかけて相手を威嚇した。

小島賓館は当時、広東《カントン》省党委東山《とうざん》招待所といい、一九五〇年代に建造されたものだが、東山湖公園の湖水と区域の半分を削り取った約十万坪の敷地に、湖を囲んで西洋式庭園、数カ所の水上レストランと三十数棟の別荘が立っている。全国の他の別荘と同じように、中央の七人の常務委、毛、劉、朱、周、陳、林、鄧の序列にしたがって一号楼から七号楼となっており、だいたい空いている。江青は中央委員候補にもなっていなかったが、当初、劉少奇の二号楼にしばらく泊まり、そのあとで毛沢東の一号楼に移った。彼女には、医師一人、保健看護師三人、警護員二人、女性服務員二人の計八人のお付きがつき、まるで皇后のようなファーストレディーぶりであった。

●江青の安静のため、空港を閉鎖

江青は物音にひどく神経質だった。部下には絨毯の上を歩くときも靴をぬぐ。ひそひそと話し、ドアの開閉は音がしないように布や綿をはさむ。お付きは衣服の擦れる音を立ててもいけない。お下げ髪の看護婦が歩くと、服に髪が擦れる音がすると言い、お下げを切れと命じた。

広州の冬には小島賓館の庭園に落ち葉が散る。掃き集めるが、その音がうるさいというので、服務員は裸足になり、音を立てずに落ち葉を拾うよう命じられた。

しばらくすると、江青は上空を飛ぶ飛行機の音がうるさくて休めないから、飛ばせるなと言い出した。中南局と広東省委責任者の陶鋳《とうちゅう》と趙紫陽《ちょうしよう》はなんと、広州白雲《はくうん》空港の閉鎖を命じ、すべての民間航空機は百キロ離れた軍用空港に移すことにした。

江青皇后はふだんは一人で食事をしたが、ある日、服務員と一緒に食事すると言い出した。みなは緊張して皇后のお相伴をしていたが、少しでもものを噛む音がすると、「お前はブタか」と叱られた。彼女の食卓には、特製のフカヒレ、ツバメの巣といったグルメ料理が欠かさず並べられたが、音を立ててはいけないから、お付きたちは豆腐にしか箸をつけることができず、ご飯は一口ずつ丸呑みした。彼女が箸を置くと、みなも口を閉じ、彼女が席を離れると、みなは立ち上がって見送り、急いで厨房に戻ってもう一度食事をし直した。

江青でも音に鈍感になるときがある。夜のダンス、観劇、映画鑑賞、音楽を聴くときだ。映画はもっぱら香港から取り寄せた外国映画、香港のアクション映画が多かったという。音楽は西洋音楽、軽音楽、交響楽なんでもござれだった。

●江青、医師団を困らせる

一九六〇年一月初めのことだった。中央衛生部高級幹部保健局は、診察してもらいたいと言いだした江青のために、局長自ら、北京と上海の一流の医師たちを率いて、広州に出向いた。安全と秘密保持のため、医師団は全員一カ所に寝起きさせられた。ところが江青は、今日は気分が乗らない、明日は接見があると言って、検診をさせない。毎日の公務に忙しい医師たちの都合には一向にお構いなく、ずるずると一カ月以上も待たせたが、なお検査日が決まらない。
ぽかぽかと暖かなある日、今日も検査はないだろうと、医師たちは連れだって広州の市内見物に出かけた。ところが、今日は調子がいいからと、午後三時半ごろに診察を受けると江青が言い出した。

さあ、外出した医師たちをどうやって呼び戻すか。検査の延期を申し出たら、癇癪を起こして大声をあげて怒るに決まっている。そのあげく、北京の党中央に、あの医者たちは命令に反抗したと告げられる。慌てに慌てた。局長が広東政府に頼んで、ただちに臨戦体制をしき、広州全市に緊急動員し、市内のあらゆる場所に捜査員を派遣して、外地訛りの医者を二時間以内に捜し出せと命じた。当時はまだ戦時体制が機能していたためか、時間内に医師たちを見つけ、彼らを賓館に送り届けて一件落着したという。

★1　官窯＝朝廷が専門官を派遣しその厳密な監督下で皇室専用の磁器が焼かれる窯。宋、元、明、清の時代の官窯磁器は世界に広く愛好されている。

★2　毛窯＝中華民国の初代総統・袁世凱は一九一六年、中華帝国を宣言して皇帝の座に就き、年号を洪憲としたとき、「洪憲」官窯の磁器を製作した。ゆえに、中華人民共和国の初代主席・毛沢東の毛窯は、清朝以降、二番目の官窯となる。

〈十四〉毛統治の代価　四千万人以上を殺した責任は

一九二七年、毛沢東が参加した湖南の暴動から、中共党が中国の支配者となる一九四九年までの長い国共内戦のあいだの犠牲者の数は、中共党は口を閉ざしているが、五千万人にのぼると言われている。かつてその数字を中国の指導者から聞いたある外国人は、その大きな犠牲は無駄ではなかった、そのおかげで中国は生まれ変わったのだと説いた。

彼が知らないことがいくつもあった。一九五九年から一九六一年までの大躍進と人民公社運動による犠牲者は「自然災害」によるものだと彼は信じていた。そして犠牲者の本当の数を知らなかった。さらに彼は一九六〇年代後半からの文化大革命が、誣告《ぶこく》と迫害のまことに恐ろしい時代であったことを知らないばかりか、その犠牲者の数も知らなかった。

四千万人、実際には五千万人以上の人が、毛沢東の誤りを重ねた政策のために犠牲になったのだと知ったらどうであろう。一九二七年から一九四九年までの内戦の五千万人の犠牲は決して無駄ではなかったと言いきれる人がはたしているだろうか。

さらに現在の中国を見たらどうであろう。抑圧もなければ、憎しみもない、階級が存在しない社会の達成への道を歩むことは、とうの昔に断念してしまった。マルクス主義、毛沢東思想の教義や政策とは何だったのか。そして中共がいまなお支配する現在の体制とその前の体制、国民党の中国統治とどこが違うのだろう。王朝の交代だけのことではなかったのか。

誰もが考え込むことになろう。国民党の統治と第二代国民党とのあいだの幕間劇、毛沢東の統治とは何だったのであろう。血なまぐさく演出した土地革命にはじまって、農業生産合作社、そして狂乱の人民公社の建設、その悲惨な結末までの十数年、そして文化大革命の十年とは何だったのであろう。四千万人から五千万人の犠牲は何であったのか。誰も深いため息をつくことになろう。

●旗幟は掲げれば掲げるほど多くなる

胡錦濤総書記は、二〇〇三年十二月二十六日の毛沢東生誕百十周年記念日の講話で、「いかなるときも、いかなる情況下においても、われわれは終始一貫、毛沢東思想の偉大なる旗印を高く掲げなければならない」と強調した。彼は毛沢東主義者なのか。

最近新しく出されたスローガンは「全党・全軍・全国人民は、マルクス・レーニン主義、毛沢東思想、鄧小平理論、および三つの代表重要思想〔江沢民による。共産党は先進的な生産力、先進文化の前進の方向、広範な国民の根本利益の三つを代表〕の偉大なる旗幟を高く掲げよう」だ。私たちのような庶民は呑み込みが悪くて、現在の党中央が決めているのは、中国人民は一本の旗を掲げよということなのか、それとも四本の旗を同時に掲げよなのか、さっぱりわからない。

胡錦濤同志の「権為民所用、情為民所繫、利為民所謀」〔権力は民のために使う、情は民のためにかける、利は民のために謀る〕の「新三民主義」がもう一本の別の旗だとすると、五本の旗を同時に高く掲げなければならなくなるではないか。さらに、毛沢東時代の三面紅旗〔社会主義総路線、大躍進、人民公社の総称〕という三本の旗も加えたら、全部で八本の旗となるではないか。

このように類推していくと、われらが共産党が千年万年わが中国人民の主人公でありつづけると、必ずや十年か二十年ごとに主が代わって出てくるから、新しい主がおのおの理論を立てたら、そのつど新しい旗がどんどんつくられ、掲げる旗も増える一方となる。それこそ、われわれ中国人民は旗を一度に百本、千本と、高く掲げていくことになりそうだ。それはご免こうむりたい。

隣に住む党員がぼやいていた。

「中央は私たちのような普通党員に対して、苦しくても我慢してやれというのか。両手で旗を四本も、五本も掲げるのは疲れてたまらない。このうえ、〝四つの近代化〟〔工業、農業、国防、科学技術の四分野の近代化。鄧小平が七九年に初めて最重要課題として提起〕をやるとか、〝小康〟〔ややゆとりのある生活水準。鄧小平の近代化構想の第二段階水準。二〇〇三年に達したという〕を頑張る気力はもうとても出てこない」

別の学者党員は吐き捨てるようにこう言った。

「そもそも毛沢東思想はマルクス主義からきているのではなく、レーニン主義の衣鉢《いはつ》を継ぐものだ。ところがレーニン主義はマルクス主義に背いたものだ。鄧小平理論は毛沢東思想とは正反対の方向に走ったもので、階級や階級闘争を取り消したり、党内路線闘争を廃止したり、人民公社をやめたり、三面紅旗や文化大革命を否定したり、私有化を回復したり、株式制度と市場経済を提唱したりした。どこにも毛沢東思想の匂いなぞ、これっぽっちもない。全部ひっくり返している。江沢民の三つの代表重要思想にいたっては、さらに遠くに行ってしまっている。

共産党はもはや労働者、農民、苦しむ勤労大衆を代表することなく、中国人民全体の全民党を代表し、しかも民営資本家の入党を歓迎するというのだから、共産党の本質（労働階級の先鋒隊）や立党の基礎をすべて変えてしまっている。どこがマルクス・レーニン主義、毛沢東思想と一脈相通ずるというのか。完全に放棄しているのに、あたかも〝時代とともに進歩している〟と平然と主張している」

●毛沢東思想とは何か

理論の発展というのはウソで、思想の混乱、旗幟の多数並立、スローガンの相互矛盾、言論の支離滅裂が本当だ。これがわが党の今日の思想と理論界の現状である。

マルクス、レーニンのごとき舶来品は、いわば洋式の諸子百家だ。それらの細かい追及はとりあえずしない。しかし毛沢東思想はいったい何物であるかは、避けたり、取り繕ったり、誤魔化したりすることはできない。

毛沢東思想とは何であるか。ためしに現在六千八百万人いる党員に聞いてみたらいい。党員たちの九九パーセントは不得要領の答え方しかできないであろう。信じないなら、一度党員の標本調査をやってみるといい。十種、百種もの答えが飛び出してくることは間違いない。

党の権威ある人たちが説いたところをみよう。

最初に「毛沢東思想」なる言葉を持ち出したのは、延安《えんあん》時代に党中央を代表した劉少奇《りゅうしょうき》である。彼は「マルクス・レーニン主義と中国革命の実践が相結合して毛沢東思想を生み出した。毛沢東思想は全党のすべての項目にわたる活動の指南である」と語った。

毛沢東自身はもっと直截に語っている。「天と闘ってその楽しみ尽きず、地と闘ってもその楽しみは尽きず、人と闘ってさらにその楽しみ尽きずなり」と。また曰《いわ》く、「外国のマルクスに秦の始皇帝を加えたものなり」と。

鄧小平はかつて一九七〇年代末に、時代とともに臨機応変に進歩したかのように語った。「毛沢東思想は全党の知恵の結晶であり、科学的に完璧な思想体系である」。さらに、絶妙にこうも語った。「毛沢東同志は晩年、毛沢東思想に背いたために、十年の民族大災禍を招いた文化大革命運動を引き起こし、国家と人民を災難の奈落の底に引きずり込んだ」と。

三人のエライ人でも「毛沢東思想とは何か」という、党と国の命運にかかわる最も重要な問題に正しく解答してくれていないではないか。

「毛沢東思想」はたしかに、雑然とした意識形態と「上部建築」〔中国の経済用語。経済的基礎に対する上部構造。社会の経済機構を土台に築かれた政治、法制、学問、宗教、芸術など〕を内包したものであり、一つに概括して線引きしにくいものである。しかし、毛沢東思想の核心を語るとなれば、それはずっと簡明となる。

それでは、毛沢東思想の核心とは何であるのか。

●毛沢東思想の核心は闘争万能論

毛沢東思想を時代分けすると、一九四九年十月一日の新中国成立以前が前期、それ以後が後期となる。

そこでまず、前期の毛沢東思想の核心とは何であったかを問うてみる。その答えは「農村が都市を包囲する。鉄砲から政権を生み出す」である。毛沢東が、一九二一年に中国共産党に加わってから北京入城までの二十八年間のうちに、武力を使って天下を取ることに成功したことは、中国の現代史を書き換えた大変な出来事だといえる。

つぎに、後期の毛沢東思想の核心は何であるかを問うてみる。その答えは「プロレタリア階級独裁下の継続革命という偉大な学説」をうち立て、かつ実践したことである。それは、社会主義革命と社会主義建設期における階級、階級矛盾、階級闘争、路線闘争の学説でもあり、真に豊かな創造性をもってマルクス・レーニン主義を発展させたものであるとする。

毛沢東は一九四九年の北京入城で主人となってから七六年に永眠するまで、これもまた二十八年間を費やし、この数億の臣民のなかにあって、年々歳々途切れることなく、党外階級闘争と党内路線闘争を推し進めた。そして多くの場合、二つの闘争を同時に進行させ、全中国を政治運動という一つの大鍋でごった煮にしたのである。党内に対して、また党外に対して同じような敵愾心をもち、容赦ない暴露と非難の泥仕合を演じ、そのうえ監獄と労働改造所が加わり、血と涙が混ざり合って流れることになった。

このように毛沢東思想を時代分けし、前期と後期の核心問題を並べてみたのはかなり客観的だと思う。

後期の毛沢東思想には、経済、軍事、外交、工業、農業、文教、衛生体育の分野もあったではないか、と反論する人がいるかもしれない。しかし忘れてはいけないのは、これら諸分野はいずれも「プロレタリア階級独裁下の継続革命なる偉大な学説」に属するもので、学説は「綱」であり、その他残りは「目」だということだ。毛沢東自身の言葉を借りれば、政治は統帥であり霊魂である。階級闘争をやれば、たちどころに効き目が出る。

また、毛沢東の後継者であった林彪《りんぴょう》の言葉を借りれば、「政治は一切〔「一切」は「すべてのもの」の意〕より大きく、一切より先に、一切より高く、そして一切より重い」のである。林彪は毛沢東思想の真諦《しんたい》を喝破したわけである。

のちに毛沢東と林彪が反目し仇敵となり、林彪が毛沢東の謀殺未遂で国外逃亡して墜落死すると、彼に対する批判が全党・全軍・全国の上から下まで十年にわたって進められ、林彪反革命集団の思想毒素〔思想体系を腐敗させるもの〕の粛清運動が吹き荒れたが、林彪のこの「四つの一切」が批判され、否定されたことは一度もなかった。彼の毛沢東思想に対する透徹した理解は時間の試練に堪えたのだとわかる。

●毛沢東は反封建、それとも新封建？

共和国の若い国民たちの目から、過ちがあったことを隠し、彼らの目をくらませようと企む、常識に背く「理論工作者」がいることを隠す必要はない。現に、さる文章書きの秀才たちが胡錦濤総書記のために起草した『毛沢東同志生誕百十周年を記念する座談会講話』は、冒頭に全体の主旨をこう記している。

> 毛沢東同志は偉大なるマルクス主義者であり、偉大なるプロレタリア階級革命家であり、戦略家・理論家であり、近代以降の中国の偉大なる愛国者、民族英雄であり、中国人民が自らの命運と国家の形を徹底的に変えることを指導した一代の偉人である……。
>
> 彼は中国の新民主主義の勝利、社会主義革命の成功と社会主義建設の進展のため、中華民族の独立と振興、中国人民の解放と幸福のために、歴史上、輝かしい貢献をした。毛沢東同志の生涯で最も突出し、かつ最も偉大な貢献は、われわれの党と人民を指導して新民主主義革命の正しい

道筋を見つけたこと、反帝反封建の任務を完成したこと、中華人民共和国を打ち立てたこと、社会主義の基本制度を確立したことである。さらに中国の現実から出発し、社会主義建設の道筋を探索し、古い中国を時代発展の潮流に追いつかせ、繁栄に向かって闊歩するために根本的前提を創造し、堅実な理論と実践の基礎を固めたのである。

初めてこのくだりを読むと、ずっと昔の毛沢東時代に時間が後戻りしたようなある種の懐かしささえ感じさせる。これを書いた人たちはいったい、党史の基本常識をいささかなりとも持っているのだろうか。

そもそも党中央が一九八一年六月〔十一期六中全会〕に出した『建国以来の党の若干の歴史問題に関する決議』を読んだことがあるのだろうか。あの『歴史決議[★1]』には、はっきりと「封建主義に反対し、封建主義思想の残毒を掃き清める歴史任務を果たさなかったために、個人の迷信と領袖崇拝を招き、最終的に十年にわたる文化大革命という民族大災禍をもたらした」と記しているではないか。

草稿起草者たちは大胆にもこの党の決議文を無視し、毛主席が「反封建の任務を完成した」と揚言するとは、無知なのか、それとも故あっての改竄《かいざん》なのか。

●鄧小平理論は毛沢東思想に対する裏切り？

毛沢東は共和国のためにいったい、どのような社会主義の基本制度を確立し、いかなる社会主義建設の道筋を探索したというのだろうか。「中国を時代発展の潮流に追いつかせ、繁栄に向かって闊歩するために」どのような「根本的前提」を創造したというのだろうか。どのような「理論と実践の基礎」を固めたというのか。草稿起草者は毛沢東思想の核心である階級、階級矛盾と階級闘争、党内路線闘争に、なぜ一言も触れないのか。

毛沢東が本当に、何かの基本制度を確立したとか、何かの建設の道筋を探索したとか、何かの「根本的前提」を創造したとか、何かの「理論と実践の基礎」を固めたというなら、どうして党の『歴史決議』に、十年の文化大革命は大逆行、大災難、国民経済は崩壊寸前だったとあるのか。毛沢東の死後、なぜ毛沢東夫人・江青《こうせい》を頭とする「四人組党簒奪集団」を逮捕したのか。

どうしてまた、一九七八年十二月に党十一期三中全会を召集して「混乱を鎮めて正常に戻し、全国の冤罪を晴らし、党外階級闘争と党内路線闘争を廃止し、全国の右派の名誉を回復し、全国の地主・富農の悪名のレッテルをはがし、全国農村の人民公社を廃止する」としたのか。またどうして、全面的に経済の改革開放を推し進め、経済特区をつくり、田畑を農民に分け与えて請け負い生産をさせ、工場を公開入札して個人に請け負わせたのか。

偉大なる領袖、毛沢東が生前、道筋、基礎等々をいずれもうまく探索し、確立し、創造し、安定したというなら、どうしてなおも九〇年代において、苦労して鄧小平の理論を始めたり、江沢民の三つの代表重要思想をやりだしたりするのか。

結論は、つぎのうちのいずれかでしかありえない。後期の毛沢東思想が、闘争に闘争、運動に運動で明け暮れたために国と民に災いをもたらし、封建ファシズムを大いに復活させたのか、それとも、鄧小平や江沢民らがその毛沢東思想を徹底的に裏切り、資本主義の道を突っ走り、資本主義を全面的に復活させたのか。

荒唐無稽である。胡総書記の『講話』の起草者らは党十一期三中全会の路線を無視した。林彪や四人組式のやり方で毛沢東を美化し、毛沢東の神化という古い手管を使い、新たな歴史の時代を迎えて党が推し進めている全面的な改革開放の路線方針と、世界に知られるその成果を平然と否定したのである。

いやしくも党の理論工作者たるもの、論理の筋道を立てる素養は最低限必要である。元領袖を神話にし、美化したいがために、のちの改革者や統治者を冒瀆するとは。見下げ果てたものである。鄧小平総設計者は、あの世からも決してきみたちを見逃してはくれない。

●「真理の規準」を使って毛思想を検証する

毛生誕百十周年記念日で胡錦濤総書記が行なった『講話』のなかで、彼の草稿執筆者は「毛沢東思想」を、つぎのように定義している。

> 革命と建設の長期にわたる実践において、毛沢東同志を主要代表とする中国共産党の党員たちはマルクス主義の中国化を努めて推進した結果、鮮明な中国的特色をもった科学的指導思想を形

成した。これがすなわち毛沢東思想である……。
毛沢東思想とは、①マルクス・レーニン主義の中国における創造性ある運用と発展であり、②実践され、証明された中国の革命と建設の正確な理論の原則と経験の総括に関するものであり、中国共産党集団の知恵の結晶である。③いかなるとき、いかなる情況下においても、われわれは終始一貫毛沢東思想の偉大なる旗幟を高々と掲げなければならない。

右の一文はまさに、過失を取り繕い、過ちをひた隠し、人びとをたぶらかすものである。毛沢東思想が②であるというのであれば、なぜ党中央は毛沢東の死後、全国で「実践は真理を検証する唯一の規準」の大討論をやりだしたのか。

どうして、毛沢東の土地革命時に地主・富農に貼りつけた〝罪人のレッテル〟をすべて取り外し、毛沢東の反右派闘争中に〝右派分子のレッテル〟を貼りつけられた人びとの名誉を回復し、毛沢東が手ずから高く掲げた三面紅旗を否定したのか。どうして胡耀邦《こようほう》が、一九八一年の報告で、「一年の大躍進」と「三年の大飢饉」で人口二千二百万人が餓死したと認めたのか。

ほかにもまだある。一九五四年の「潘漢年《はんかんねん》・楊帆《ようはん》反革命集団事件」、五五年の「胡風《こふう》反革命集団事件」、五六年の「丁玲《ていれい》・陳企霞《ちんきか》反党集団事件」、五七年の反右派闘争★2、五九年の「彭《ほう》・黄《こう》・張《ちょう》・周《しゅう》右傾反党集団事件」の反右傾闘争★3、六二年の「習仲勲《しゅうちゅうくん》反党集団事件」、六六年三月の「鄧拓《とうたく》・呉《ご》晗《がん》・廖沫沙《りょうまつしょう》三家村事件」、六六年五月の「彭・羅《ら》・陸《りく》・楊《よう》反革命修正主義集団事件」、六七年の

「薄一波《はくいっぱ》など六十一人反徒集団事件」、六八年の「楊成武《ようせいぶ》・傅《ふ》崇碧《そうへき》・余《よ》立金《りっきん》反党集団事件」等々の冤罪をそそぎ、名誉を回復したのはなぜなのか。

十年におよんだ文化大革命のあいだ、多種多様の反徒集団、特務集団や内通者・間諜集団と決めつけられた者は数え切れないほどあり、冤罪事件は全国にあまねく起こった。毛沢東自らが承認して死なせた人びとだけでも、共和国主席・劉少奇、共和国元帥・賀龍《がりゅう》、彭徳懐《ほうとくかい》や党中央常務委員・陶鋳《とうちゅう》がいる。毛は、自分の生命を救ってくれた衛生部副部長・傅連暲《ふれんしょう》★4さえも死なせてしまった。

不完全統計によれば、十年の文革中、批判闘争で収監された、第八期〔一九五六〜六八年〕党中央委員と中央候補委員は、全体の八〇パーセント以上に達し、自殺に追い込まれ、批判闘争でつるし上げられて死んだ副部長級以上の高級幹部（軍隊の将官も含む）は二百五十数人に及んでいる。★5

光り輝く毛沢東思想のもと、個人の権力欲を押し進めるために、全中国に未曾有の大冤罪事件がまき散らされていった。数え切れないほどの冤罪、誣告、過誤事件に巻き込まれた人びとは、いずれも毛沢東の死後、一九七八年から八五年ごろまでに、ほとんど名誉を回復されたではないか。

知識・文化の領域に限っただけでも、一九四九年から二十八年のあいだに作りだされた筆禍事件は何件あったのか。迫害されて自殺、致死した教師、学者、専門家、作家、芸術家は何人に及んだのか。

たとえば、哲学者の李達《りたつ》。歴史家の翦伯賛《せんはくさん》★6、呉晗。随筆家の鄧拓、田家《でんか》英《えい》。小説家の老舎、趙樹《ちょうじゅ》理《り》。文芸評論家の王任叔《おうじんじゅ》★7、馮雪峰《ひょうせつほう》、侯金鏡《こうきんきょう》★8。詩人の聞捷《ぶんしょう》。劇作家の田漢《でんかん》、馬連良《ばれんりょう》、蓋叫天《がいきゅうてん》、周《しゅう》

信芳《しんほう》、厳鳳英《げんほうえい》、鄭君理《ていくんり》。★9 翻訳家の傅雷《ふらい》。

この人たちの顔ぶれを見ても、中国の現代文化史を代表する人たちだという事実に気づき、愕然とする。いったい、中国の歴史上のどの時代、どの朝廷の、どんな暴君、どんな暗君がこんなおびただしい数の文化人を迫害死させたのだろうかと問いたい。

●毛沢東は四千万人以上の死に責任を負うべきだ

一九七八年十二月十三日、中共中央副主席・葉剣英《ようけんえい》元帥は、中央工作会議の閉幕式の席上で「十年間の文化大革命では二千万人が死に、一億人がひどい目にあった。全人口の九分の一を占める人数だ。そして八千億人民元が浪費された」と、沈痛な面持ちで語った。

一九八一年六月、中共中央総書記・胡耀邦は例の『歴史決議』草案を討議する会議報告の中で「一九五九年から六二年の期間中に、党全体の活動の失敗により困難な情況に陥り、全国で二千二百万人が〝非正常死亡〟（政治的迫害や執政の失敗による死亡）した」と率直に認めた。

建国初期に、いくどとなく繰り返された粛清、整風、闘争、運動のなかで殺された人の正確な数は把握しているはずだが、現在もなお党と国家の最高機密にされており、われわれのような「国家の主人」には知る権利はない。

党中央の指導者、葉剣英と胡耀邦の二人が出した数字（これも縮小した数字に決まっているが）は承認しないわけにはいかない。その数字だけ見ても、わが偉大なる領袖、毛沢東の執政二十八年

間に、全国の人民は彼の「執政の失敗」で、なんと四千二百万人が命を落としたのだ。[★10]

四千二百万人の人命。この人命の数は、第一次世界大戦での死者の総和を超え、第二次世界大戦中、八年間の抗日戦争で死亡した中国の軍人と一般人を合わせた二千万人を超えているのである。[★11]それに対して、毛沢東は平和な時代に「人禍」を製造して四千二百万人もの無辜《むこ》の死をもたらしたのである。古今東西、このような記録保持者は毛沢東以外にいたのか。それでも、毛沢東は空前絶後の「大救星」〔偉大なる救いの神〕「大恩人」だと奉られるのか、そして毛沢東思想は前述の②すなわち胡総書記が述べた「実践され、証明された中国の革命と建設の正確な理論の原則と経験の総括」だと言えるのか。

★1　歴史決議＝一九八一年六月のほかに、四五年四月の六期七中全会にも『歴史決議』があった。八一年の決議では、五五年から文革終結にいたる毛沢東の一連の政策の誤りを一応は認めたものの、毛沢東思想を否定することも固守することも誤りだとしている。

★2　反右派闘争＝一九五七年から五八年前半に展開したブルジョア右派に反対する闘争。五七年夏、毛沢東は党中央に反右派闘争指導小組を指示し、鄧小平を組長に任命した。ブルジョア右派の認定基準は、社会主義制度および中共の指導と政府の政策に批判的な立場をとった者やそのグループで、要するにわずかでも自由主義的、国民党的色彩をもった知識人が主だった。その結果、五十五万人が右派と認定された。七九年、胡耀邦のもとで再調査したところ、九人のみが真正の右派分子と認定。その他全員の名誉回復をした。

★3　反右傾闘争＝一九五九年の廬山会議から翌年まで、彭徳懐を支持し、同情する反党グループを摘発し、厳しい処罰を加えた。

★4　傅連暲＝福建カソリック教会の医師。三三年に毛の重病を治療。紅軍に参加。五五年中将。

★5　文革期間中に残酷な迫害を受けた中共党幹部人数の総計。八期（一九五六〜六八年）中央政治局委員と候補委員の七六％、中央軍事委員副主席の八六％、一〜三期全人代常務委副委員長の七〇％、国務院副総理の八七％、以上以外の中央の各部、各委員会の主要責任者と地方の各省・市党委書記の七五％、という統計からも、党外だけでなく党内もそうなめに甚大なダメージを受けたことがわかる。

★6　翦伯賛＝一八九八〜一九六八年。三七年中共入党。歴史学者。教育者。文革中迫害され、夫人とともに窮死。

★7　王任叔＝一九〇一〜一九七二年。二九年留日。三〇年代上海で左聯参加。三七年中共加入。四〇年代シンガポールで活動。五〇年代外交官および出版活動に従事。六〇年代批判、迫害致死。

★8　侯金鏡＝一九二〇〜七二年。文芸評論家。五六年から『文芸報』副編集長。文革中林彪批判で反革命現行犯で流刑。

★9　鄭君理＝一九一一〜一九六九。主として上海で活動した著名な映画俳優、映画監督、劇作家。江青の内情を熟知していたため、文革中に種々迫害を受け、監獄死。

★10　毛沢東思想、「階級闘争」路線によって、どれほどの人が迫害の末に殺され、死に追い込まれたか、また彼の失政（大飢饉）によって、どれだけの人が殺されたのか。著者またはその他の情報にもとづいて整理してみよう。

　まず、一九四九年の政権獲得以前の二〇年代末、国民党の白色テロに対抗するため、周恩来指導による中共地下党の「中央紅科」赤色テロは、著者は数字を出していないが千名単位と推測できる。

もっともこれは毛路線とは関係ない。この中央紅軍は一九二〇年代末、中共上海地下党中央軍委書記だった周恩来が創建した。中共初の「反特、鋤奸」（特務、裏切り者を摘発、粛清する）組織。この下に、紅槍隊（鉄砲隊）と、暗殺および内部の叛徒を処決する機関を設けていた。中央紅軍は江西の中央ソ区に移されると「中央保衛局」に発展し、延安に移されると「中央社会情報部」（部長康生。四章参照）になる。一九四九年北京に移されると「中央調査部」に改称され、一九八〇年以後は「国家安全部」となった。

三〇年代には、国民党のAB団粛清の名をかりて紅軍将兵数万人が内ゲバで虐殺された（一章参照）。延安時代の整風運動では千名単位が処刑、虐殺された（二章参照）。

四九年から六〇年のあいだ、五〇年～五三年の三反・五反と反革命鎮圧（鎮反）、五四、五五年の胡風反革命集団事件、「百家争鳴」、五七、五八年の反右派、五九、六〇年の反右傾と続く一連の摘発運動は、大陸に残留した国民党の残党、資本家、地主、反共的な知識人などをねらった実質的な国民党狩りだった。著者はこの期間の殺害人数について、断片的にしか言及していない。

一九六九年四月七日のモスクワ放送局は、四九年から五二年のあいだ、二百八十万人が毛沢東によって死刑に処されたと放送し、五三年から六〇年のあいだ、六百七十万人が殺されたと述べている。当時の中共内務部長薄一波も鎮反報告の中で二百数十万人を処刑したと認めている。いずれにしてもモスクワ放送によれば、四九年から六〇年までに殺害された人数は合計九百五十万人にのぼる①が、そのほとんどが国民党支持層の抹殺、国民党狩りの受難者と見てよい。本文で著者が五八年の大躍進時の「非正常死亡者」は数百万人とあるのはこの中に含まれると思われる。

一九五九年から六一年までの大飢饉による餓死者の推定人数は二千万人と言われていたが、八〇年代に胡耀邦が二千二百万人②と発表し、著者は二〇〇一年の時点で五九年から六二年の全国「非正常死亡者」は三千五百三十一万人③と述べている。また九三年にべつに発表された研究では、農村地帯のみで餓死者四千四〇万人④となっている。

　文革期間における犠牲者の数は、中共中央副主席・葉剣英元帥が、七八年十二月十三日の党中央工作会議の開幕式の席上で「迫害された者一億人、死亡者二千万人⑤」と語ったのが公式の唯一の数字となる。

　そこで、毛沢東が死なせることになった人数は、

一、①+②+⑤=五千百五十万人
二、①+③+⑤=六千四百八十一万人
三、①+④+⑤=六千九百九十万人

　の三つの推定数字となる。それゆえ、毛沢東の犠牲となった中国人の数は四千万人以上、五千万人台から七千万人台だと推定される。

★11　著者は二〇〇四年の時点で、抗日戦争の死者二千万人と述べているが、二〇〇一年に書いた文章のなかでは死傷者二千余万人と述べている。この数字は中共の内部資料にもとづくものと思われるが、このように曖昧である。周知のように、東京裁判の直後、国民政府は日中戦争の中国人犠牲者数を三百二十万人としたが、いつのまにか五百七十万人に増えた。中共政府になると、二千百六十万人という数字が発表された。江沢民時代の一九九五年には三千五百万人と言いだした。二〇〇五年、中国抗日戦争史学会・王錦思《おうきんし》によると、三千五百万人はありえない、これは死傷者の数であり、死者は千七百万人から二千二百万人が正しいと述べている（二〇〇五年九月二日付『産経新聞』による）。

訳者あとがき

●歯切れのいい文体とテーマのおもしろさ

現代中国を研究する私にとって、中国国内で日々起きている出来事、なかんずく外国に報道されない社会の動き、中国共産党内の動きを深く理解するためには、香港で刊行されている『争鳴《そうめい》』など、いくつかの重要な雑誌に目を通しておくことは欠かせない仕事である。そんななかで、一九九六年ごろから『争鳴』に毎期欠かさず連載するようになった「北海閑人《ほっかいかんじん》」という人の読み切りの文章に注目するようになった。

その文体から察するに、北海閑人氏は江戸っ子にも似た、きっぷのいい生粋の北京っ子のようだ。北方語、北京語や古来の熟語を好んで使うところから、年輩の知識人と見た。文章もうまい。辛辣さとユーモアをほどよく備えた読みやすい文章である。

なによりも彼が取り上げるテーマがおもしろいのである。たとえば、本書の十二章「墓を壊す」である。中国人は朝代（一王朝の統治する年代）が代わるたびに前朝代の皇陵を壊すことは知っていたが、毛沢東が自らの朝代の重臣たる党幹部の祖墓壊しを紅衛兵に許したために、中国全土から墓が消えてしまったとは知らなかった。中国人の「鞭屍《べんし》文化」が極まった、なれの果てであろう。毛沢東自身、死ぬ間際になって、鞭屍を恐れ、火葬を遺言したという記事が『争鳴』（二〇〇五年九月号）に出ている。

さらに共産党の役人は、ニセの骨灰を商売にすることを思いついたというのだ。北朝鮮政府が日本人拉致被害者のニセの遺骨を平然と出してきたところをみると、共産党は人間の墓や骨灰に対して、いささかの道徳心も持ち合わせていないといえる。

ニセ骨灰づくりが平気なら、ニセ墓づくりも当然平気なのである。二〇〇五年春、台湾の国民党主席が初訪中し、里帰りしたとき、中国は彼らの祖先のニセ墓をつくって拝ませた。その模様を撮った写真は、「統一戦線」の実体を描いた、笑うに笑えない漫画の一コマのようだった。北海閑人氏が批判する中国の墓事情を知れば、中国政府が靖国神社への参拝問題を政治にからめようとする意図を解くカギも見つかるのではなかろうか。

●秘密ファイルを見ているごとく

北海閑人氏は以前から、折にふれて毛沢東を取り上げていたが、一昨年（二〇〇三年）十二月の「毛沢東生誕百十周年記念日」に、現政府が大がかりな記念行事をやり、総書記になったばかりの胡錦濤が座談会で「いかなるときもいかなる情況下においても、われわれは終始毛沢東思想の偉大なる旗幟を高く挙げよう」と講話したことに危機感を募らせたと見え、以来毛沢東を集中的に取り上げるようになった。

しかもそこには中国政府が隠しておきたい、触れてほしくないエピソードがふんだんに出てくる。あたかも秘密ファイルを見ているごとくである。

第一章で取り上げた、ＡＢ団に名を借りた大量虐殺は、日本ではあまり知られていない紅軍（人民解放軍の前身）の内ゲバ事件である。

第三章に出てくる、毛沢東の『持久戦論』のなかの「国民党を日本と戦わせておいて、中共が漁夫の利を得る戦略」のくだりは、今も公開文献では削除されているという。抗日戦争の主力は中共軍だと嘘を言いつづけてきたからだ。

ところが二〇〇五年九月三日の中国「抗日勝利」六十周年祈念日において、胡錦濤国家主席は、台湾の国民党を「統一戦線」に引っぱり込むために、「抗日戦争の主力は国民党軍だった」と、初めて長年の嘘を認めた。それでも毛沢東の戦略の一件は隠したままだ。

第六章では軍と党の関係を論じている。中共がいかに「党は軍を指揮している」と強弁しても、「軍が党を指導してきた」歴史は明らかであることを論証している。中国脅威論のポイントはそこにあることを見逃さないでほしい。

第二章は、当時内外からユートピアの地として憧憬されていた延安に暗黒面があったことを暴いている。この章と第七、第十、第十一の章をあわせて読めば、毛沢東の文化人・知識人に対する弾圧と迫害がいかにすさまじかったかがわかる。

その最大のツケは、第十章で見るように、人口学者の馬寅初《ばいんしょ》に徹底的な批判を加えた結果、五億人もの人口を増やしてしまったことであろう。

第八章の『海瑞罷官《かいずいひかん》』はよく知られている事件だが、毛沢東の権力闘争の熾烈さと、そこに巻き込まれた学者・知識人たちの悲哀を浮き彫りにしている。

こういう歴史を中国の現政権はひた隠し、捏造しているばかりか、言論と学問への弾圧と迫害は今なおつづいている。中国政府が日本に突きつけている「歴史の認識」の問題は、じつは自らが歴史を隠蔽・捏造していることを承知のうえでやっていることがわかるのである。

●そっくり残っている毛沢東の統治システム

第九章では、紅衛兵運動に対する北海閑人氏の見方が示されている。それは若者を唆して、中国社会を「紅五類」とか「黒五類」に階級分けして互いに戦わせ、社会を混乱させ、伝統文化を破壊し尽くさせた騒乱だった。終わってみれば、すべての若者が被害者だっただけで、共産党集団の貴族階級を頂点とする階級社会は少しも変わらなかった。中国は所詮、頑固な階級社会をもつ国であることを証明したにすぎなかった。

第四章では、朝鮮戦争を取り上げ、スターリンは結局、毛沢東より一枚上手だったことを書いている。第十三章と最後の第十四章は、毛沢東の日常生活は歴代王朝と同じく、一人の毛沢東皇帝と彼に臣従する中共首脳たちの宮廷生活だったことを明らかにし、毛沢東皇帝と彼の忠臣たちが行なってきた失政を「非正常死亡人口」の数字で示し、それは四千万人以上、五千万から七千万人に達すると推定され（三〇〇〜〇二頁）、著者の言葉で言えば、古今東西比類なき数字なのである。

最も残酷さがあらわれている毛沢東の統治システムは、第五章だ。その特務政治の完全無比ぶりもさることながら、特捜審査と医療拷問審査の制度の卓越さには驚く。

党首脳幹部を一人ずつ特捜審査の審査側の長に座らせ、他人に罪名を被せて失脚させる。そのあと、自分が審査を受ける順番がまわってくる。その仕掛けでいくと、最後は毛沢東だけが生き残ることになる。その毛が早く死んだから、鄧小平らが生き残ったようなものだ。

医療拷問審査制度は、医者が拷問道具として使われる。「医道」「人道」が存在しない政治の世界だ。一国の首脳・劉少奇《りゅうしょうき》が三年間も拷問されて命を断たれたあげく、名無しの権兵衛として火葬に付された。彼の公開資料にはどれも「病死」とある。独裁者が自分の政敵を投獄したり殺したりする例は世界にあまたあるが、これほど巧妙で残忍な仕打ち（中国語で「折磨《ツエモ》」という）は、世界広しといえども、毛沢東しか、いや中国共産党しかやらないのではないか。

私が強調したいのは、このような毛沢東の統治システムは毛沢東の死によって廃止されることなく、今日の中国にフルセットでそっくりそのまま残っていることだ。今も動いているシステムもあれば、動いていないものもあるが、今は動いていなくても、スイッチさえ押せばすぐに動き出せるのだ。

翻訳を通して、私が最も感動した人物は第十章に出てくる馬寅初だ。学問の尊厳と自由のために戦い抜いた彼の不屈の精神は凄いの一言につきる。しかし残念ながら、中国の専制と腐敗に対して、馬が六十年かけて奮戦したにもかかわらず、今日の中国の専制と腐敗は一向に改善されていない。ここに中国の悲劇があるのである。

最後に、私は一台湾人として、台湾が中共政府に支配されなかったことは天の配慮だとつくづく思った。台湾人はこの天の配剤をこれからも大事にしなければならないと思った次第である。

「解説」を書いていただいた、日本および中国近現代史研究家の鳥居民氏に感謝申しあげたい。また、草思社編集部の増田敦子氏にも大変お世話になりました。有難うございました。

二〇〇五年九月

廖建龍

『争鳴』掲載号一覧

一章＝二〇〇一年四月号、五月号
二章＝二〇〇二年八月号、二〇〇三年十二月号、二〇〇四年十一月号
三章＝二〇〇五年五月号
四章＝一九九八年五月号、二〇〇四年十月号
五章＝一九九九年八月号、九月号
六章＝一九九九年十月号
七章＝二〇〇四年三月号
八章＝二〇〇二年九月号、二〇〇四年五月号
九章＝二〇〇二年四月号
十章＝一九九八年一月号、二月号
十一章＝二〇〇一年七月号、二〇〇三年十二月号、二〇〇四年十一月号
十二章＝二〇〇五年七月号
十三章＝二〇〇〇年五月号、二〇〇一年十月号
十四章＝二〇〇四年二月号

中国がひた隠す毛沢東の真実

2005年10月7日　第1刷発行

著　者　北海閑人

訳　者　廖建龍

装丁者　藤村誠

発行者　木谷東男

発行所　株式会社　草　思　社

〒151-0051　東京都渋谷区千駄ヶ谷2-33-8

電　話　営業03(3470)6565　編集03(3470)6566

振　替　00170-9-23552

印　刷　株式会社三陽社

カバー　株式会社大竹美術

製　本　大口製本印刷株式会社

ISBN 4-7942-1443-X

Printed in Japan